기후위기 시대

# 화석연료의 재조명

———————  이복재 지음

초이스북

기 후 위 기　시 대
# 화석연료의
# 재조명

# 목 차

**머리말** _6

## I. 일상이 된 기후위기
1. 기후변화 얼마나 심각한가 _11
2. $CO_2$ 방출량을 대폭 감축시킬 수 있는가 _18

## II. 재생에너지의 이념적 배경
1. 아이디어 수준의 지구온난화 _27
2. 환경주의 _32
3. 스웨덴의 이념적 배경 _49
4. 독일의 이념적 배경 _52
5. 유럽 최초의 녹색당 _60
6. 염려스러운 오류 _64
7. 잘못된 상상(想像) _71

## III. '위기금속' 시대의 개막
1. 화석연료에서 희토류(稀土類) 금속으로 _75
2. 희귀금속의 저주 _80
3. 녹색 기술과 디지털 기술의 어두운 면 _90
4. 깨끗한 척 하는 국가들 _103
5. 불안에 휩싸인 서방세계 _110
6. 중국, 첨단기술을 강탈하다 _123
7. 중국이 서방을 앞서다 _133
8. 미국 첨단무기에 침투한 중국 희토류 _143
9. 자원보유국의 선처를 비는 시대 _153
10. 기댈 곳은 인간의 지혜 _157

## Ⅳ. 중국의 세계 희토류 장악

1. 희토류의 전략적 가치 _161
2. 자원확보 경쟁 _165
3. 중국의 희토류산업 지배과정 _168
4. 중국의 희토류 정복 완료 _203

## Ⅴ. 재생에너지 지정학

1. 재생에너지에 대한 염려스러운 기대 _223
2. 재생에너지의 지리적·기술적 특성 _233
3. 희귀금속의 위기금속화 _242
4. 희토류 금속의 지정학적 상품화 _248

## Ⅵ. 재생에너지가 환경친화적?

1. 태양광과 풍력이 녹색에너지? _255
2. 풍력이 $CO_2$ 배출량을 감소? _257
3. 덴마크가 다른 나라의 모델? _260

## Ⅶ. 화석연료-현대사회의 지지대(支持臺)

1. 무시할 수 없는 화석연료의 유익 _265
2. 화석연료 기반의 살기 좋은 세상 _269
3. 화석연료의 지속적인 사용이 주는 유익 _302
4. 화석연료가 가져올 풍요로운 세상 _317

## Ⅷ. 화석연료-기후위기 대응수단

1. 화석연료의 합리적 평가 _339
2. 화석연료의 기후위험 극복 능력 _357

참고문헌 _368

## 머리말

중국의 셰익스피어라고도 불리는 유명한 극작가 차오위曹禺, 1910~1996는 "잠시 강하고 약한 것은 힘에 달려 있지만, 천년의 승부는 이치에 달려 있다(一時强弱在於力, 千秋勝負在於理)"고 말했다.

기후위기가 세계적으로 뜨거운 이슈가 되면서 '친환경'이 도그마가 되어버린 시대에 우리는 살고 있다. 인간이 환경을 상전으로 섬기고 있다. 환경주의자들이 힘을 얻어서 도처에서 친환경을 외치고 있는 결과다.

그러나 환경이 인간을 섬기는 '친인간'이어야 한다. 이것이 이치에 맞는 것이다. 삶은 살아가는 사람이 만드는 것이다. 삶에 던져진 주제의 의미를 어떻게 해석하느냐에 따라서 그 삶이 통째로 바뀌는 것을 유념해야 한다. 나는 '친인간'의 시각에서 이 책을 집필했다.

대기과학의 세계적 석학 리처드 린젠Richard Lindzen 미국 MIT 명예교수는 기후변화가 실존적 위협이라는 주장은 모두 선전과 선동에서 비롯된 것이라고 비판했다. 린젠 교수는 온실가스 효과로 인해 지구 기온이 상승한 것은 사실이지만 그 상승 폭이 인류의 생존을 위협하는 수준은 아닐 것이라고 말했다.

2023년 11월 30일부터 12월 13일까지 아랍에미리트(UAE)의 두바이에서 열린 제28차 유엔기후변화협약 당사국총회(COP28)에서 화석연료를 재생에너지로 전환하기로 합의했다. 그러나 에너지 전환은 인위적인 '합의'로 이루는 것이 아니다. 에너지원 간의 자유로운 치열한 경쟁을 통해서 경쟁력이 약한 에너지원이 도태되고 경쟁력이 강한 에너지원으로 전환되는 것이다.

재생에너지산업과 디지털산업의 핵심 소재로 희귀금속이 사용되고 있다. 희귀금속 중 희토류 금속은 재생에너지의 필수 소재다. 이는 태양광 패널과 풍력 터빈의 제조에 없어서는 안 된다. 희토류의 세계 생산량 중에서 중국이 70%를 차지하고 있다. 중국이 세계 희토류 시장을 사실상 장악하고 있다. 중국은 희토류 금속을 전략물자로 관리하면서 수출량을 통제하고 있다. 국익 추구의 주요 수단으로 활용하고 있다. 대부분 희귀금속은 정치적·사회적으로 불안한 후진국들이 주요 생산국이어서 공급망이 극히 취약하다. 희귀금속은 사실상 '위기금속'이다. 이 위기금속에 일단 중독되면 중독을 끊고 헤쳐 나오기가 극도로 힘들다.

호주 정부는 8년간 공급망의 탈중국 가능성을 분석하는 연구를 비밀리에 세 번 추진했지만 모두 불가능하다는 결론을 얻었다. 첫 번째 연구는 토니 애벗 전 총리의 지시로 시작됐다. 두 번째 연구는 스콧 모리슨 정부에서 이뤄졌다. 세 번째 연구는 앤서니 앨버니지 정부에서 진행됐다. 이 세 번의 연구 결과는 호주가 중국으로부터 완전히 벗어나는 것은 불가능하다는 것이었다.

2022년 2월 러시아가 우크라이나를 침공하면서 발발한 전쟁 이전에 독일의 러시아산 천연가스 의존도는 전체 가스 수요의 55%, 전체 에너지 수요의 27%에 달했다. 전쟁 발발 후에 러시아 천연가스의 수입을 중단하면서 독일은 극심한 에너지 위기에 시달렸다. 메르켈 총리 후임인 올라프 숄츠 총리가 이끄는 연립정부의 로베르트 하벡 경세부 장관 겸 부총리는 2023년 9월에 독일 정부는 지금 메르켈이 16년간 실패한 에너지 정책을 불과 몇 달 안에 바로 잡아야 하는 어려움에 처해 있다고 한탄했다.

메르켈 전 독일 총리의 수석 경제보좌관을 지낸 라르스 헨드리크 뢸러Lars-Hendrik Roller는 2023년 10월에 현재 알고 있는 것을 메르켈 총리 집권 당시 (2005~2021년)에도 알았더라면 우리는 당연히 다르게 행동했을 것이라고 말했다. 러시아는 냉전시대에도 천연가스를 안정적으로 공급해 에너지 파트너로서의 신뢰성을 높였다. 당시 독일 국내에서는 가스전 개발이나 액화천연가스(LNG) 수입 터미널 건설에 대한 반대 여론이 비등했다. 이런 상황에서 풍부하고 값싼 러시아의 파이프라인천연가스(PNG) 도입은 10년 동안 독일이 강력한 경제성장을 이룩하는데 크게 이바지했다. 이는 독일이 러시아산 천연가스에 과도하게 의존하는 결과를 초래했다.

미국과 중국의 패권 경쟁으로 인한 무역분쟁과 팬데믹 그리고 러시아의 우크라이나 침공으로 인하여 글로벌 공급망에 대한 신뢰가 흔들렸다. 특히, 잊고 지내던 '전쟁'이란 리스크가 되살아났다. 글로벌 공급망에 대한 고민이 더욱 커지게 되었다. 팬데믹 이전까지는 글로벌 공급망은 늘 작동하는 것으로 인식됐다. 그러나 이제는 전염병이나 전쟁 등 통제하기 어려운 요인들에 의해 공급망이 끊길 수 있다는 우려를 하게 되었고, 돈을 들여 대비해야 하는 시대가 됐다. 이제 글로벌 공급망은 고효율-저비용 시스템이 아니다.

기후위기가 불러온 에너지 위기가 전쟁, 강대국 간 무역분쟁, 세계적인 팬데믹으로 인하여 더욱 심화하고 있다. 기후위기에 대응하면서 에너지 안보를 확보해야 하는 도전이 우리 앞에 닥쳐 있다. 이 도전을 극복하기 위해 자연의 시혜(施惠)가 아닌 인간의 지혜(智慧)가 필요하다. 자연이 아닌 인간이 도전 극복의 주체가 되어야 한다.

## 머리말

특히 이 책은 화석연료에 대한 기대와 성원을 탕진해서는 안 된다는 점을 강조하고 있다. 화석연료를 사용하는 기계 노동을 탄소 중립 사업에 집중해야 하는 이유다. 더욱이 화석연료를 사용하여 에너지 안보를 강화해야 한다.

그렇기에 미국의 오일 메이저인 엑손모빌과 셰브론이 2023년 10월 초대형 인수·합병에 거액을 투자했다. 엑손모빌은 595억 달러에 미국 셰일석유와 가스를 시추 및 탐사하는 회사 파이어니어 내추럴리소시스를 인수했다. 셰브론은 석유개발업체 헤스를 530억 달러에 인수한다고 발표했다. 헤스는 최근 10년간 발견된 유전 중 최대로 꼽히는 남미 가이아나에 대규모 광구를 보유하고 있다.

기후위기가 세계적으로 중요한 어젠다가 되면서 '탈 탄소'가 설득력을 얻고 있고, 따라서 '화석연료의 퇴출'이 당연시되고 있다. 이러한 상황에서 화석연료의 가치를 강조하는 것은 천동설(天動說)이 진리였던 시대에 코페르니쿠스가 지동설(地動說)을 주창했던 것만큼이나 어려운 일이다. 화석연료에 대한 객관적이고 합리적인 평가를 기대한다.

언제나 그러하듯이 내 아내의 변함없는 사랑이 이 책을 집필할 수 있게 했다. 나의 사랑하는 세 아이-재영, 종오, 종인-의 응원도 큰 힘이 되었다.

이번 세 번째 책 출판도 기꺼이 담당한 초이스북 최혜정 대표께 감사한다.

2024. 4. 수리산 기슭에서 이복재

# I.
# 일상이 된
# 기후위기

기후변화를 경고하는 사람들은
기존의 에너지원을 대체할 수 있는
경쟁력 있는 에너지원을
제시하지 못하고 있다.

## 01
## 기후변화 얼마나 심각한가

2001년의 9·11테러는 상상을 초월하는 항공기 자살테러였다. 이 테러로 인한 사망자는 약 3,000명, 부상자 약 2만5,000명, 세계무역센터 등 전소한 기반시설의 자산 가치는 최소 100억 달러에 달했다. 이러한 끔찍한 테러가 발발하기 8년 전인 1993년, 미국 중앙정보부(CIA)의 대(對)테러 전문가인 지나 베넷Gina M. Bennett 요원은 빈 라덴의 위험성을 경고하는 기밀 보고서를 작성해 같은 해 8월 21일에 상부에 보고했다. 그러나 이 보고서는 무시되었고 빈 라덴에 대해선 별다른 조치가 취해지지 않았다.

기후위기가 일상화되면서 우리의 주의가 무디어지지 않도록 해야 한다. 기후변화에 적응하면서 작은 변화에도 예민하게 경각심을 가지고 적극적으로 대응해야 한다.

우리나라에 17세기 소빙기(小氷期)에 관한 기록이 있다. 숙종실록 35년 1월 10일 자에 "강원도 간성의 바닷물이 6월에 얼음이 얼어 종이처럼 두꺼웠다"라고 기록하고 있다. 조선왕조실록에는 바다가 얼어붙었다는 기록이 나온다. 소빙하기의 추위는 당시의 생활을 어렵게만 한 것은 아니었다. 해수의 온도가 내려가면서 대구, 청어 등 한류성 어종의 서식 범위가 늘어났다. 동해안 북쪽에서 발견되던 명태가 전국 모든 바다에서 잡혔다. "깊은 산골 궁벽한 고을에서도 명태를 물리도록 먹지 않는 곳이 없었다"라고 기록할 정도였다.

캐나다의 북위 50도 지역에서 2021년 6월 말 기온이 49.6℃까지 올라갔다. 7월 중순엔 서유럽 폭우로 독일, 벨기에에서 사망자가 210명 이상 나왔다. 그 며칠 뒤 중국 정저우에선 1년 치 비가 한꺼번에 쏟아져 지하철이 침수됐고 63명이 사망했다. 미국 서부는 7월 내내 극심한 산불에 휩싸였다.

기후변화에 따른 폭염은 이제 새로운 일상이 되어가고 있다. 폭염은 산불, 열사병, 가뭄을 유발하여 세계 경제에 큰 피해를 끼친다. 지역별 농

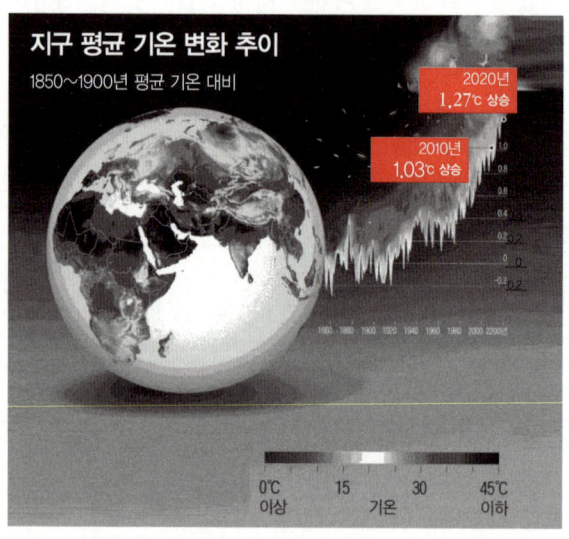

그림1 미 항공우주국이 공개한 동반구 최고기온 분포지도. 2020년 기준

**그림2** 섭씨 40도가 넘는 폭염으로 영국 곳곳에서 철도 선로가 휘어졌다. 이로 인해 철도 운행 속도가 제한되고 열차 이용을 자제하라는 안내문이 내걸렸다.

출처: 네트워크 레일

산물 수확량에 영향을 미쳐서 세계의 농업구조를 변화시키고 있다. 노동생산성과 에너지 수급을 악화시켜서 제조업의 경쟁력을 약화시킨다.

폭염은 인프라를 훼손시켜서 운송과 물류에 타격을 준다. 영국 런던시는 2022년 7월에 모든 철도 서비스에 속도 제한을 부과했다. 영국 국영 철도공사 네트워크 레일(Network Rail)은 시민들에게 철도 운행이 취소될 가능성이 있으니 기차 이용을 자제하라는 안내문을 게시했다. 폭염으로 인해 기차 선로가 달궈져 휘거나 전력 케이블이 녹는 등 각종 문제가 발생했기 때문이다. 네트워크 레일은 폭염으로 철도 1km당 약 30cm씩 확장돼 3만km였던 철도가 9km 더 늘어났다고 밝혔다.

공항 활주로의 아스팔트도 큰 피해를 당하였다. 런던에서 북쪽으로 48km 떨어진 루턴시에서는 공항의 활주로가 녹으면서 부풀어 올라 약 2시간 동안 비행기가 이륙하지 못하는 사태가 발생했다. 런던 남부 옥

스퍼드셔 브리즈 노턴 공군 기지도 같은 문제로 항공기 운항이 중단됐다.

폭염으로 바닥을 드러낸 강도 물류에 타격을 수고 있다. 독일과 스위스, 네덜란드, 덴마크의 산업 지역을 연결하며 독일 해상 운송의 80%를 담당하는 라인강 수위가 2022년 7월 78cm 미만으로 떨어져 화물 운송량이 급감했다. 라인강의 통상 수위는 200cm이다. 78cm는 선박이 침몰할 수 있는 위험 수준이다.

또한, 폭염은 인구와 기업이 밀집된 도시에 큰 피해를 준다. 도시는 태양열을 흡수하는 콘크리트, 벽돌, 아스팔트로 이루어져 있다.

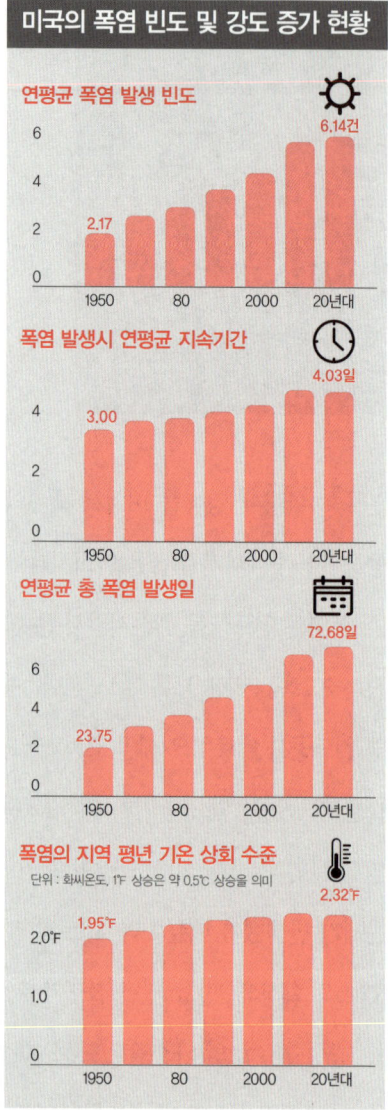

**그림3** 미국의 폭염 빈도 및 강도 증가현황
자료: 미국 국립해양대기청

이에 더해 녹지가 적고, 수많은 에어컨 실외기가 뿜어내는 열기로 가득해서 열섬 효과가 크다. 미국 로스앤젤레스의 경우 도시 면적의 10% 이상이 태양열을 최대 95% 흡수하는 검은 아스팔트로 뒤덮여 있다. 미국 국립해양대기청(NOAA)은 지난 120년 동안 로스앤젤레스 카운티 평균 기온은 3.4℃ 상승했다는 분석 결과를 내놓았다.

2022년 2월 미국 텍사스주 잭슨빌의 온도는 영하 21.1℃로 떨어졌다. 기록적 한파와 폭설로 인하여 원유 및 석유제품 생산이 중단되었고 미국 에너지산업에 큰 혼란이 발생했다. 2022년 6월에는 북미 태평양 연안을 덮친 극심한 폭염으로 캐나다 서부 브리티시컬럼비아의 리턴 지역 기온은 49.5℃까지 치솟았다. 태평양 해안에서는 수억 마리의 바다 생물이 떼죽음을 당했다.

'아프리카 뿔'이라 불리는 에티오피아·케냐·소말리아는 2023년 봄부터 수십 년 만에 가장 심한 가뭄으로 가축이 떼죽임당했고, 아동 200만 명이 아사 위기에 처했다. 미국 서부는 1,200년 만에 최악의 가뭄으로 댐과 저수지가 말라붙었다. 멕시코도 비상사태를 선포했다. 유럽도 심각하다. 이탈리아는 70년 만의 큰 가뭄을 겪었고, 스페인·포르투갈도 1,200년 만의 가뭄에 시달렸다. 영국·프랑스·스위스도 수돗물이 부족할 정도였다. 중국도 61년 만에 최악의 폭염과 가뭄에 시달리면서 '대륙의 젖줄'이라는 양쯔강이 말라 80만 명이 식수난을 겪었고, 공상도 멈출 지경이었다.

북반구의 상황과는 반대로 남반구의 브라질·호주·남아프리카공화국은 2023년 들어 물난리를 겪었다.

폭염이 노동생산성을 크게 저하한다. 미국 UCLA 대학 연구에 따르면 평균기온이 1℃ 상승할 때마다 노동생산성은 2% 떨어진다. 미국 싱크탱크 애틀랜틱 카운슬은 2022년에 지난해 발표한 보고서를 통해 폭염이 초래하는 노동생산성 저하로 인한 손실액이 미국의 경우 연간 1,000억 달러로 추정했다. 기온이 오를수록 손실도 늘어나 2030년에는 GDP의 약 0.5%, 2050년에는 GDP의 1% 손실이 발생할 것으로 예상했다.

## 2023년 여름 전 세계 기후 재난상황

| 한국 | 홍수 중부지방 폭우 피해, 서울 동작구 신대방동 시간당 141.5mm 폭우 |
| --- | --- |
| | 가뭄 남부지방 강수량 부족, 주암댐·수어댐 저수율 20~30% |
| 중국 | 폭염 상하이 7월 13일 40.9℃로 149년 만에 가장 높은 기온 기록 |
| | 가뭄 61년 만의 가뭄. 양쯔 강이 말라 80만 명 식수난, 전력난에 공장 가동 중단 |
| | 홍수 남부지역 수십만 명 이재민 발생. 칭하이성 홍수로 17명 사망·17명 연락 두절 |
| | 폭설 8월 17일 밤 헤이룽장성에 3cm 적설 |
| 일본 | 폭염 6월 사상 첫 40℃ 넘는 때 이른 폭염, 도쿄 72년 만에 가장 짧은 장마 |
| 유럽 | 가뭄 유럽·영국 60%가 가뭄에 시달려, 스페인·포르투갈은 1,200년 만의 가뭄. 이탈리아는 70년 만의 가뭄. 독일 라인 강 선박 운송 차질 |
| | 폭염 포르투갈·스페인 1,700명 사망, 영국 363년 만에 최고 기록 |
| | 산불 71만5,600ha 소실, 2006~2021년 연평균의 2.2배 |
| | 폭우 영국·프랑스 가뭄 뒤 폭우로 지하철역 침수 |
| 미국 | 가뭄 서부는 1,200년 만에 최악의 가뭄, 산불 빈발 |
| | 폭우 라스베이거스에 한 시간에 250mm 폭우 |

**그림4** 2023년 여름 전 세계 기후 재난상황

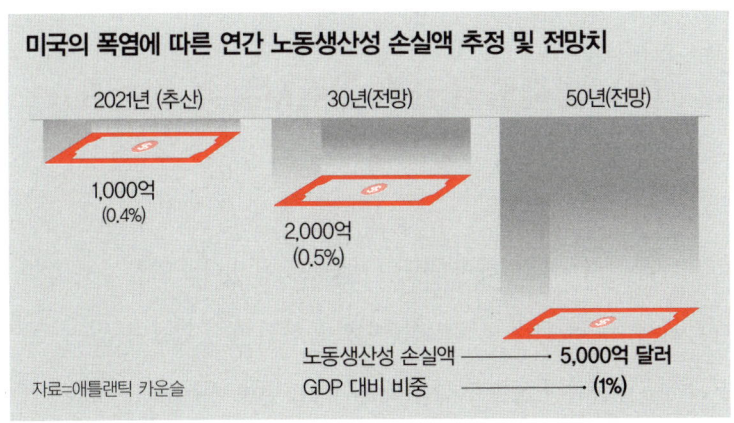

**그림5** 미국의 폭염에 따른 연간 노동생산성 손실액 추정 및 전망치  자료: 애틀랜틱 카운슬

　이러한 기후변화의 피해를 경감시키기 위해 제27차 유엔기후변화협약 당사국총회(COP27)가 2022년 11월 이집트 샤름 엘 셰이크에서 개최되었다. 이 회의의 큰 성과는 기후변화로 고통받는 개발도상국의 손실과 피해를 보상하기 위한 기금 마련에 극적으로 합의한 것이다. 기금 조성에는 합의했지만 어떤 피해를, 어느 시점부터 보상할지, 누가 어떤 방식으로 보상금을 부담할지 등 기금 마련과 운용 방식은 정해지지 않았다.
　아니다스 굽타 세계자원연구소 최고경영자는 개도국들은 기금이 어떤 방식으로 운영될지 아무런 보장 없이 이집트를 떠났다고 지적했다. 실제로 선진국들은 자신들이 기금 지원 의무를 지는 것이 아님을 분명히 했다. 미국 정부의 고위 관리는 CNN 등에 기금의 재원과 무엇을 할 것인지만 합의했을 뿐이고, 재원 마련에 대한 법적 의무는 없다고 말했다.

## 02
## $CO_2$ 방출량을 대폭 감축시킬 수 있는가

상관관계가 있다고 해서 반드시 인과관계에 있다고 말할 수는 없다. 대기 중에 이산화탄소 농도가 상승한다고 해서 혹시 있을 수 있는 지구온난화가 이산화탄소 농도 상승 때문이라고 말할 수는 없다. 모델은 투입하는 데이터가 얼마나 양질이고 신뢰할만한가로 그 효력이 결정된다. 기후 모델을 근거로 한 각종 경고의 타당성은 그 모델에 투입한 데이터에 의하여 결정된다. 대규모의 복잡한 모델을 사용해서 분석한 결과는 정교한 추정에 불과하다. 대기 온도가 2.5℃ 상승할 때에 지구가 어떤 모습일지에 대한 실제적인 정확한 평가는 우리의 한계를 넘어서는 것이다.

대기 중의 이산화탄소가 영향을 미치리라는 것은 분명하다. 그러나 정확히 어느 정도의 영향을 미칠지는 불분명하다. 이산화탄소 배출량을 제한하는 규제를 제정하기 위한 거대한 정치적인 압력이 있는 것은 분명하다. 미국 하원은 2009년 6월에 탄소배출권 거래제 시행계획을 담은 1,400페이지의 법안을 가까스로 통과시켰다.

기후변화를 경고하는 사람들은 기존의 에너지원을 대체할 수 있는 경쟁력 있는 에너지원을 제시하지 못하고 있다. 앨 고어는 10년 이내에 무탄소 전기로 전환해야 한다고 주장한다. 컬럼비아대학 제임스

핸슨James E. Hansen 교수는 석탄 발전소를 모두 폐쇄해야 한다고 말한다. 이 주장들은 극도로 복잡한 문제에 대한 구변 좋은 대응일 뿐이다. 석탄 사용을 금지해야 한다고 말하는 것은 실제로 그것을 실천하기보다 훨씬 쉽다.

탄화수소 연료는 세계 에너지 수요의 88%를 담당하고 있다. 이 연료를 대체하려면 하루에 석유 환산 2억 배럴의 에너지를 공급할 수 있는 에너지원이 있어야 한다. 증가하는 에너지 소비는 상승하는 생활 수준과 동의어다. 따라서 세계 70억 인구가 에너지를 덜 사용하는 것은 기대할 수 없다. 증가하는 에너지 수요의 절대적인 부분을 담당하면서 수송과 저장이 쉬운 화석연료를 대체하는 경쟁력 있는 에너지원을 찾기는 쉽지 않다.

부유한 선진국은 태양광 패널과 풍력 터빈을 쉽게 말할 수 있다. 그러나 가난한 국가들이 필사적으로 급히 원하는 것은 탄화수소 연료다. 물론 이들은 신뢰할 수 있는 전기도 원한다. 가난한 국가들은 값싸고 신뢰할만한 에너지원을 얻기 위해 애쓴다. 지역에 따라서 태양광 패널과 풍력 터빈이 적절할 수 있다. 그러나 대부분의 경우 가장 저렴하고 가장 믿을만한 에너지원은 탄화수소 연료이다. 이 결과 개발도상국들의 이산화탄소 배출량은 미국과 EU를 능가할 것으로 예상된다. 2030년까지 비OECD 국가들의 이산화탄소 배출량이 OECD 회원국들의 배출량의 2배가 될 것으로 추정된다.

세계에서 인구가 많은 대표적인 국가는 중국, 인도, 미국, 인도네시아, 브라질, 파키스탄이다. 미국 3억 인구가 소비하는 에너지는 나머지 5개 국가의 30억 인구가 소비하는 에너지와 거의 같다. 이 5개 국가의 1인당 에너지 소비량은 미국의 10%에 불과하다. 환경단체들은 미국이 덜 사용해야 한다고 말한다.

미국은 이산화탄소 배출량의 증가 속도를 완화하기가 어렵다. 그 필요성을 인정하지만, 많은 국민이 에너지 빈곤층에 속해 있기 때문이다. 미국을 비롯한 선진국들이 개도국들에게 에너지 소비 증가 속도를 낮추어야 한다고 말할 수 있는 도덕적인 입장을 갖추고 있지 않다.

전 세계 수억 명의 인구를 에너지 빈곤으로부터 구출해 냄으로써 그들의 생활 수준을 향상시키기 위해서는 값싸고 풍부한 에너지를 공급해야 한다. 이는 탄화수소 에너지원을 공급하는 것을 말한다. 물론 탄화수소 에너지원의 소비를 늘리면 이산화탄소 배출량은 증가한다. 개도국의 지도자들은 이것을 잘 알고 있다. 그러나 그들은 탄화수소 에너지원의 사용을 멈추지 않을 것임을 분명히 밝혔다.

2009년 6월 미국 하원이 배출권 거래제 법안을 통과시킨 지 며칠 후에 인도의 환경부 장관은 인도는 어떤 온실가스 배출량 감축 목표도 받아들이지 않을 것이며, 이는 협상이 불가한 입장이라고 말했다. 중국 관리들도 이와 유사한 언급을 했다.

프린스턴대학교 고등연구소의 프리먼 다이슨Freeman Dyson 교수는

2007년 8월에 기후과학자들이 사용하는 모델에 의구심을 드러냈다. 그는 기후 모델들은 유체역학의 방정식들을 풀어서 대기와 해양의 유체 운동을 잘 설명하지만 구름, 먼지, 들판과 숲의 화학 및 생물학에 관해서는 설명력이 매우 취약하다고 말했다. 그 모델들은 우리가 살고 있는 현실 세계를 설명하기 위한 시도는 아직 못하고 있다고 했다. 현실 세계는 진흙탕이고 엉망이며 우리가 이해하지 못 하는 일들로 가득 차 있다는 것이 그의 주장이다.

다이슨 교수는 컴퓨터 모델보다는 인간의 발전에 더 많은 관심을 보였다. 깨끗하고 값싸고 풍부한 에너지의 필요성을 강조했다. 최대의 악(惡)은 가난, 저개발, 실업, 질병, 기근이며 이것들은 인간으로부터 기회를 빼앗고 자유를 제한한다고 말했다. 세계적인 산업발전이 가난한 인류의 고통을 경감시킨다면, 그 결과로 초래되는 대기 중의 이산화탄소 증가는 인본주의적인 윤리의 관점에서 지급해야 할 대가로 받아들인다고 했다.

세계 인류가 기후변화로 인해 변화하는 지구에 적응하며 살아야 하는 것은 엄연한 사실이다. 기후가 추워지거나 더워지거나 습해지거나 건조해지면 우리는 이를 극복할 방법을 찾아야 한다. 절망적인 가난 속에서 살아가는 수십억의 인구가 생활 수준을 개선하기를 간절히 원하고 있기 때문이다. 이늘에게 가상 값싸고 신속한 방법은 화식연료를 사용하는 것이다.

기후변화에 적응한다는 것은 지구온난화로 인해 큰 피해를 당하는 지역에서 대규모의 인구를 이동시키는 것을 말할 수 있다. 해안가 도시에 사는 사람들을 내륙으로 이동시키거나 사막의 도시에 사는 사람들을 습한 지역으로 이동시키는 것이 그 예이다.

탄소 배출을 완전히 없앨 수 있다는 환경론자들의 주장이나 아무 일도 일어나지 않을 것이라는 환경 회의론자들의 주장은 모두 비현실적이다. 지난 수십 년 동안 지구온난화와 기후변화에 관한 모든 논의는 이산화탄소 방출량을 감소시키는 방안을 찾고자 하는 노력이었다. 그러나 이 모든 노력이 처참하게 실패했다. 이것이 우리가 처한 현실이다. 이 환경 현실론을 바탕으로 대책을 강구해야 한다. 우리는 환경 현실론자이어야 한다.

교토의정서는 지구의 기후변화 문제를 다루기 위해 1997년에 채택되었고 2005년에 발효되었다. 2009년까지 188개국이 교토의정서에 서명하였다. 2012년에 6개 서명국들이 이산화탄소 감축 목표를 달성하고 나머지 182개 서명국들은 목표를 달성하지 못했다. 목표를 달성하지 못한 국가 중에 일본이 있다. 높은 인구밀도와 균일한 사회 그리고 에너지 효율성이 매우 높은 경제체제를 보유하고 있는 일본이 탄소 감축 목표를 달성하지 못한 것은 교토의정서가 제시하는 탄소 감축 체제가 얼마나 비현실적인지를 잘 말해주는 것이다.

우리의 현실 세계에는 탄소 배출량을 급격히 감소시킬 수 있는 경쟁력 있는 기술이 없다. 따라서 경쟁력이 떨어지는 기술을 사용해서 급격한 탄소 감축을 추구해야 하는데 이는 생활 수준의 급격한 하락을 의미한다. 삶의 질을 악화시켜서 힘들고 고달프게 하면서 탄소 배출량을 감축시키는 길을 자발적으로 택하는 국가나 개인은 드물다.

이산화탄소 배출량의 급격한 감축을 위해 정부가 필요한 정책을 시행하더라도 그 정책의 효과는 장기간에 걸쳐서 점진적으로 나타난다. 조치에 따른 비용 발생 시점과 편익 발생 시점이 멀리 떨어져 있다. 비용과 편익의 발생 시점이 대칭적인 정책을 선택할 필요가 있다.

이산화탄소 방출량 감축을 위한 각국의 정책이 과거와 비교해서 앞으로 더 성공적일 것 같지는 않다. 파격적인 정책을 시행하더라도 화석 연료는 계속 사용할 것이다. 각국 정부는 장기간에 걸쳐서 적응하기 위한 투자에 집중해야 한다. 미래에 존속과 성장을 지속할 수 있는 능력을 키워야 한다. 탄소 방출량 감축을 위한 노력은 필수적이지만 그 효과는 회의적이다. 따라서 정부는 현 상태가 지속될 경우 예상되는 위험으로부터 국민을 보호하고 적응하는 조치를 차질 없이 시행해야 한다.

기후문제는 극복의 대상이 아니라 적응해야 하는 우리의 삶의 조건이다. 이산화탄소 방출량 감축에 시간과 노력을 투자하는 동시에 기후변화에 적응하기 위한 투자에 집중해야 한다. 사실이 꿈보다 낫다.

2023년 9월에 이산화탄소 배출량 감축이 얼마나 힘든 것인지를 일러주는 연구 결과가 발표되었다. 스페인 바르셀로나 자치대 환경과학기술

연구소 제이슨 히켈 교수팀은 국제학술지 랜싯 플래너터리 헬스(Lancet Planetary Health)에 선진국 11개국의 탄소 배출량 감축과 GDP 성장률을 분석한 결과를 발표했다. 2013~2019년 GDP 증가와 함께 탄소 배출량이 감소한 호주, 오스트리아, 벨기에, 캐나다, 덴마크, 프랑스, 독일, 룩셈부르크, 네덜란드, 스웨덴, 영국을 분석 대상으로 했다.

11개국의 2013~2019년 탄소 배출량 감축률은 연평균 1.6%에 불과했고, 실적이 가장 좋은 영국도 연평균 3.1%였다. 이 추세가 계속될 경우, 11개 국가가 탄소 중립을 실현하는 데 평균 200년 이상이 소요될 것으로 추정했다. 파리 기후변화협약에서 지구 온도 상승을 1.5℃로 억제하

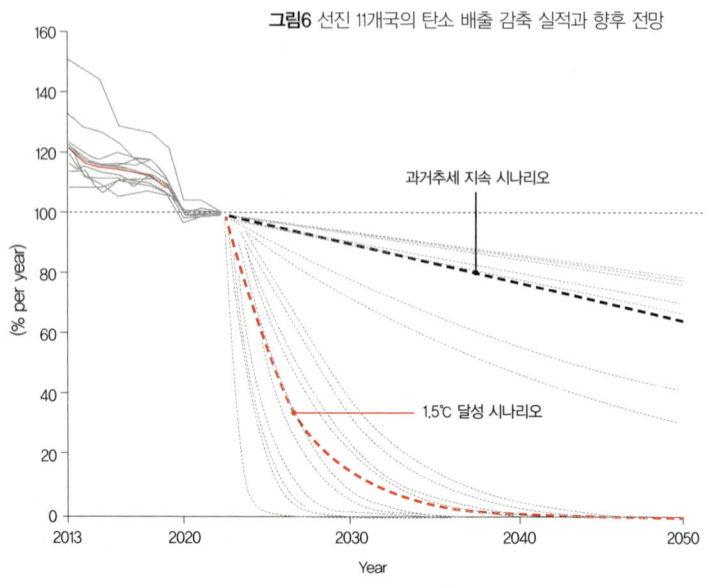

**그림6** 선진 11개국의 탄소 배출 감축 실적과 향후 전망

기 위해 이 국가들에 허용된 배출량보다 27배나 많은 온실가스를 배출할 것으로 예상했다.

이 국가들이 1.5℃ 억제 목표에 맞게 배출량을 줄이려면 감축 속도를 대폭 높여야 한다. 영국은 5배, 다른 국가들은 30배 감축 속도를 높여야 할 것으로 분석했다.

**그림7** 선진 11개국의 탄소 배출 감축 실적과 향후 필요한 감축 비교

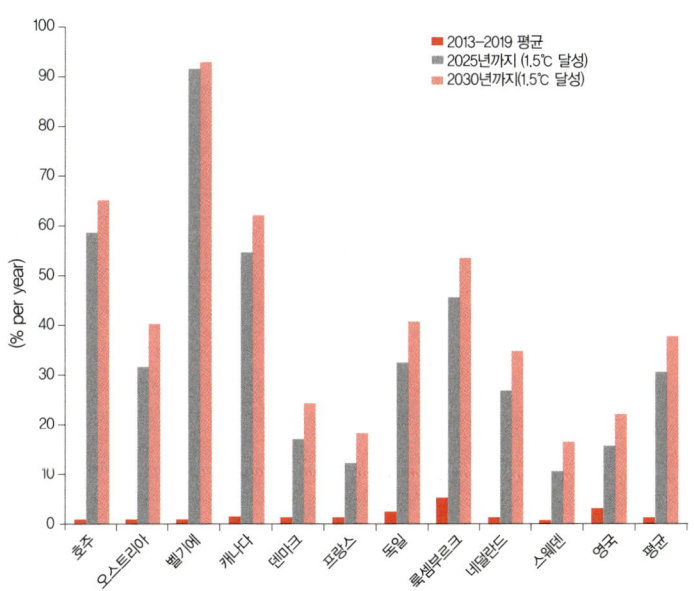

# II.
# 재생에너지의
# 이념적 배경

풍력과 태양광 발전시설 능력이
증대되면서 이산화탄소 방출량은
별로 줄어들지 않았다. 재생에너지의
사용 목적이 이산화탄소 배출량을
감소시키는 것이라면 이것은
파라독스이다.

# 01
## 아이디어 수준의 지구온난화

유엔환경계획(UNEP)과 세계기상기구(WMO)가 1988년에 「기후변화에 관한 정부 간 협의체(IPCC)」를 설립하면서 지구온난화가 정치적인 이슈로 부각되는 계기를 맞았다. 이 해에 기후변화에 관한 토론토회의가 개최되었고, 마거릿 대처 영국 총리가 영국의 왕립학회(Royal Society)에서 기후변화에 관한 연설을 했다. 또한, 뉴욕에 있는 NASA의 고다드 우주연구소(Goddard Institute for Space Studies) 소장 제임스 한센James Edward Hansen이 미국 의회의 위원회에서 기후변화에 대하여 증언하기도 했다.

1992년에 리우 지구정상회의의 개최와 유엔기후변화협약의 채택 이후에 국제회의가 이어지면서 기후변화가 국제정치적인 중요한 의제로 확고하게 자리를 잡았다. 1997년에는 교토의정서가 채택되었다. 2009년에는 코펜하겐 기후변화회의가 있었다. IPCC는 주기적인 평가보고서를 통해서 경고의 목소리를 높였다.

지구온난화와 관련하여 중요한 제안이 있다. 우선 인간의 활동으로 대기 중의 이산화탄소를 비롯한 온실가스 농도가 증가하면서 지구 온도가 상승했다는 것이다. IPCC 제4차 평가보고서는 지난 50년 동안 인간에 의한 상당한 온도 상승효과가 있었을 것으로 평가했다. 다음으로 온실가스 방출량을 통제하지 않고 방치한다면 환경과 인간에게 심각한 피해를 준다는 것이다. 또한, 선진국들이 주도적인 역할을 해서 $CO_2$ 배출량을 대폭 감축시켜야 한다는 것이다. 이를 위해서 화석연료를 풍력과 태양광 같은 재생에너지로 전환하는 것이 바람직하다고 제안했다.

지구온난화는 월식(月蝕)처럼 눈으로 확인할 수 있는 현상이 아니다. 그 현상이 일어나고 있다고 들을 뿐이다. 그것은 아이디어로 이해되고, 아이디어는 특별한 가치나 비전을 반영한다.

오스트리아 경제학자 루트비히 폰 미제스Ludwig von Mises, 1881~1973는 역사를 만드는 것은 아이디어라고 말했다. 영국의 수학자이자 철학자인 알프레드 노스 화이트헤드Alfred North Whitehead, 1861~1947는 정신적인 것이 물질적인 것에 앞서기 때문에, 철학이 서서히 일한 후에 인간은 세상에서 그것이 실제로 구현된 것을 갑자기 발견한다고 말했다. 현장 노동자가 돌을 나르기 전에 철학이 먼저 대성당을 짓는다는 말이다.

지구온난화가 바로 그렇다. 20세기 내내 인류와 자연의 관계가 큰 변혁을 겪어왔다. 20세기 초에는 인간이 자연에 간섭하는 것이 유익한 것이고 문명의 발전을 위해 필요한 것으로 여겨졌다. 그러나 20세기 말경으로 접근하면서 자연에 대한 인간의 간섭은 해로운 것으로 간주하였다.

자연이 정치권으로 들어오는 양상이 미국과 유럽에서 매우 다른 특성을 보였다. 미국에서는 자연이 매우 건전하게 정치권으로 들어오면서 민주주의나 자본주의에 반하는 것으로 인식되지 않았다. 그러나 독일과 영국에서는 나치 사상이 배태(胚胎)된 원류(源流)에서 비롯된 시각이 강해서 반(反)자본주의적, 반(反)민주주의적 인식이 강했다. 미국식의 접근은 제2차 세계대전 후에 유입되었다.

1962년 미국의 생물학자이자 작가인 레이첼 카슨Rachel Carson, 1907~1964이 『침묵의 봄(Silent Spring)』을 발표한 이후 10년 동안에 '인간의 지구에 대한 약탈'은 환경재앙과 인류의 멸망을 초래할 것이라는 인식이 견고해졌다. 영국의 경제학자이자 환경론자 바바라 워드Barbara Ward, 1914~1981는 프랑스계 미국인 미생물학자이자 환경론자인 르네 뒤보René Dubos, 1901~1982와 함께 1974년에 출판한 공저 『하나뿐인 지구(Only One Earth)』에서 인류가 과학적인 발전, 경제적인 탐욕, 국가적인 독선에 집착한다면 2000년에 지구가 기능을 제대로 발휘하고 인간성이 온전히 보존될 수 있을지 그 가능성을 별로 크게 평가하지 않는다고 말했다.

맬서스(Malthus)적인 개념은 과거에 여러 차례 큰 인기를 누렸다. 첫 번째는 영국 경제학자 맬서스Thomas Malthus, 1766~1834가 1798년에 출판한 『인구론』에서 인구증가율이 식량 생산량 증가율을 넘어서면서 식량부족으로 인한 재앙을 예측하면서다. 1865년에는 영국의 경제학자 제번스William Stanley Jevons, 1835~1882가 관심의 초점을 식량문제에서 자원고갈로 옮겼다. 그는 값싼 석탄이 고갈되면서 영국 경제가 쇠퇴하는 것은 불가피하다고 주장했다. 1972년에 로마클럽이 출판한 『성장의 한계(The

Limits to Growth)』는 문명의 종말을 예고했다.

1972년에 스웨덴 스톡홀름에서 개최된 유엔 인간환경회의에서 서방세계의 환경에 대한 경각심과 제3세계 국가들의 산업화 열망이 충돌했다. 제3세계의 보이콧을 피하기 위해 이 회의 사무총장인 캐나다 사업가 출신 모리스 스트롱Maurice Strong, 1929~2015과 환경론자 바바라 워드Barbara Ward가 환경주의와 개발 욕구 사이에 정치적인 타협안을 만들었다. 이 타협안에 따르면 부유한 국가가 도모하는 경제성장은 환경을 해치고 가난한 국가가 추구하는 성장은 환경에 유익한 것이라는 해괴한 내용을 담고 있었다.

스트롱과 바바라가 환경주의와 개발 의제를 아우르기 위해 만든 '지속가능한 발전(sustainable development)'이라는 개념은 1980년의 브란트 보고서(Brandt Report)와 1987년의 브란트란드 보고서(Brandtland Report)에 의해 국제적인 의제로 부각되었다. 이 개념은 본질적으로 제3세계 국가들의 반발을 누그러뜨리기 위한 것으로서 개도국의 온실가스 방출량이 선진국의 방출량을 상회할 때는 지속이 불가능한 것으로 규정한다.

오스트리아 태생의 영국 과학철학자 칼 포퍼Karl Popper, 1902~1994는 '과학적인 연구'의 핵심은 재현할 수 있는 데이터를 생산하는 실증적인 실험을 통해서 이론들을 논박하고자 하는 진실한 노력이라고 했다. 과학적 정통성을 확보한 것처럼 주장하는 지구온난화 이론은 이 과학적인 연구의 문턱을 넘지 못한다. 왜냐하면, 그 이론의 예측과 자연을 대비(對比)시켜서 실험할 수 없고 따라서 증거를 바탕으로 그 이론을 논박할 수 없기 때문이다. 결국, 지구온난화는 과학이라기보다는 짐작 또는 추측이다. 지구온난화가 실효성을 확보하기 위해서는 우세한 과학적 견해에 의존해야 한다.

과학적인 이론은 잠정적이어서 그것이 거부당하기 전까지만 유효하다는 포퍼의 견해는 지구온난화가 논박할 수 없는 과학적으로 확립된 이론으로 못 박고 싶은 정치적인 욕구와 충돌한다. 과학의 발전은 논쟁을 통하여 가능한데, 논쟁 없이 일치된 견해만 존재할 때에는 진실한 과학적인 탐구 노력은 위축된다. 지구온난화와 관련된 두 가지 위험인 기후과학의 정치화와 논쟁 가치의 폄훼(貶毁)는 17세기 과학혁명의 시기에 확립된 기준을 무시하고 그 이전에 통용되었던 가치인 합의 중시, 동료 심사, 그리고 권위에의 호소가 되살아나는 결과를 초래했다.

과학을 지나치게 과대평가하는 것이 바람직하지 않듯이 지구 온도의 상승을 완화하기 위해 시행하는 정책의 비용과 역효과를 과소평가하는 것도 피해야 한다. 향후 100년 동안의 기후 상태와 기후가 환경에 미치는 영향은 알 수 없다. 그러나 옥수수를 자동차 연료로 전환하는 정책이 식량 가격에 미치는 영향은 분명히 알 수 있다. 풍력발전 단지가 신규로 들어서면서 죽는 새들의 수가 증가하는 것은 확실하다. 그러나 지구온난화에 대한 정치적인 압박으로 인하여 정부는 시행할 정책의 예상되는 효과를 면밀히 분석하고 사전적인 준비를 충분히 하기보다 성급히 정책을 시행함으로써 뭔가를 하고 있다는 모습을 보여주기를 원한다.

정부의 이러한 욕구로 인하여 표면적으로는 지구온난화에 대처하는 것처럼 보이는 정책이 실은 지구온난화를 방치할 때 나타나는 결과를 초래한다. 식량 가격의 상승, 식량부족으로 인한 정치·사회적인 불안, 생물 다양성의 훼손, 자유로운 국제교역의 제한에 따른 가난해지고 불안해지는 세계가 대표적이다. 이것이 바로 '지구온난화의 역설'이다. 문제를 피하기 위한 정책이 문제를 일으키는 것이다. 공동 대응을 주장하는 논리가 공동 피해를 불러온다. 이 논리를 주장하는 개인이나 이익집단들은 혜택을 받는 주체들이다. 많은 사람이 피해를 보는 그 시간에!

## 02
## 환경주의

미국과 유럽이 기후변화에 대응하기 위해 채택한 에너지산업의 접근방식은 사뭇 다르다.

미국은 석유를 비롯한 화석연료의 사용을 지속하면서 탄소의 포집, 활용, 저장(CCUS: Carbon Capture Utilization and Storage) 사업을 적극적으로 추진하고 있다. 대규모 산업단지와 연계한 CCUS 사업을 추진하고 있다. 그 예로, 미국의 셰일오일 기업인 옥시덴탈 페트롤리엄(Occidental Petroleum Corp., OXY)은 2035년까지 전 세계에 70개의 탄소 포집(Direct Air Capture, DAC) 시설을 건설하는 계획을 2022년 3월에 발표했다. 이 시설을 통해서 연간 100만 톤의 이산화탄소를 대기 중에서 직접 제거할 것으로 기대된다.

OXY는 텍사스주 페름 분지(Permian Basin)에 첫 10억 달러(약 1조 2,200억 원) 규모의 DAC 시설 건설 사업을 2022년 하반기에 착수했는데, 이 설비는 21만5,000대의 자동차가 매년 배출하는 이산화탄소를 공기 중에서 직접 제거하는 능력을 보유하고 있다. 또한, OXY는 2022년에 1억 달러(약 1,220억 원)를 투자하여 2025년까지 3개 지역의 탄소 포집 거점을 확보한다. 미국 걸프만 연안의 지역을 포함한 10만 에이커(약 404.7㎢)의 부지를 확보한다. 이 저탄소 사업의 규모가 궁극적으로 기존의 석유화학 사업만큼 확대될 것으로 기대했다.

반면에, 유럽은 화석연료를 탈피하고 재생에너지의 사용을 증대시키기 위해 노력하고 있다. 구체적으로, 2022년 10월에 유럽연합(EU)은 2035년부터 27개 모든 회원국에서 휘발유, 경유를 연료로 사용하는 내연기관 차량 판매를 사실상 금지하는 법안에 합의했다.

유럽의 좌익그룹은 실체가 없는 허상뿐인 환경지킴이에서 출발하여 흩어져 있는 지식인 집단들과 광범위한 연대를 구축했다. 이들은 경제적인 성장을 거부하고 기업이 주도적으로 이끄는 경제체제를 인정하지 않았다. 갤브레이스 John Kenneth Galbraith의 저서 『풍요한 사회(The Affluent Society)』는 1950년대에 이러한 운동에 촉진제 역할을 했다. 이 책은 다양한 소비재들이 압도적으로 공급되지만, 오염된 사회에서 생활하고 있는 미국인들을 소환하면서 그들이 누리는 풍요로운 물질적인 축복을 기이한 불평등으로 묘사했다.

'인간이 초래한 지구온난화'는 오스트리아 필라흐(Villach)에서 1985년에 개최된 회의에서 공식적으로 채택된 것이다. 이 회의에는 유엔환경계획(United Nations Environmental Program, UNEP)의 주요 인사들이 대거 참석했다. 좌파 인사로서 스웨덴 복지제도의 골간을 구축한 팔메 Sven Olof Joachim Palme, 1927. 1~1986. 2 총리의 정치적인 영향력 아래에서 1972년 스톡홀름에서 개최된 '유엔 인간환경회의'의 결정에 따라 1973년에 UNEP가 설립되었다. 1985년 필라흐 회의에서 참석자들은 획기적인 조치를 취하지 않는다면 지구 온도는 21세기 전반기에 인류 역사상 가장 큰 폭으로 상승할 것이라는 선언을 발표했다. 이 경고성 선언을 뒷받침하는 통계적인 자료는 제시되지 못했다.

로마클럽과 일련의 독일 전문가 그룹들이 기후 관련 좌파 세력을 키워나갔다. 독일은 외부의 극단적인 정치사상에 취약했다. 냉전시대에는 민주 진영과 공산 진영이 마주친 최전선이 되었다. 자유민주를 주창하는 세력과 위험이 없는 중립주의를 표방하는 소련의 선동에 넘어간 세력 간에 끊임없는 충돌이 있었다.

2005년부터 2021년까지 독일 총리로 재임했던 앙겔라 메르켈Angela Merkel은 동독 출신이다. 그녀는 독일의 모든 갈등을 조정하고 화해시키는 중에 환경주의자들에게 유화적인 정책을 펼쳤다. 그 일환으로서 원자력의 비중을 획기적으로 감축시켰다. 환경주의가 다른 국가로 퍼져나갔다. 영국의 토니 블레어Tony Blair 총리는 환경주의를 채택했고 재생에너지의 열렬한 주창자가 되었다.

탈원전을 주창하는 기조가 2022년 2월 러시아가 우크라이나를 침공하면서 발발한 러시아-우크라이나 전쟁을 계기로 큰 변화를 맞았다. 러시아가 우크라이나를 지원하는 유럽 국가들에게 공급하는 천연가스 물량을 대폭 감축시키면서 에너지 안보가 주요 이슈로 대두되었다. 이 결과 원자력에 관한 관심이 크게 높아졌다. 탈원전 정책을 추진했던 독일 정부는 원전 수명 연장을 검토하고 나섰다. 스웨덴은 단계적 원전 폐기 정책을 뒤집고 원전을 신규 건설키로 했다. 원전 강국인 프랑스는 2022년에 대규모로 이뤄진 원전 유지·보수 작업을 완료해 2023년 원전 가동을 확대했다. 이처럼 탈원전 정책의 유턴 현상이 나타났다.

미국은 군사력, 경제력과 같은 경성권력(硬性權力, hard power)에 있어서 다른 국가들보다 월등하게 강하다는 자신감 때문에 다른 나라들이 보유하고 있는 정신적인 가치, 문화와 같은 연성권력(軟性權力, soft power)에 취약하다는 사실을 간과할 때가 있다.

미국은 1970년에 '지구의 날'을 제정하였다. 그리고 미국의 생물학자 레이첼 카슨Rachel Carson, 1907~1964이 1962년에 출판한 책 『침묵의 봄(Silent Spring)』과 함께 전후(戰後) 환경주의를 태동시켰다. 전적으로 미국의 고유한 활동으로 보이는 이러한 일들이 실은 유럽의 이념을 바탕으로 하는 것이었다. 『침묵의 봄』은 환경오염의 심각성을 주제로 한 것이다. 살충제·살균제의 사용으로 생태계가 파괴되어 봄에 새들의 소리를 들을 수 없음을 고발했다. 그런데 이 책의 암(癌)에 관한 내용이 독일 나치의 신념인 "산업화가 암을 퍼뜨리고 있다"라는 것을 반영하고 있었기 때문이다.

1945년 일본에 원자폭탄을 투하한 후에 그것에 대한 반작용으로서 미국의 과학자들이 종말론적인 사고(思考)를 가지게 되었다. 이 사고가 초기에는 미국 자본주의를 근본적으로 부정하는 이념적인 도전이 되지는 못했다. 그러나 독일로부터 망명한 학자들이 발전시킨 마르크스 후기 환경주의와 연합하는 동시에 미국의 진보좌파 세력이 가세하면서 이 사상은 자본주의를 거부하는 도전이념으로 커졌다. 독일에 남아있던 그들의 제자들은 1980년대 초기 녹색운동의 주도 세력이 되었다. 녹색운동이 나치의 생태정치를 부흥시켰다. 이 생태정치가 독일 주류(主流) 정치사상의 일정 부분을 형성했고 이어서 유럽 정치에 스며들어 갔다. 그들을 단결시킨 것은 자본주의와 자유시장에 대한 깊은 혐오감이었다.

1960년대 말에 미국의 환경론자들은 DDT의 사용을 금지하는 운동을 적극적으로 펼치는 동안에, 스웨덴의 환경론자들은 발전용 주요 연료인 석탄의 사용을 적극적으로 반대했다. 석탄이 산성비를 초래했고 산성비를 가장 심각한 환경문제로 삼았다. 에너지 문제를 환경운동의 주요 대상으로 설정하면서 환경주의가 산업 문명의 토대를 흔드는 이념이 되었다.

이전에는 자발적인 기술혁신이 사회를 변화시켰고 사람들의 삶의 질을 획기적으로 개선하였다. 송배전망을 통한 전기의 공급이 보편화되면서 20세기를 19세기와 차별화하였다. 특히 사회혁명을 촉발시켰다. 가전제품이 집안의 하인을 대체했고 여성을 가사노동으로부터 해방시켰다. 반면에 환경주의에 의한 사회적·문화적 변화는 정부가 인위적으로 계획하고 행정적으로 관리하는 것을 합리화하였다.

스웨덴은 1960년대 말부터 1980년대 말까지 세계무대에서 환경 외교를 매우 성공적으로 펼쳤다. 유엔 산하에 있는 기후변화에 관한 정부간 협의체(Intergovernmental Panel on Climate Change, IPCC)의 설립에도 스웨덴은 상당한 영향력을 행사했다. 그뿐만 아니라 스웨덴은 미국의 환경정치에도 일정한 영향력을 행사했다. 스웨덴의 사회민주당 정부, 특히 팔메 총리는 정치적인 목적을 위해서 환경주의를 적극 전파했다.

산성비는 지구온난화를 세계적인 이슈로 만드는데 매우 유용한 소재로 활용되었다. 지구온난화에 앞서서 정치적인 이슈로 변질된 산성비 문제가 스웨덴을 휩쓸었다. 산성비에 관한 스웨덴 정부의 최초 보고서는 팔메 총리의 친구인 볼린Bert Bolin, 1925~2007이 작성했다. 그는 스톡홀름대학교 기상학 교수로서 IPCC 초대 의장을 지냈다.

　　산성비 이슈가 독일로 전파되었다. 독일에서는 산성비가 숲을 죽인다는 주장으로 인하여 합리적이고 객관적인 논의가 완전히 사라졌다. 캐나다가 산성비 이슈를 주요 의제로 채택했고, 미국에게 발전소의 오염물질 방출량을 줄이도록 강력히 요청했다. 그런데 미국 연방정부 차원에서 10년간 연구한 보고서는 산성비가 숲을 파괴한다는 주장을 지지하지 않았다. 그러나 레이건 행정부는 산성비에 관한 과학계의 사실상 일치된 견해에 반대하는 입장을 견지했다. 환경 대통령으로 선출된 부시는 캐나다의 요구를 수용했다.

　　스웨덴 사회는 권력에 순응하는 순종문화의 산물이다. 개혁을 통해서 종교는 국유화되었다. 교회는 정부의 부처 중 하나가 되었고 목사는 임명직 관리가 되었다. 이로써 행정부 내에서 종교적인 순종심(順從心)이 한층 강화되었다. 스웨덴은 나폴레옹 이전 2세기 전에 그리고 버락 오바마 미국 대통령 이전 4세기 전에 이미 중앙집중적인 행정조직을 갖췄다. 그리하여 1921년에 정부를 구성한 사회민주당은 정부의 구상을 신속하게 입법화할 수 있는 정치체계를 보유하게 되었다. 입법 기능은

약하고 행정기능은 강력해서 여러 세기 동안 국가의 실질적인 권력이 행정부에 있었다.

스웨덴의 국가기관들은 20세기에 사회공학적인 실험을 수행하는 완벽한 수단이 되었다. 그리하여 요람에서 무덤까지 복지체제를 구축하고 인종 개량 계획을 시행하였다. 인종 개량 계획을 지지한 전문가 중에는 당시 대표적인 기후학자인 스반테 아레니우스Svante Arrhenius, 1859~1927도 있었다.

지구온난화에 관한 토론토회의가 개최되고 기후변화에 관한 정부간 협의체(IPCC)가 설립되었던 1988년만 해도 재생에너지가 지구온난화 문제를 해결하는 수단으로 인식되지 못했다. 당시 스웨덴 팔메 총리의 사회민주당은 원자력을 공들여 추진했다. 산성비에 관한 공포에서 시작된 석탄 관련 논쟁이 심화되면서 원자력의 새로운 시대가 열릴 것을 기대했다. 그러나 석탄 논쟁은 고비용의 신뢰할 수 없는 풍력과 태양광 에너지 시대를 초래했다.

재생에너지를 사용하자는 주장은 두 가지 논리적인 허점이 있다. 우선, 화석연료와 달리 재생에너지는 고갈되지 않는다는 것이다. 고갈에 관한 예측이 150년간 틀렸음에도 불구하고 화석연료가 설령 고갈된다고 치더라도 땅속에 버려두는 것은 넌센스다. 그것의 유일한 가치는 개발해서 사용하는 데에 있기 때문이다. 다음으로, 지구온난화 문제의 해결을 위해 화석연료의 사용을 금지해야 한다는 것이다. 이는 화석연료의 고갈을 부정하는 것이다. 고갈된다면 상승하는 가격으로 인하여 그 사용량이 저절로 감소할 것이기 때문이다.

다른 에너지와는 달리 전기는 저장하는 것이 근본적으로 어렵고 제한적이다. 저장할 때는 다른 형태의 에너지로 바꾸어야 가능하다. 따라서 소비하는 순간에 생산해야 한다. 수요가 공급을 결정한다. 그런데 재생에너지로부터 생산되는 전기는 기후에 의하여 결정된다. 수요에 맞추어서 공급을 조절할 수 없다.

이 근본적인 문제로 인하여 재생에너지를 받쳐주는 다른 에너지 특히 화석연료에 의한 발전설비가 필요하다. 이는 매우 비효율적이어서 발전비용을 증가시키고 이산화탄소 방출량을 증대시키는 것이다. 재생에너지는 추가적인 송전망이 필요하다. 재생에너지 개별 발전소 차원의 규모 경제보다 시스템 전체의 규모의 비경제가 훨씬 크다. 따라서 제한된 범위에서 사용하는 것을 벗어나서 광범위하게 재생에너지를 사용하는 것은 경제적으로 타당성이 없다.

1930년대 스웨덴은 망명해 오는 유대인들의 입국을 금지했고, 독일 나치는 풍력발전을 촉진하는 세계 최초의 정당이 되었다. 현대 환경운동의 중요한 주제는 이때 이미 예시(豫示)되었다. 유럽 역사의 암흑기였고 환경주의자들에게 심각한 문제의 시기였다.

서독은 2차 세계대전 후에 나치의 이념을 폐기하고 대서양 연합의 핵심축이 되었다. 서독은 민주적인 지배구조를 구축했고 크게 번성했다. 그러나 민주주의에 반하는 남은 세력들이 완전히 사라진 것은 아니었다. 철학자 하이데거 Martin Heidegger, 1889~1976 는 나치 이념을 탈피한 후에 산업화에 반대하며 환경주의 사상을 전파했다. 프랑크푸르트학파(Frankfurt School)의 나치주의자 지식인들이 미국으로 망명했다가 독일로 돌아왔는데, 이들은 미국 대학에서 반민주주의 사상을 퍼뜨렸다.

독일로 돌아온 프랑크푸르트학파의 지식인들은 민주주의에 반하는 급진좌파 세대에 영향을 주었다. 1968년에 서독에서 있었던 대규모 학생 저항운동은 서독의 민주주의를 거부하면서 이것은 파시즘의 발로(發露)라고 주장했다. 이 저항운동에 참여했던 사람들(이들을 1968ers라고 부른다) 중 어떤 이들은 팔레스타인 훈련 캠프로 가서 테러리스트가 되었다. 유대인과 자본가를 대상으로 한 납치, 폭파, 총격 행위가 1977년 10월 독일 극좌파인 적군파 세력이 독일경영자협회(BDA) 회장과 독일산업연맹(BDI) 의장을 겸임하고 있던 한스 슐라이어 Hanns Martin Schleyer, 1915~1977 를 살해함으로써 절정에 이르렀다. 이 사건을 '독일의 가을(German Autumn)'이라고 부른다. 1968ers는 나치 사상과 싸우기 위해서 출범했는데 나중에는 나치와 비슷하게 되었다. 1970년대 말에는 약간의 신구(新舊) 나치 세력과 함께 원자력을 반대하는 운동을 선재했다. 나중에 독일 외무부 장관을 지낸 요슈카 피셔 Joschka Fischer 가 이끄는

1968ers의 남은 세력이 1980년 1월에 서독의 신생 정당인 녹색당을 창당했다. 이들이 환경주의의 신좌파 세력과 연대해서 녹색 교리(敎理)를 부활시켰다.

서독은 냉전시대의 최전선에 서서 소련이 대서양동맹을 분열시키도록 집중적으로 노력한 국가였다. 그래서 1980년대 초에는 북대서양조약기구(NATO)를 반대하는 시위가 전국을 휩쓸었다. 원자력에 반대하는 운동은 평화운동으로 탈바꿈해서 동구권의 정보기관들이 깊이 침투했다. 독일 사회민주당의 좌익에 환경주의 정당이 출현해서 독일과 유럽의 정치에 오랫동안 깊은 영향력을 행사했다.

2000년에 독일 의회는 재생에너지법을 처음으로 제정했다. 이 법은 재생에너지, 특히 태양광 붐을 일으켰다. 이 붐이 독일이 아닌 중국에 큰 혜택을 주었다. 중국이 재생에너지 관련 기기와 소재의 공급을 독점하고 있기 때문이다. 중국의 태양광 패널 생산량이 증가하면서 그 가격이 크게 하락했으나, 전기요금은 지속해서 상승했다.

그런데 왜 태양광인가? 독일의 1945년 이전 상황과 관련이 있다. 태양은 나치의 상징에서 중요한 위치를 차지한다. 녹색당의 해바라기 로고는 독일의 전위조각가·행위 미술가인 전 나치 당원 요제프 보이스Joseph Beuys, 1921~1986가 디자인한 것이다. 1900년에 노벨 화학상을 받은 빌헬름 오스트발트Wilhelm Ostwald, 1853~1932는 독일에서 태양광 에너지를 찬양하면서 재생에너지법의 골격을 구축하는 데 큰 영향을 미쳤다. 대부분의 환경론자가 그러하듯이 오스트발트는 인간 사회가 소비하는 에너지의 양은 지구가 태양으로부터 받는 에너지 양을 초과해서는 안 된다고 믿었다.

녹색당은 재생에너지로 전환하는 비용은 매달 전기료에서 아이스크림 한 숟갈을 더하는 것에 불과하다고 주장했다. 그러나 9년 후에 아이스크림 한 숟갈이 1.13조 달러가 되었다. 급증하는 전기료는 소비자 불만을 초래했다. 재생에너지는 독일 경제의 재정 상황을 악화시켰다. 특히 3개 발전회사의 주주들에게 790억 달러의 손실을 초래했고, 전기 소비자들에게는 3,040억 달러의 추가적인 요금부담을 발생시켰다. 앙겔라 메르켈 독일 총리는 재생에너지 비용 문제가 심각하다는 것을 알았다. 그러나 그녀에게는 정치적인 목적을 달성하는 것이 우선이었다. 사회민주당을 끌어들여서 녹색당-사회민주당-기독교민주당 연정 체제를 구축하기 위해 메르켈은 2007년에 유럽연합에 의무적인 재생에너지 도입 목표를 채택하도록 압박을 가했다.

유럽인들은 교훈을 배우기 시작했다. 풍력과 태양광 에너지를 사용하는 데 따른 총비용은 명목상 얘기하는 것보다 훨씬 컸다. 그러나 독일은 재생에너지를 밀어붙였다. 이는 합리적인 것은 아니었고 독일 문화와 녹색 이념의 산물이었다.

독일에서 풍력과 태양광 에너지에 대한 정부의 지원이 지속되도록 하기 위해서 매우 강력한 기후이익집단이 탄생했다. 여기에는 환경 관련 NGO들이 앞장섰다. 환경보호를 위한 신규 규제에 경제계가 반발하는 것을 제압하기 위해 NGO를 돌격대로 사용하는 것이 귄터 하르트코프Günter Hartkopf, 1923~1989가 1986년 공무원들에게 행한 연설에서 드러났다. 그는 변호사로서 독일연방 내무부에서 1969년 10월부터 1983년 4월까지 14년간 국무장관으로 근무하면서 환경보호 업무를 담당했다.

독일의 정부, 학계, 환경운동가, 로비스트가 긴밀한 협력관계를 구축한 기후이익집단이 정부 각 부처와 규제기관들이 자문을 받을 때 결정적인 영향력을 행사했다. 그리하여 자원의 비효율적인 배분을 방지하기 위한 전문가들의 적절한 검토가 없었다. 풍력과 태양광이 기존의 전력망에 어떻게 통합될 것인지 그리고 그 비용은 얼마나 되는지에 대한 제대로 된 분석 작업이 없었다. 독일 정부의 풍력과 태양광에 대한 지원은 부적절한 에너지원의 축소 내지 현상 유지가 아니라 오히려 그 비중을 확대하는 데에 목적이 있었다.

영국 총리를 세 차례(1923. 5~1924. 1; 1924. 11~1929. 6; 1935. 6~1937. 5) 역임했던 스탠리 볼드윈Stanley Baldwin, 1867~1947은 1930년대 영국 언론 부호들이 책임은 없고 권력만 행사한다고 말했다. 이 말이 이제는 환경 관련 NGO들에게 적용된다. 기후이익집단의 세력 확대를 위해 없어서는 안 되는 그린피스, 지구 친구들, 세계 야생기금과 같이 뉴스의 헤드라인을 장식하는 NGO들은 처음에는 지구온난화를 경계하면서 이것이 원자력 산업을 위한 트로이 목마로 여겼다. 원자력 산업이 1980년대에 그들이 투쟁하는 대상이었다. 자연보호가 그들의 본래 사명이었기 때문이다. 1990년대로 들어서면서 NGO들은 풍력과 태양광 산업으로 관심을 돌렸다. 이 산업들이 발생시키는 비용은 야생의 동물과 환경이 부담한다. 풍력발전 단지는 특히 새와 박쥐에 큰 피해를 준다. 그런데도 NGO는 풍력발전은 장려하고, 환경에 별로 피해를 주지 않는 원자력은 공격한다. 철새와 맹금류가 풍력 발전기의 회전하는 날개와 충돌해서 대량으로 죽는 것은 어쩔 수 없다고 여긴다. 풍력단지는 좋고 원자력은 나쁘다고 규정짓는다. 자연에 대한 NGO의 관심은 선택적이다.

의무적인 재생에너지 사용 목표를 설정하여 시행한 후에 이 조치가 경제에 미치는 피해가 커지자 유럽연합은 생각을 바꾸게 되었다. 풍력과 태양광 에너지는 이산화탄소의 배출량을 줄이게 하는 데에 효과가 없다. 풍력과 태양광 발전시설 능력이 증대되면서 이산화탄소 방출량은 별로 줄어들지 않았다. 오히려 1999년~2012년 기간에 독일 발전소의 이산화탄소 방출량은 증가했다. 재생에너지의 사용 목적이 이산화탄소 배출량을 감소시키는 것이라면 이것은 파라독스이다. 이것을 소위 '$CO_2$ 파라독스'라고 부른다. 만일 이산화탄소 배출량의 감소가 재생에너지의 사용 목적이라면 독일은 수압파쇄와 원자력 발전을 장려했어야 했다. 정반대로, 독일은 수압파쇄를 금지했고 원자력 발전소 폐쇄를 서둘러 추진했다. 독일이 실제로 한 것을 바탕으로 판난하건대, 지구온난화는 과격한 녹색 행동의 명분을 확보하는 동시에 에너지 소비자로부터 녹색 이익 추구자들에게로 부(富)를 대규모로 이동시키기 위한 위장(僞裝)이었다.

2022년 2월 러시아의 우크라이나 침공으로 촉발된 양국 간 전쟁으로 인하여 유럽에서 에너지 안보가 중요한 이슈로 대두되었다. 이에 독일 정부는 2023년 1월에 개발하지 않고 있던 석탄광 개발을 재개하는 결정을 내렸다. 노르트라인베스트팔렌주(州) 에어켈렌츠시(市) 카이엔베르크에서 2㎞ 떨어진 뤼체라트 석탄광산 개발을 재개했다. 독일 정부는 석탄발전 중단 시점을 2038년에서 2030년으로 8년 앞당기는 타협안을 제시했다. 녹색당도 중재에 나섰다. 급격한 탈 탄소 정책에 따라 더 많은 풍력발전소와 전력망을 구축해야 하므로 단기적으로는 더 많은 양의 에너지가 필요하다는 주장을 내세웠다.

2011년에 미국 캘리포니아 의회가 2020년까지 총 전력 공급량의 3분의 1을 재생에너지로 생산한다는 법을 제정하면서 원자력과 수력을 재생에너지에서 제외했다. 1960년대 말 캘리포니아의 정치권 인사들과 지식인들은 노르웨이의 아르네 네스 Arne Næss, 1912~2009, 독일의 프리츠 슈마허 Fritz Schumacher, 1869~1947, 독일 프랑크푸르트학파의 헤르베르트 마르쿠제 Herbert Marcuse, 1898~1979와 같은 환경주의 사상가들의 영향을 많이 받았다. 1970년대 중반부터 미국이 녹색 이념으로 선회하면서 현실과 충돌하게 되었고 여기에 캘리포니아가 앞장섰다. 결과는 심각했다. 전력수요는 증가하는데 전력 공급능력은 감소하고 여기에 전기요금을 규제하면서 송전망이 불안하게 되고, 급기야 2000년과 2001년에 정전사태가 발발했다. 이 결과, 2003년에 캘리포니아 주지사 그레이 데이비스Gray Davis가 주민소환으로 주지사직을 상실하게 되었다.

더는 정전사태가 발생하진 않았지만, 기후에 영향 받지 않는 발전설비의 용량은 계속해서 감소했다. 풍력과 태양광 발전 비중이 증가하면서 전력요금은 지속해서 상승했다. 2014년까지 캘리포니아는 전력 소비량의 3분의 1을 수입했다. 캘리포니아는 미국 다른 주(州)의 모델이라고 스스로를 홍보하지만, 48개의 붙어있는 주들이 각자 전기소량의 3분의 1을 서로 수입해서 사용하는 것은 불가능하다는 것은 자명하다.

캘리포니아는 미국 기후이익집단에 휘둘리는 상황으로 빠져들어 가는데 선두에 섰다. 1940년대 오스트리아 경제학자 슘페터Joseph Schumpeter, 1883~1950는 문화적·사회적인 요인들로 인하여 자본주의는 소멸할 것이라고 말했다. 자본주의의 결실을 누리면서 가장 큰 혜택을 누린 기술로 갑부가 된 사람들, 헤지펀드 관리자들, 재단 책임자들이 2010년의 '발의안 23'을 저지하기 위해 총력 투쟁했다. 이 발의안은 캘리포니아의 재생에너지 사용 목표 설정에 따른 경제적인 피해를 감소시키기 위한 것이었다. 억만장자의 수는 증가하는데 빈곤율 역시 증가하는 양극화 상황 속에서 산업화 이후의 캘리포니아는 자본주의 이전 사회의 모습을 닮아 갔다.

기후이익집단이 캘리포니아 다음으로 집중한 곳은 워싱턴이다. 2010년 중반까지 미국 의회의 민주당 지도자들은 이산화탄소 배출권 거래제를 입법화하는 것을 포기했다. 실리콘 밸리의 기술 부호들과 진보적인 재단들의 재정적인 지원을 받는 NGO들이 오바마 정부로 하여금 발전소의 이산화탄소 방출량을 규제하도록 압박을 가했다.

수압파쇄를 통한 셰일가스와 셰일오일 개발은 환경주의자들에게는 최악의 악몽이었다. 셰일가스를 사용함으로써 발전소의 탄소 배출량을 크게 감소시키기 때문이었다. 더욱이 셰일오일과 셰일가스의 생산량이 크게 증가하면서 미국의 중동 석유 수입량이 현격히 감소하고, 이는 미국의 에너지 안보를 획기적으로 강화하는 것이었다. 이 결과 석유 고갈로 인하여 국가 안보를 위협한다는 환경주의자들의 1970년대 주장이 무색하게 되었다. 정치인들은 수압파쇄가 초래하는 이익은 환영했다. 다만 그들의 정책이 이 이익을 가져오는데 이바지한 것은 없다. 전혀 예상치 않은 기술발전과 최선을 다한 자본주의의 결과였다. 그러나 실리콘 밸리의 부호들과 진보적인 재단들은 수압파쇄를 저지하고자 했다.

## 03
## 스웨덴의 이념적 배경

1903년에 노벨 화학상을 받은 스웨덴의 물리 화학자 스반테 아레니우스Svante Arrhenius, 1859~1927는 1896년에 논문을 발표했다. 대기 중의 이산화탄소 농도가 2배로 증가하면 대기 온도가 5~6℃ 상승하지만 10년 후에는 약 2℃로 그 상승 폭이 낮아진다는 것이 주요 내용이었다. 당시 스웨덴은 가난한 국가였다. 석탄이 별로 없었고 나무가 주요 연료였다. 지구온난화 문제가 별로 심각하지 않았던 당시에 아레니우스는 화석연료를 적극적으로 사용해서 스웨덴의 기후를 따뜻하게 만들기를 원했다. 당시 스웨덴의 기후는 현재보다 훨씬 혹독했다. 그는 이산화탄소 배출량의 증가 속도를 과소평가해서, 온도가 3~4℃ 상승하는 데 3,000년이 소요될 것으로 생각했다. 그는 온난화의 이익을 먼 후손들만 누리는 것을 안타까워했다.

아레니우스는 기술과 진보를 신뢰했지만, 이 신뢰는 어두운 면을 가지고 있었다. 1909년에 그는 스웨덴 정부가 신설한 「스웨덴 인종 위생사회(Swedish Society for Racial Hygiene)」의 이사가 되었다. 1922년에는 「국립 인종 생물학연구소(State Institute for Racial Biology)」가 아레니우스의 로비로 그의 고향인 웁살라에 설립되었다. 이 연구소는 선택적인 번식을 통하여 인종의 특성을 개량하는 방법을 연구했다. 스웨덴의 우생학 전문가 연결조직은 규모가 비교적 작았지만, 역사적으로는 상당한 의미를 갖는 것이었다. 나치의 생물정치학(biopolitics)을 출현시킨 독일 우생학 운동과 긴밀한 연대를 구축했기 때문이다.

세계 최초로 정부가 재정지원을 하는 우생학연구소인 「국립 인종 생물학연구소」는 많은 독일 학자들을 끌어들였다. 이 중에는 악명 높은 인종 생물학자로서 나치의 인종 교황(Nazi Race Pope)으로 불렸던 한스 프리드리히 칼 귄터Hans Friedrich Karl Günther, 1891~1968가 있었는데, 그는 연구소에서 정규적으로 강의했다. 그는 나치당이 집권하기 1년 전인 1932년에 중요한 인종 이론가로서 나치당에 가입했다.

스웨덴 정부는 스웨덴의 최북부 지역을 개발하고자 했다. 이 지역은 사람이 별로 거주하지 않는 곳으로서 원주민인 라프족 5만 명이 살고 있었다. 인종 생물학연구소가 초기에 정책적으로 추진한 연구사업 중에는 라프족 사람들이 스웨덴 사람보다 인종적으로 열등하다는 증거를 찾는 것이 있었다.

사회민주당이 1920년대에는 정부에 들락거리다가 1932년~1976년 기간에는 계속해서 집권했다. 현대적인 스웨덴은 사회민주당의 산물이다. 영국 작가 롤랜드 헌트포드Roland Huntford는 모든 사회당 중에서 스웨덴의 사회민주당이 칼 마르크스Karl Marx, 1818~1883 사상을 가장 온전하게 계승했다고 평가했다. 스웨덴 사람들은 권력에 순종적이고 전문가를 존중했다. 따라서 스웨덴의 기술전문가들이 구축한 정치집단은 특이하게 영향을 잘 받는 국민과 함께 별 어려움 없이 정책적인 성과를 얻을 수 있었다고 말했다.

헌트포드는 스웨덴의 사회민주당은 사람을 전적으로 행동주의 관점에서 본다고 말했다. 공산권의 전통적인 정당들과 마찬가지로 스웨덴의 사회민주당은 시민들의 환경을 조작함으로써 새로운 사회에 맞는 새로운 인간을 만들 수 있다는 신념을 가지고 있다고 말했다.

스웨덴 경제학자인 군나르 뮈르달Gunnar Myrdal과 사회학자인 알바 뮈르달Alva Myrdal 부부는 사회정책과 인구의 질에 대해서 논했다. 그들 주장의 주요 내용은 이러했다. 우선 인구가 증가할 때에는 인구의 질(質)은 중요하지 않다. 그러나 인구가 정체되거나 감소할 때는 질(質)이 높은 인구를 생산할 필요가 있다. 기술이 발전하고 자동화가 진전되면서 노동자들의 지적·도덕적인 수준은 더욱 중요해진다. 현대의 수평적으로 분산된 시스템에서 어리석고 답답한 사람들이 설 자리는 없다. 또한, 그들은 불임(不姙) 정책은 인종 위생과 사회적인 교육을 동시에 추구하는 것이라고 주장하기도 했다.

## 04
## 독일의 이념적 배경

　말라리아 원충은 모기의 뇌 속에서 들끓어서 모기가 사람에게 접근하도록 유혹한다. 원충이 인체에 들어오면 사람의 체취를 변화시켜서 모기를 유인하도록 한다. 톡소플라즈마 기생충은 더 교활하다. 이 기생충은 숙주 동물(고양이, 돼지)의 뇌 기능을 조작해서 혐오감을 매력으로 바꾸고 숙주 동물이 침입자에 대한 두려움을 상실하고 희생물이 되도록 한다. 이 단세포 기생충이 사람 몸에 침투할 경우 어리석게 행동하도록 해서 교통사고에 연루될 가능성이 2배로 증가한다.

　2013년의 한 연구에 의하면 2005년부터 대기 온도의 15년 이동평균치가 1900년~2012년의 장기추세로 하락해서 100년마다 약 0.7°C씩 상승했다.[1] 1세기에 1°C 미만 상승하는 것을 위기의 징조라고 볼 수는 없다.

　지구온난화를 생계 수단으로 사용하는 '기후이익집단'의 병적인 측면은 번창을 추구하는 논리를 거부하고 비싸고 공급이 불안한 발전원(發電源)을 사용할 것을 주장하는 것이다. 우리 시대를 1837년~1901년의 빅토리아 시대와 차별화하는 가장 중요한 요인은 전력(電力)의 사용이었

---

[1] John C. Fyfe, Nathan P. Gillet, and Francis W. Zwiers, "Overestimated Global Warming over the Past 20 Years," Nature Climate Change, Vol.3(September 2013), Fig. 2b

다. 전기는 공장을 혁신시켰다. 전기는 가정을 현대화시켰다. 부엌은 작아졌고 가전제품은 집안의 하인을 대체했다. 여성은 가정의 노예 같은 삶에서 해방되었다. 방은 더 밝아졌고 깨끗해졌다.

"전등을 값싸게 만들어서 부자만이 촛불을 켤 수 있게 하겠다"라고 에디슨이 말했다. 1882년 9월에 에디슨이 몇 블록 떨어져 있는 뉴욕 펄 스트리트(Pearl Street)의 발전기에서 생산하는 직류 전기를 사용하는 백열전등을 켜는 순간 뉴욕시는 새로운 시대를 맞이했다. 1885년 5월에는 피츠버그에 있는 웨스팅하우스전기회사의 사장인 웨스팅하우스 George Westinghouse가 테슬라 Nikola Tesla의 교류 발전기에 대한 특허권을 샀다. 테슬라의 교류를 이용하여 장거리 송전이 가능하게 되었다. 그리하여 1895년에 테슬라와 웨스팅하우스는 나이아가라 폭포에서 전기를 생산하는 데 성공했고, 1896년에는 나이아가라 폭포전력회사(Niagara Falls Power Company)가 버펄로로 송전하기 시작했다. 이때까지만 해도 수력 발전이 규모의 경제를 누릴 수 있는 유일한 재생에너지였다.

전기를 사용하는 가정의 수가 증가할수록 전기 생산비용이 감소했다. 미국에서 가전제품 매출액이 1915년의 2,300만 달러에서 1920년에는 8,300만 달러로 급증했다. 1912년에는 미국 가정의 16%만 전등을 사용했다. 그러나 1920년대 말에는 거의 모든 가정이 전등을 사용했다. 20세기에는 전기가 저렴해지면서 세계가 전기화(電氣化)되었다.

2009년 6월 독일 에센에 저명한 기후 사상가(思想家)들이 모였다. 에센은 루르 탄광지대 중공업 지역에 있는 도시이다. 에센은 중요한 사업이 없는 한 사람들이 별로 찾지 않는 도시이다. 기후변화에 대응하기 위해 문화적인 변혁을 통한 대전환을 추구하는 것은 그 기후 전문가들에게는 매우 중요한 일이었다. 이 대전환은 127년 전에 에디슨이 열어놓은 에너지 풍요의 시대를 마감하고자 하는 것이었다.

이 에센 회의는 대중의 관심을 별로 끌지 못했다. 대단한 발표도 없었고 획기적인 결정도 없었다. 소수의 환경 관련 NGO와 언론인이 있었다. TV와 해외 언론은 없었다. 이 회의는 홍보를 위한 것이 아니라 훨씬 더 중요한 것에 관한 것이었다. 그것은 서구사회와 그 사회를 지탱하는 민주적인 가치를 어떻게 근본적으로 변화시키느냐에 관한 것이었다. 무엇보다 그 회의는 두 가지 역할을 했다. 우선 지구온난화의 급진적이고 탈민주주의적인 의제를 부각시켰다. 다음으로 어떻게 유럽이 선도하고 미국이 따라오도록 하는가 하는 문제였다. 이러한 성격을 가진 그 회의는 가장 근본적인 질문을 제기했다: "기후정책이 민주주의와 양립(兩立) 가능한 것인가?"

에센 회의에 참석한 450여 명 중에는 독일의 세계변화자문위원회(WBGU) 위원들이 있었다. 이 WBGU는 1992년 리우 지구정상회의에 맞추어서 설립된 것으로서 세계변화에 관한 주요 이슈들에 대한 일반 대중의 인식을 높이고 언론 보도를 부각시키는 임무를 수행했다. 에센고등인문연구소(KWI)의 연구원들도 이 회의에 참석했다. 강력한 마르크스주의 계통인 KWI의 주요 인사 중에는 독일공산당(DKP)의 당원도 있었다. 독일 공산당은 선거철에 득표 수는 별로 많지 않았지만, 독일의 대학과 언론에 미치는 영향은 상당했다.

에센 회의 첫 번째 세션에서 캐나다 정치학자 토마스 호머 딕슨 Thomas Homer-Dixon은 기후변화 위기에 대한 해결책은 결국 문화 수준에 달려있다고 말했다. 서구사회가 경제성장에 전념하는 문화적인 전제조건들에 대해 의문을 제기하고 '순수한 절차적인 민주주의'를 넘어서야 한다고 주장했다. 다음날에는 민주주의가 집중 비판을 받았다. KWI의 사회 심리학자 하랄트 벨처 Harald Welzer는 시장보다 정치를 우위에 두고 지구 온난화의 최악의 결과를 피하고자 '자본주의 3.0'을 주장했다. 이를 위해 문화혁명이 요구되며, 현실에 대한 인식의 변화와 도덕적 가치의 변화가 필요하다고 말했다. 이러한 변화는 나치 정권하에서 1933년~1941년의 기간에 이미 이루어졌다고 주장했다. 이러한 벨처의 주장을 다음 발표자인 환경 심리학자 안드레아스 에른스트 Andreas Ernst가 이어받아서 "인간 두뇌의 구조는 인간이 올바른 일을 하는 것이 어렵도록 설계되어 있다"라고 주장했다.

정치학자 클라우스 레게비 Claus Leggewie는 민주주의에 관한 관심이 낮아지고 있다고 말하면서 "민주주의는 너무 느리다"고 주장했다. 영국의 정치학자 데이비드 헬드 David Held는 민주주의는 시험대 위에 놓였다고 말했다. 성공적으로 탄소 배출량을 감소시킨 국가들은 민주주의 국가이지만, 그 국가들이 기후변화 문제를 적절히 다루지 못한다면 민주주의가 이룩한 성과와 규칙에 기반을 둔 국제정치라는 이념이 심각한 도전을 받게 될 것이라고 헬드가 주장했다.

브루킹스연구소(Brookings Institution)의 전무이사 윌리엄 앤톨리스William J. Antholis는 민주주의에 대한 합당한 평가마저 유보한 채, 기후문제 해결을 위해 유럽의 정치체제가 적합하고 미국의 정치체제는 부적절한 이유를 깊이 파고들었다. EU의 도덕적인 사명과 건국 정신이 기후문제 대응 체계를 구축하는 원동력이라고 앤톨리스는 주장했다. 유럽은 소수 정당이 힘을 발휘할 수 있도록 함으로써 기후문제에 있어서 주도적인 역할을 하게 되었다고 그는 말했다. 녹색당은 10%의 득표율로써 20%의 연정을 구성했다. 미국에서 10% 득표율은 별로 주목받지 못하지만, 유럽에서 10%는 세계를 변화시키는데 긴요한 것이다. 유럽의 시민, NGO, 기업들이 눈에 띄는 변화를 이루었다. 유럽은 국가들의 주권을 문제로 보고 세계국가의 모델을 가지고 있다. 반면에 미국은 국가의 주권을 신성시한다. 미국 정치는 경제적인 성과를 가장 중요시한다고 앤톨리스는 불평했다.

기후변화 협상에서 부(富)의 이동은 핵심적인 부분인데, 미국 정치 컨설턴트인 존 포데스타John Podesta는 선진국으로부터 개도국으로 부(富)가 대규모로 이동하는 것이 미국에서는 별로 환영받지 못한다고 말했다. 독일 경제학자 오트마르 에덴호퍼Ottmar Edenhofer는 국제적인 기후정책이 환경정책이라는 허상에서 벗어나야 한다고 말했다. 선진국들이 지구의 깨끗한 대기(大氣)를 몰수해 갔기 때문에 기후정책을 통해서 세계의 부(富)를 재분배해야 한다고 에덴호퍼는 주장했다.

에너지 대전환(大轉換)의 반자본주의적(反資本主義的) 의제는 오해의 소지가 없이 분명하다. 그린피스 활동가로서 독일 의회 녹색당 의원이 된 헤르만 오트Hermann Ott는 대형 석유회사들과 화학회사들의 마지막 저항을 분쇄해야 한다고 말했다. 독일 언론은 에센 회의가 정치적으로 갖는 큰 함의를 보도했다. 에센 현지 신문인 「베스트도이체 알게마이네 차이퉁(Westdeutsche Allgemeine Zeitung, WAZ)」은 지구온난화에 대처하기 위해서 사회의 재설계가 필요하다고 보도했다. 독일 신문 「프랑크푸르터 알게마이네 차이퉁(Frankfurter Allgemeine Zeitung, FAZ)」은 장문의 기사를 실었다. 그 내용은 에센 회의는 시민이 참여하는 혁신된 문화, 세계 지배구조의 새로운 규칙과 수단, 그리고 기후변화를 인식하기 위한 문화적인 여과장치 즉 '두뇌 세탁'을 요구한다는 것이었다.

동요가 있었다. 6개월 후에 디 벨트(Die Welt) 신문에 "환경보호가 민주주의를 죽인다"는 기사가 실렸다. 독일 언론인 울리 쿠케Ulli Kulke가 작성한 것이다. 독일의 사회심리학자 하랄트 벨처Harald Welzer가 제기한 질문인 권위적인 정부가 기후문제를 더 잘 해결할 수 있는지를 겨냥해서 작성한 것이다. 벨처는 정치적으로 참여하는 시민단체가 영향력을 행사해서 문제점들을 수정하는 것을 전제로 민주주의를 지지했다. 어느 누구도 독재자를 공개적으로 요청하지는 않고 있으며 다만 전문가들로 구성된 권위적인 정권만을 논의하고 있다고 쿨케는 기록했다. 벨처와 레게비는 녹색 어젠더는 집중된 정치구조 하에서 더 효율적으로 실현되며 지속적인 경제성장을 허용하는 것은 유치하다고 주장했다. 그러나 쿨케는 경제성장 없이 기후변화에 대처하는 데 필요한 엄청난 규모의 재정을 어디서 얻을 수 있는지 물었다.

레게비는 생태계 보호를 위한 독재정권의 출현에 대한 공포를 일축했다. 그는 기후변화는 문화의 변화를 의미한다고 말했다. 새로운 경제질서, 세계 지배구조의 새로운 수단, 새로운 기술이 필요하다고 그는 주장했다. 의식의 실질적인 변화가 필요하다고도 했다. 이는 마르크스주의자들이 주장하는 '잘못된 의식'과 맞닿아 있는 개념이다. 또한, 새로운 이해당사자 문화의 필요성을 역설했다. 그러나 이는 사실상 환경보호를 위한 대전환은 세계를 통치하는 최고 권력이 이산화탄소와 생활필수품을 국가별로 배분하는 체제를 의미한다.

독일 세계변화자문위원회(WBGU)의 2011년 보고서 「World in Transition: A Social Contract for Sustainability」가 논쟁을 다시 불붙였다. 이 보고서는 2009년 에센 회의의 핵심내용을 요약한 것이다. 우리 앞에 놓여 있는 변화의 범위는 아무리 확대해도 지나칠 수 없다고 이 보고서는 말했다. 전 세계적인 경제 및 사회 체제의 변혁은 농업과 축산업이 보급되었던 신석기시대와 산업혁명에 비견(比肩)될 수 있는 것이라고 했다. 이 둘은 관리되지 않은 점진적인 변화의 결과이지만, 우리 앞에 놓여 있는 변혁은 예측 불가능한 것을 관리하고 조직하는 의지가 반영되어야 하고 매우 제한된 시간 내에 달성되어야 한다고 강조했다. 지난 250년간의 세계 경제체제는 화석연료에 기초한 것으로서 근본적으로 수정되어야 한다고 말했다.

추구하는 변혁은 새로운 계약 관계를 바탕으로 한 강력한 권력이어야 하며, 새로운 계약은 세계의 모든 국가를 배려하면서 공정하고 효율적인 보상체계를 갖추어야 한다고 했다. 전 세계를 지배하는 강력한 권력은 변혁을 추진하는 동력으로서 없어서는 안 되는 것이다. 새로운 계약은 NGO와 과학적인 전문가가 핵심 주체가 된다. 새로운 계약은 문서로 작성된 것이라기보다는 사람들의 의식 속에 있는 것이라고 주장했다.

미국의 경우, 에센 회의와 독일 세계변화자문위원회가 보내는 메시지는 당혹스러운 것이다. 지구를 구하기 위해서 헌법을 바꾸고 민주주의를 뒤엎어야 한다. 기후변화와 투쟁하는 대변혁의 과정에서 미국의 독립선언은 시대착오적임을 인정해야 한다.

## 05
## 유럽 최초의 녹색당

스웨덴 사회민주당의 대표 브랜드인 테크노크라시는 과학 기술전문가들이 국가의 핵심 권력을 행사하는 체제인데, 이 권력체제에서 인종적인 측면은 절대적이었다. 독일 나치의 이념은 자본주의와 산업사회를 거부하는 것으로서 인종과 생물학이 그 핵심 구성 요소였다. 오늘날 생태학적으로 염려한 사람들의 주장이 나치 이념론자들이 주장하는 주제들과 불안하게도 매우 긴밀한 유사성을 지니고 있다.

나치 철학의 근저에는 인간과 국가는 자연의 법칙에 순응해야 한다는 이념이 자리 잡고 있다. 그러기에 히틀러 Adolf Hitler는 자서전 『나의 투쟁(Mein Kampf)』에서 "자연의 철칙을 거슬러 맞서는 사람은 자신의 존재를 지지(支持)하는 법칙과 싸우는 것이다"라고 말했다. 또한, 인간 사회의 역사, 즉 인종(人種)의 역사는 생물학과 자연에 의해서 결정된다고 주장하면서 현대의 평화주의자들은 이에 반대한다고 했다. 유대인처럼 뻔뻔스럽고 어리석은 자들은 인간의 역할이 자연을 극복하는 것이라고 주장한다고 비난했다.

역사적인 발전이 자연적인 과정에 순응한다는 주장은 인본주의와 기독교 정신에 반(反)할 뿐만 아니라, 역사의 법칙이 생물학적인 계급이 아니라 사회경제적인 계급을 통하여 작용한다는 마르크스 좌파 정신과도 맞지 않는다. 마르크스주의자에게 역사의 법칙은 인간 중심적이다. 마르크스Karl Marx와 엥겔스Friedrich Engels는 자본주의의 가장 큰 업적은 자연을 극복하는 인간의 능력이라고 평가했다. 엥겔스는 "과학이 불가능한 것은 무엇인가?"라고 감탄했다.

인간이 자연의 명령에 순복해야 한다는 주장은 나치 사상과 현대의 환경주의를 연결하는 끈이며 계몽주의의 진보(進步)에 대한 믿음을 전적으로 배격하는 것이다. 계몽주의의 진보에 대한 신뢰는 인간의 물질적인 무한한 발전 가능성에 대한 믿음의 마지막 보루(堡壘)로서 자본주의와 시장의 지지자(支持者)로 남아있다.

삶 전체와 우리가 태어난 자연을 연결하고자 하는 분투(奮鬪)는 국가사회주의 사상의 요체(要諦)라고 식물학 교수인 에른스트 레만Ernst Lehmann이 1934년에 주장했다. 그는 국가사회주의는 생물학을 정치적으로 적용한 것이라고 특징지었다. 독일 생물학자의 60%가 나치에 가담했다. 나치주의는 매우 강력한 과학적인 문화에 뿌리를 두고 있었다. 나치주의 사상가 중에 노벨상 수상자들이 다수 있었다. 나치 사상을 출현시킨 과학적인 문화는 1945년 이후 30년 동안 휴면기에 있다가 1970년대 후반에 동전의 양면과 같은 환경주의 및 반(反)자본주의와 함께 독일 정치권에 다시 들어왔다.

도시화하고 산업화된 인간의 자연파괴는 반복되는 주제였다. 1917년에 나치 당원인 유전학자 프리츠 렌츠Fritz Lenz, 1887~1976는 기술이 발전하면서 인간이 자연과 멀어지게 되었다고 주장했다. 외과 의사이자 암 전문가인 어윈 리에크Erwin Liek, 1878~1935는 1932년에 암은 문명이 초래하는 질병이라고 주장했다. 리에크는 나치 의학의 아버지라고 널리 인정받는 인물이다.

독일에서 도시 문명을 혐오하는 문화가 나치 사상에 앞서 나타났다. 1913년에 철학자 루트비히 클라게스Ludwig Klages, 1872~1956는 에세이 『인간과 지구(Man and Earth)』를 발표하면서 발전은 병들고 파괴적인 실없는 짓이라고 했다. 그는 발전이 궁극적으로 지향하는 것은 생명을 파괴하는 것이라고 주장했다. 발전은 숲을 황폐화하고, 동물을 멸종시키며, 원시 문화를 종식하고, 자연 그대로의 풍경을 산업주의가 소멸시켰으며, 아직 살아있는 유기 생명체의 가치를 평가절하한다고 비판했다.

클라게스의 에세이 『인간과 지구』가 1980년에 재출판되었다. 자본주의, 소비지상주의, 경제적 공리주의에 대한 그의 강력한 비판이 큰 호응을 얻었고, 독일 녹색당(Die Grünen)이 창당되었다.

히틀러가 정치적인 의식을 깨친 계기는 1919년 경제학자 고트프리트 페더Gottfried Feder, 1883~1941의 강연이었다. 페더는 독일 노동자당(German Workers' Party)의 창립 구성원이었다. 페더의 강의 '이자의 족쇄 끊기(breaking of interest slavery)'를 들으면서, 이것이 독일인들의 미래를 위해서 지극히 중요한 이론적인 진리라고 히틀러는 생각했다. 이것이 국가사회주의의 바탕이 되었다.

유대인에 대한 증오로 인하여 히틀러는 영어권의 부유한 국가들이 주도하는 세계 경제 질서에 독일이 편입하는 것을 거부했다. 특히 그에게는 월스트리트의 유대인과 유대계 언론이 부각되었다. 히틀러는 1919년 9월에 독일 노동자당의 55번째 당원이 되었다. 1920년 2월에 당명에 'National Socialist'를 추가하여 국가사회주의 독일 노동자당(National Socialist German Workers' Party)이 되었고 줄여서 나치당(Nazi Party)으로 부르게 되었다.

나치의 자본주의에 대한 깊은 혐오감과 '자연과 긴밀히 연계된 정치'의 정체성으로 인하여 나치당은 녹색 정책을 주창했다. 이것은 다른 정당이 녹색을 표방하기 반세기 전의 일이다. 대략적으로 접근해서, 나치의 인종 혐오와 군국주의 그리고 세계 정복의 야망을 빼내면 오늘날의 환경운동과 별반 다르지 않다. 히틀러는 자신이 키우던 개를 지극히 사랑했고, 1933년에 동물보호법을 제정한 첫 번째 정치가이다. 이것은 충격일 수 있다. 그러나 히틀러와 나치가 대규모의 재생에너지 사업을 처음으로 주창한 것이 놀랄 일은 아니다.

## 06
# 염려스러운 오류

🔥

조르주 퐁피두Georges Pompidou 프랑스 대통령(1969~1974)은 우리를 멸망의 길로 인도하는 것 세 가지가 있다고 말했다. 여자, 도박, 전문가이다. 여자와 함께하는 길은 즐겁다. 도박은 우리를 가장 빨리 패망으로 안내한다. 전문가는 우리를 가장 확실하게 멸망으로 인도한다.

20세기 초에는 인간 활동에 의한 지구온난화의 기본적인 메커니즘이 문서로 기록되었다. 이 기록을 확인이라도 하듯, 20세기 첫 10년간 지구 온도가 상승했다. 『워싱턴포스트(Washington Post)』의 1922년 11월 2일 자 기사 'The Changing Arctic'에 의하면 북극 온도가 상승했다. 어부, 물개 사냥꾼, 그리고 노르웨이 북쪽에 있는 스피츠베르겐섬과 동 북극해를 항해하는 탐험가들은 그때까지 전례가 없는 높은 온도를 지적했다. 일찍이 볼 수 없을 정도로 얼음이 줄어들었다.

1930년대는 북미가 혹독하게 더웠던 10년이었다. 1934년은 1998년과 함께 20세기에 가장 더웠던 해로서 우열을 가리기 힘들다. 1895년 이후 15번의 가장 뜨거웠던 7월 중에서 6번이 1930년대에 들어있다. 특히 1930년부터 1936년까지 1932년을 제외하고 가장 뜨거웠던 7월이 이어졌다. 1936년의 극심한 혹서(酷暑)로 인해 5,000명이 사망했다. 혹독한 가뭄과

**그림8** 잉글랜드 중부의 온도 추이 1659–2022

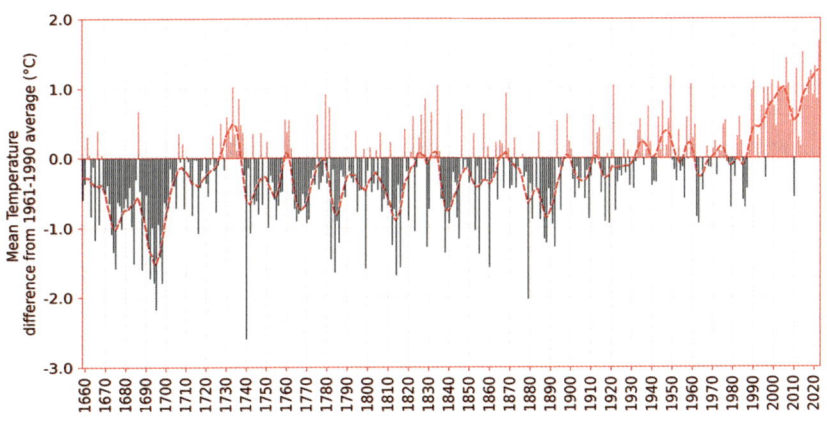

자료: 영국국가 기상서비스(Met Office) HadCET, 2023년 1월 31일 현재

토양 침식으로 인해 건조지대 폭풍이 북미 대초원을 휩쓸었다. 기후과학자들은 이것을 미국 역사에서 중요한 기후 사건이라고 부른다.

잉글랜드 중부 온도 시계열(Central England temperature series) 자료는 잉글랜드의 랭커셔, 런던, 브리스틀을 연결하는 삼각형으로 둘러싸인 지역의 온도를 1659년부터 보여주는 세계에서 가장 장기간의 신뢰할 만한 데이터베이스다. 이 자료에 의하면 1890년대 중반부터 온도가 상승했다. 20세기 첫 10년 동안 부분적인 온도 하강이 있었고 그 후 30년 동안 상승대(上昇帶)를 형성했다. 북유럽 국가들의 데이터도 온도가 상승하면서 1940년경에 최고 온도에 이르는 패턴을 보였다.

이것이 산업화 때문이었을까? 그렇다고 생각한 사람이 있었다. 가이스튜어트 칼렌더Guy Stewart Callendar, 1898~1964였다. 그는 영국의 재능 있는 열역학 전문가로서 증기기관 엔지니어였다. 그는 1938년에 논문 「이산화탄소의 인위적인 생산과 온도에 미치는 영향(The Artificial Production of Carbon Dioxide and Its Influence on Temperature)」을 발표했다. 이 논문에서 그는 대기 중의 $CO_2$ 농도 증가가 육지 온도의 상승을 초래했다는 아이디어를 제시했다. 그리하여 과학계에서는 초기에 지구온난화를 '칼렌더 효과'로 불렀다.

1930년대에는 심각한 국제적인 문제들이 많았다. 대공황; 제1차 세계대전으로부터 회복, 파시즘과 공산주의 세력의 강화, 제2차 세계대전의 발발이 그 대표적인 예이다.

이 엄혹한 시기에 다른 무엇인가 변화가 있어야 했다. 20세기 초에는 과학이 산업화 과정에서 인간을 이롭게 하는 역할을 했다고 보는 시각이 절대적이었다. 그 예로, 1903년에 노벨 화학상을 받은 스웨덴의 물리화학자 아레니우스는 화석연료를 사용하면 선순환이 일어나서 빙하기로 빨리 돌아가는 것을 방지하고 따라서 온대 지방 국가들이 강제로 아프리카로 이주할 필요가 없어지게 될 것이라고 생각했다. 많은 식물이 크게 성장하는 새로운 석탄기가 시작되는 것이다. 칼렌더 역시 이런 생각을 공유했다. 이산화탄소의 배출량이 증가하면 농업 가능 지역이 북쪽으로 확대되고, 식물의 성장을 촉진하며, 지독한 빙하가 돌아오지 못할 것으로 생각했다.

그러나 20세기를 지나는 동안에 인위적으로 자연에 개입하는 활동을 보는 시각이 크게 바뀌었다. 유전자 변형 식량을 나쁜 것으로 보았고, 아프리카에서 말라리아모기를 퇴치하기 위해 DDT를 사용하는 것을 금지했다. 폴리염화바이페닐(PCB)의 사용도 금지했다. 다양하게 사용되는 화학제품이 암을 유발하는 독소 물질로 여겨지기도 했다.

1차 세계대전 후에 영국은 독일로부터 환경주의 이념을 수입했다. 독일에서는 환경주의가 도시지역의 시골에 대한 향수와 접목되어 있었다. 영국의 환경주의자들에게 독일은 자연으로 돌아가는 길을 보여주었다. 반면에 미국의 상업주의 문화는 가장 혐오스러운 속성을 지닌 것으로 그들 눈에 비쳤다.

자연을 대하는 태도에 있어서 독일의 국가사회주의는 이탈리아의 파시즘과 크게 달랐다. 파시즘은 문화를 자연의 우위에 두고 양자를 충돌 관계로 보았다. 파시즘은 미래 지향적인 기술발전과 도시개발을 추구하는 데 반하여, 독일은 자연을 철학적인 안내자로 바라보았다. 이러한 독일의 사상은 히틀러 이전에 이미 존재했고 히틀러가 이 사상을 전용했다. 독일의 생물학자이자 철학자인 에른스트 헤켈Ernst Haeckel, 1834~1919은 유기체와 환경과의 관계를 연구하는 학문으로서 '생태학'이라는 용어를 1866년에 처음으로 사용했다.

'과거'는 기후과학자들을 실수하도록 해서 기후 역사를 다시 쓰도록 만든다. '미래'는 어떻게 해볼 수 없는 문제를 제시한다. 문제는 발생하기 전에는 알 수 없기 때문이다. 문제를 예측하는 것은 지극히 어려운 일이다. '오마하의 현인'으로 불리는 버크셔 해서웨이 CEO 워런 버핏 Warren Buffett은 예측은 미래에 대해서는 별로 말하는 것이 없고 예측하는 사람에 대해서 많은 것을 말한다고 했다.

독일과 일본은 경제성장에 필요한 자원을 획득하기 위해 자원보유국을 정복할 필요가 없었다. 독일과 일본의 전후(戰後) 경제적 성과는 발전을 위해 정복하는 군사적·경제적 자원전쟁 이론의 효용성을 부정했다. 양국은 세계 질서를 파괴하지 않고 오히려 세계적인 자유무역 체제에 편입됨으로써 훨씬 탁월한 경제적 성과를 이룩했다.

자유무역은 자발적인 상거래를 바탕으로 한다. 당사자들은 거래를 지속시키고 싶은 욕망이 있다. 이 거래를 통해 얻는 이익은 약탈을 통해 얻는 이익보다 크다. 약탈자는 몰수하는 행위를 통해서 약탈당하는 사람의 생산 욕구를 사라지게 한다. 1939년 8월 23일 나치 독일과 소련 사이에 불가침조약이 체결된 후에 양국은 경제적인 협력을 강화하기로 합의했다. 약 1년 동안 소련은 독일 국제무역의 큰 비중을 차지했고, 특히 전쟁 물자를 독일에 공급했다. 이 전쟁 무기는 나치가 소련을 공격하는 데 사용되었다. 실제로 독일은 약탈보다 자유 교역을 통해서 소련으로부터 더 많은 것을 얻었다.

국가의 힘은 자원을 통제하는 데 있지 않고, 자원에 가치를 더할 수 있는 경제적인 능력에 있다. 2차 대전 당시 연합국은 군수물자에 값을 지불하고 구매했다. 반면에 추축국(樞軸國)은 가능하다면 약탈했다.

타국을 정복하는 국가는 세계적인 자유무역 체제에서 배제된다. 자원보유국을 정복해서 자원을 확보하고 상품을 만들어서 수출하는 것은 터무니없는 짓이다.

이러한 아이디어들이 국제적인 자유무역 체제의 전제가 된다. 이 무역체제의 일원이 되면 이익을 누리고, 무역체제에서 제외되면 그 이익을 얻지 못한다. 이것이 강력한 힘을 발휘해서 국가들이 선하게 행동하도록 유도하고 국가 간의 차이를 평화적으로 해소하도록 요구한다.

전후(戰後) 무역체제는 위대한 정치력의 산물이다. 그것은 제2차 대전 중 미국이 고안해 낸 것이다. 루스벨트 행정부의 국무장관 코델 헐<sub>Cordell Hull, 1871~1955</sub>이 '관세 및 무역에 관한 일반 협정(General Agreement on Tariffs and Trade)'의 아이디어를 제시했다. 그는 자유무역을 통하여 경제적인 번영을 달성할 뿐만 아니라 평화를 정착시킬 수 있다고 확신했다. 1952년에 설립한 「유럽석탄철강공동체(European Coal and Steel Community)」의 중요한 목표 중 하나는 프랑스와 독일 간에 상호 의존도가 커지도록 해서 유럽에서 전쟁이 발발하지 않도록 하는 것이었다. 헐은 보호주의가 세계의 평화와 번영을 해치는 것으로 생각하고 다시는 보호주의가 반복되지 않도록 하기로 결심했다.

미국은 영국의 거센 반발을 극복해야 했다. 당시 영국은 제국주의를 유지하고자 했다. 미국 국내에서 보호주의를 통해 이익을 누리는 집단의 반발도 만만치 않았다. 미국은 자유무역 체제를 통해서 이전의 적대국들을 포용하는 광범위한 국제무역 시스템을 구축하고자 했다.

자유무역 체제를 통하여 평화와 경제적 번영을 추구했던 루스벨트 대통령과 헐 장관의 이념이 지구온난화 정책에 의하여 심각하게 훼손되고 있다. 이 정책은 세계 시장을 조각내고 있기 때문이다. 2008년 3월 벨기에 브뤼셀에서 개최된 EU 정상회의에서 EU는 미국과 중국이 온실가스 감축을 위한 획기적인 정책을 시행하지 않으면 무역 보복을 감행하겠다고 위협했다. 국제적인 협상이 결렬될 때 유럽의 산업을 보호하기 위해 적절한 조처하겠다고 유럽 지도자들이 선언했다. 사르코지 프랑스 대통령은 환경보호를 위한 규범을 준수하지 않는 국가로부터 수입하는 것을 규제하는 메커니즘이 필요하다고 주장했다.

2008년에 채택된 'EU 기후 행동 및 재생에너지 패키지'에 의하면, 효력이 있는 국제적인 합의가 이루어지지 않을 때 유럽 집행위원회(European Commission)가 배출권 거래제하에서 배출권 가격에 해당하는 금액을 관세(Green Tariff)로 부과하는 방안을 제시한다. 그런데 EU는 수백억 유로의 배출권을 무상으로 회원국 간에 배분했다. 2012년에 EU는 배출권 거래제를 비(非)EU 항공사로 확대하려다가 중국의 반발을 사기도 했다. 2차 세계대전을 시작한 유럽대륙이 이 전쟁으로부터 교훈을 얻지 못했다.

## 07
# 잘못된 상상(想像)

🔥

    과학자가 어떤 주제를 성공적으로 다루기 위해서는 치열하게 증거를 제시하는 일에 전념해야 한다. 그 증거를 바탕으로 어떤 정책을 펼쳐야 하는가 하는 문제는 과학자의 몫이 아니다. 과학자는 전문적인 증인(證人)이지 정책 주창자가 아니다. 과학자는 소원이나 열정이 없어야 한다. 차가운 돌과 같은 마음을 가져야 한다.

    어느 한 과학적인 분석체계에 관한 합의는 당시의 과학자들에 국한하는 것이다. 시간이 지나면 그 합의는 더는 유효하지 않다.

    과학자와 정치가들이 아주 먼 미래의 문제를 해결할 것이라고 기대하는 중에 현재 우리의 구체적인 필요가 무시되고 있다. 지구의 기후가 금세기 말에 어떻게 될지 아무도 모른다. 과거 역사에 비추어 볼 때, 틀리는 셈 치고 다른 종류의 예측을 하는 과학자가 나올 수 있다. 19세기의 맬서스와 제번스 그리고 1970년대 초의 '성장의 한계' 주장이 곧 다가올 재앙을 예측했지만 왜 틀렸는지 지금의 과학자들이 묻지 않고 있으니 말이다.

    유럽 국가들은 또 다른 환경위기를 고안해 낼 수 있다. 그리하여 인류에게 생각지도 못한 풍요를 가져다준 현대의 산업경제를 끝내야 하는 필요성을 절박하게 외칠지 모른다. 과연 유럽의 상상력이 현재와 같은 영향력을 언제까지 행사할지, 유럽이 지구온난화의 중심부를 언제까지 차지하고 있을지 금세기가 지나가야 알 수 있을 것 같다.

# III.
## '위기금속' 시대의 개막

모든 녹색 기술은 희귀금속을
개발하기 위해 지구 표면에 깊은
상처를 내는 것으로 시작한다는
사실을 환경주의자 또는 탈물질
주창자들은 숨기고 있다.

## 01
## 화석연료에서 희토류(稀土類) 금속으로

🔥

지구온난화의 디지털화와 재생에너지로의 에너지 전환이 추진되면서 희토류(稀土類) 금속에 대한 의존도가 점점 심화하고 있는 것은 매우 심각한 문제다. 희토류 금속의 공급이 대부분 중국의 통제 속에 있기 때문이다. 다른 국가들은 보유하고 있는 희토류 자원을 심각한 환경오염 문제로 인하여 개발하지 않고 있다. 따라서 중국이 독점적인 공급자가 되었고, 이 독점적인 지위를 국제정치적인 지렛대로 활용할 가능성이 매우 크다.

이 희귀 광물자원의 개발 사업은 심각한 환경오염을 수반한다. 따라서 희토류 자원을 바탕으로 하는 재생에너지 또는 녹색에너지는 사실상 '더러운' 에너지이다.

수천 년 동안 인류는 불, 바람, 조류(潮流), 사람의 힘, 말의 힘을 이용하여 이동(移動)하고 성벽을 구축하고 땅을 개간했다. 당시에 에너지는 매우 귀한 것이어서 이동이 느렸고 경제적인 성장은 더뎠다. 진보는 드문드문 있었고 역사는 느리게 한 단계씩 나아갔다.

18세기부터 인류는 증기기관을 사용했다. 이를 통해 베틀(織機)과 기관차를 움직이고, 전함(戰艦)을 사용하여 바다를 지배했다. 증기기관의 연료는 석탄이었고, 이것이 첫 번째 에너지 전환이었다.

20세기에 인류는 증기기관을 버리고 석유엔진을 사용했다. 석유엔진은 자동차, 선박, 탱크에 강력한 힘을 제공했다. 항공기가 출현하면서 하늘을 지배했다. 이것이 두 번째 에너지 전환이었다. 석탄에서 석유로 전환된 것이다.

21세기로 들어서면서 화석연료가 환경에 미치는 악영향으로 인하여 인류는 새로운 깨끗한 에너지를 위해 풍력 터빈, 태양광 패널, 전기차 배터리의 개발에 박차를 가하고 있다. 증기기관, 내연기관에 이어 나온 이들 '녹색 기술'은 세 번째 에너지 전환을 불러오고 있다. 이 에너지 전환은 '21세기의 석유'라고 불리는 희토류 금속에 의존하고 있다.

에너지를 생산하고 소비하는 방식을 바꾸는 것은 인류에게 큰 모험이다. 세계의 정치 지도자, 첨단기술을 보유한 기업가, 환경운동가, 프란치스코 교황 등이 녹색에너지로의 전환을 주장하면서 지구온난화를 억제할 것을 요구했다. 하나의 이슈에 이처럼 정치, 돈, 종교가 일렬로 늘어서서 지원하는 것은 극히 드문 일이다. 프랑수아 올랑드François Hollande 프랑스 제24대 대통령(2021. 5~ 2017. 5)이 인류 역사에서 전 세계를 아우르는 첫 번째 협약이라고 부른 기후변화협약을 체결했다. 2015년 12월 12일 프랑스 파리에서 개최된 유엔기후변화협약 제21차 당사국총회(COP21) 본회의에서 195개 국가가 채택한 이 협정은 평화조약이나 무역협정이 아니었다.

우리가 일상생활에서 사용하는 기술은 변할 수 있지만 우리의 에너지에 대한 욕구는 변하지 않는다. 우리가 재생에너지를 사용하면서 어떤 자원이 석유나 석탄을 대체할 것인가 하는 문제는 매우 중요하다. 19세기 사람들은 석탄의 중요성을 알았다. 20세기 사람들은 석유의 중요성을 잘 알았다. 그런데 오늘날 재생에너지가 희토류 자원에 의존하고 있다는 사실을 아는 사람들은 별로 많지 않다.

인류는 오랫동안 철, 동, 연, 아연, 금, 은과 같은 잘 알려진 기초 금속을 개발해 왔다. 그러나 1970년대부터 초전도 자석, 촉매, 광학성의 특성을 가진 희귀금속 군(群)에 관한 관심이 높아졌다. 이 금속 군(群)은 육성(陸性) 암석에 극소량 포함되어 있다. 여기에 포함된 금속 중에서 그 이름이 우리에게 친숙하지 않은 것 몇 개를 들어보면 바나듐, 게르마늄, 베릴륨, 레늄, 탄탈륨, 니오븀이 있다. 이 금속들은 공통적인 특성을 가진 30여 개의 소재에 필수적인 성분으로 사용된다.

희귀금속들은 자연에서 개발될 때에는 품위가 매우 낮지만 길고도 고통스러운 정련(精鍊) 과정을 거쳐서 탁월한 특성을 갖는 고순도의 금속이 된다. 8.5톤의 암석을 분쇄하고 정련 과정을 거쳐서 바나듐 1kg을 얻는다. 16톤의 암석에서 1kg의 세륨을 얻는다. 50톤의 암석에서 갈륨 1kg을 얻고, 1,200톤의 암석에서 1kg의 루테슘을 얻는다.

고순도의 희귀금속은 매우 작은 양으로 자장(磁場)을 발생시키고 이를 통해 같은 양의 석유나 석탄보다 더 많은 에너지를 생산한다. 연소 과정 없이 에너지를 생산하기 때문에 이산화탄소를 전혀 방출하지 않는다. 환경오염은 줄이고 에너지는 더 많이 생산하는 것이 '녹색 자본주의'의 지향점이다.

희귀금속 프로메튬은 1940년대에 미국의 화학자 찰스 코리엘Charles Coryell, 1912~1971이 붙인 이름인데, 이것은 그의 아내가 그리스 신화에 나오는 프로메테우스의 이름을 따라서 제안한 것이다. 프로메테우스는 인간에게 불을 가져다준 '인간의 은인'이다.

이 이름은, 거인 프로메테우스가 그러했듯이, 독창적으로 우리가 희귀금속을 활용해서 얻는 에너지를 상징적으로 말해주는 것이다. 에너지 전환 과정의 기본적인 두 가지 측면에서 희귀금속이 매우 창의적으로 다양하게 사용되고 있다. 녹색 기술과 디지털 기술이 그것이다. 이 두 개 기술이 수렴하여 함께 사용됨으로써 우리 사회를 한층 발전시킬 수 있다. 이 두 개 기술이 수렴한 대표적인 예가 풍력 터빈, 태양광 패널, 전기차다. 이들은 희귀금속을 핵심 소재로 사용하여 만든 것으로서 탈탄소 전기를 생산하고 있다. 고성능 송전망을 통하여 전기를 수요자에게 보냄으로써 에너지 절약을 가능하게 하기도 한다. 고성능 송전망은 희귀금속을 소재로 사용하는 디지털 기술에 의해 가동되고 있다. 희귀금속을 소재로 사용하여 보다 가볍고 효율성이 높은 자동차와 항공기를 생산하고 따라서 석유 사용량을 대폭 줄이고 있기도 하다.

에너지 전환은 1980년대에 독일에서 시작되었으며 2015년 파리기후변화협약에서 195개국이 지구 평균온도가 21세기 말까지 산업화 이전 수준 대비 2℃ 이상 상승하지 않도록 하자고 약속했다. 지구 온도 상승을 억제하기 위해 이산화탄소 배출량을 억제하기로 했다. 이 결과 화석연료를 태양광, 풍력 같은 재생에너지로 전환하는 사업이 적극적으로 추진되고 있다.

재생에너지는 희귀금속에 의존하고 있다. 따라서 재생에너지로의 전환이 성공적으로 추진되기 위해서는 희귀금속의 안정적인 확보가 관건이다. 희귀금속의 안정적인 공급을 위해 얼마나 큰 비용을 지불해야 할지 국제적인 관심이 점점 증대되고 있다. 여기에는 경제적, 사회적, 환경적인 비용에 더하여 국제정치적인 비용이 큰 관심의 대상이다.

19세기에는 영국이 세계에서 우월적인 지위에 있었는데, 이는 세계 석탄생산에 대한 패권을 보유하였기 때문이다. 20세기에는 미국과 사우디아라비아를 중심으로 많은 사건이 전개되었는데, 이는 석유의 생산과 수송로에 대한 통제권을 바탕으로 한 것이었다. 21세기에는 어느 국가가 세계의 중심에 서게 될까? 에너지 전환과 디지털 전환을 가능케 하는 자원인 희귀금속의 공급에 대한 통제권을 확보한 국가, 중국이 그 중심에 서게 될 것이다.

재생에너지로의 전환을 적극적으로 추진하고 있는 서방 국가들은 자국(自國)의 녹색에너지 산업과 디지털산업의 운명을 중국의 손에 맡기는 것과 별로 다르지 않다. 심지어 서방 국가들의 최첨단 무기들이 부분적으로 중국의 선의(善意)가 필요한 상태이다. 중국은 기술개발에 주력하면서 희토류 소재의 수출에 상한선을 설정하는 등 대외적으로 경직된 태도를 보이고 있다. 이 결과 서방 국가들의 경제적 비용과 사회적 비용이 상당히 클 것으로 예상된다. 이 희토류 금속은 대체재가 없고 재생에너지 및 디지털산업에서 필수 불가결한 소재로 사용되고 있기 때문이다.

21세기에는 인류의 화석연료 중독이 희귀금속 중독으로 전환되고 있다. 희토류 자원개발이 생태계에 미치는 피해는 석유개발보다 훨씬 심각하다. 희귀금속 생산량이 15년마다 2배로 증가할 것이라는 전망을 전제로 할 경우, 향후 30년 동안 희귀금속 생산을 위해 채굴할 암석의 양이 지난 7만 년 동안 인류가 채굴한 암석의 양보다 더 많을 것으로 추정된다.

## 02
## 희귀금속의 저주

희귀금속 중 희토류 금속은 란탄계열 15개 원소인 란타늄(La), 세륨(Ce), 프라세오디뮴(Pr), 네오디뮴(Nd), 프로메튬(Pm), 사마륨(Sm), 유로퓸(Eu), 가돌리늄(Gd), 터븀(Tb), 디스프로슘(Dy), 홀뮴(Ho), 에르븀(Er), 툴륨(Tm), 이터븀(Yb), 루테튬(Lu))과 비란탄계열 2개 원소 스칸듐(Sc), 이트륨(Y)을 합친 17개 원소를 가리킨다. 이들 원소는 품위가 매우 낮은 상태로 개발된다. 희토류는 화학적으로 안정되면서도 열을 잘 전달하는 공통점이 있다. 이 때문에 합금이나 촉매제, 영구자석, 레이저 소자 등을 만드는 데 사용된다. 모두 전기 자동차, 풍력발전 모터, 액정표시장치(LCD) 등의 핵심 부품이다. 현재 중국이 전 세계 희토류 생산량의 약 97%를 차지하고 있다.

희귀금속은 다른 풍부한 금속과 함께 극소량으로 발견된다. 그 예로 갈륨은 알루미늄의 부산물이고, 셀레늄과 텔루륨은 동(銅)과 함께 발견된다. 인듐과 게르마늄은 아연의 부산물이다. 네오디뮴이 암석 단위 무게 당 포함된 함량(含量)은 철이 암석 단위 무게 당 포함된 함량의 1,200분의 1, 갈륨의 함량은 철 함량의 2,650분의 1에 불과하다.

이처럼 희귀금속의 생산량은 매우 소규모여서 연간 16만 톤에 불과하다. 철의 연간 생산량은 20억 톤이다. 갈륨의 연간 생산량은 600톤에 불과한데 동(銅)의 연간 생산량은 1,500만 톤이다. 따라서 갈륨의 가격은 철보다 9,000배 비싸고, 게르마늄의 가격은 갈륨보다 10배 비싸다.

광물학자들은 18세기부터 희귀금속의 존재를 알고 있었다. 이 금속의 산업적인 활용도가 별로 알려지지 않아서 큰 관심을 받지 못했다. 1970년대부터 몇몇 희귀금속의 특이한 자성(磁性)을 이용하여 최신형 자석을 만들기 시작했다. 전하(電荷)가 자석의 자장(磁場)에 들어오면 운동에너지가 발생한다. 이 힘을 이용해서 전기 엔진을 만들고 증기기관과 내연기관을 대체하게 되었다. 전기 엔진은 전기 자전거, 전기 자동차, 전기 기차, 엘리베이터를 움직이는 힘을 제공하고 있다. 전기 엔진은 에너지 전환이 아이디어에서 현실이 되게 했다. 모르는 사이에 우리 사회는 자석이 움직이는 사회가 되었다. 희귀금속을 이용해서 만든 자석이 없었다면 이 세상은 한결 느려졌을 것이다.

### 정부가 선정한 희귀금속 35종

| 구분 | 원소명 |
|---|---|
| 희토류 (1종) | 란타늄, 세륨, 프라세오디뮴, 네오디뮴, 프로메튬, 사마륨, 유로퓸, 가돌리늄, 터븀, 디스프로슘, 홀뮴, 에르븀, 툴륨, 이터븀, 루테튬, 스칸듐, 이트륨(17원소) |
| 알칼리족 (6종) | 리튬, 마그네슘, 세슘, 베릴륨, 스트론튬, 바륨 |
| 반금족 (9종) | 게르마늄, 인, 비소, 안티몬, 비스머스, 셀레늄, 텔루륨, 주석, 규소(실리콘) |
| 철족 (2종) | 코발트, 니켈 |
| 보론족 (5종) | 붕소, 갈륨, 인듐, 탈륨, 카드뮴 |
| 고융점 금속 (11종) | 티타늄, 지르코늄, 하프늄, 바나듐, 니오븀, 타탈륨, 크롬, 몰리브덴, 텅스텐, 망간, 레늄 |
| 백금족 (1종) | 백금, 루테늄, 오스뮴, 팔라듐, 이리듐, 로듐(6원소) |

희귀금속이 반도체에서 발휘하는 대표적인 특성은 디지털 기기에서 전기의 흐름을 통제할 수 있는 것이다. 이 특성으로 인하여 희귀금속은 최첨단 정보통신기술의 필수불가결한 소재가 되었다. 녹색 기술과 디지털 기술이 과거에는 별개의 독립적인 기술이었는데 지금은 동전의 양면과 같은 긴밀한 관계가 되었다. 디지털 기술을 바탕으로 한 스마트 그

리드에서 사용되는 첨단 소프트웨어와 알고리즘은 발전회사와 소비자 간에 전류의 변동을 통제·조정할 수 있다. 이것은 미국에 설치된 8,000만 개의 스마트 계량기에서 벌어지고 있는 일이다. 앞으로 녹색 기술과 디지털 기술을 바탕으로 건설될 스마트 도시에서는 도로의 센서가 도보(徒步) 인파의 규모에 맞추어서 조명을 조절함으로써 전기 사용량을 65%까지 절약할 수 있고, 날씨 예측 소프트웨어를 통하여 태양광 패널의 효율을 30% 향상시킬 수 있게 된다.

디지털화와 에너지 전환은 상호 의존적이어서 디지털 기술은 녹색 기술을 발전시키고 그 영향력을 강화시킨다. 이 두 기술의 융합은 풍부한 에너지와 새로운 산업을 육성할 수 있게 하고, 이미 세계적으로 1,000만 개 이상의 일자리를 창출했다. 그러기에 유럽연합은 회원국들이 이산화탄소 배출량을 2030년까지 1990년 대비 40% 감축시키고 재생에너지 비중을 27%로 증대시킬 것을 요구하고 있다.

인류는 르네상스 시대까지 금, 은, 철, 동, 연, 주석, 수은의 7개 금속을 사용했다. 20세기를 거치면서 10여 개로 늘어났고, 1970년대부터 20개, 오늘날에는 멘델레프 주기율표의 86개 금속 모두를 사용하고 있다.

세계는 매년 20억 톤 이상의 금속을 사용하고 있다. 2035년까지 세계의 게르마늄 수요가 2배 증가할 것으로 예상된다. 탄탈륨 수요는 4배, 팔라듐 수요는 5배, 스칸듐 수요는 9배, 코발트 수요는 24배 증가할 것으로 전망된다. 이들 희귀금속 확보를 위해서 치열한 경쟁이 예상된다. 세계는 화석연료에 대한 의존도를 줄이는 대신에 희귀금속에 대한 의존도를 높여갈 것이다. 지구온난화는 이제 연료 경제에서 금속 경제로 옮아가고 있다.

남아프리카공화국은 백금과 로듐의 주요 생산국이다. 러시아는 팔라듐의 주요 생산국이고, 미국은 베릴륨, 브라질은 니오븀, 터키는 붕산염, 르완다는 탄탈륨, 콩고민주공화국은 코발트의 주요 생산국이다. 그러나 대부분 희귀금속은 중국에서 생산된다. 여기에는 안티몬, 게르마늄, 인듐, 갈륨, 비스머스(蒼鉛), 텅스텐, 그리고 무엇보다 희토류 금속이 포함된다.

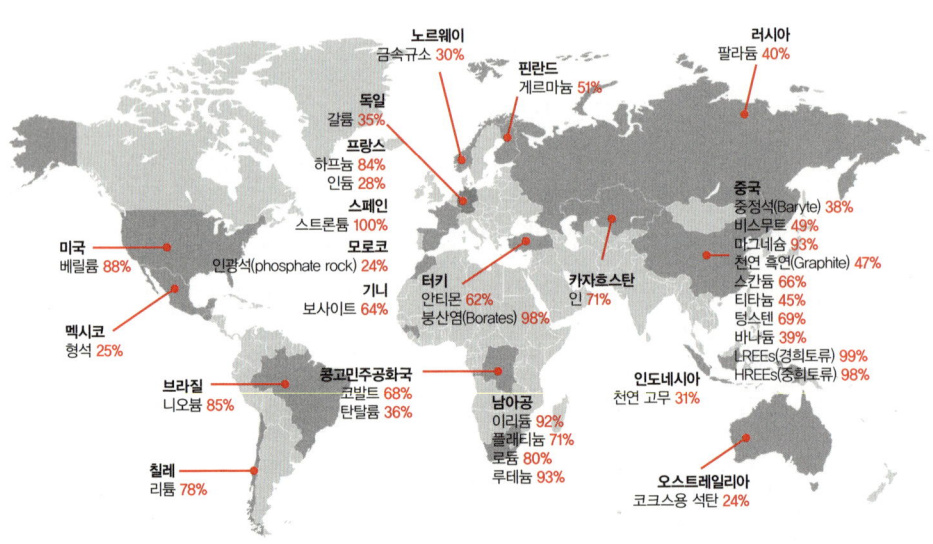

**그림9** 세계 주요 자원 생산 현황
(세계 생산량에서 각국이 차지하는 비중)

중국에서 희토류 금속이 개발되는 대표적인 곳은 중남부 장시성(江西省)의 내륙지역이다. 희토류 금속의 개발은 깨끗한 세상을 위한 것인데 그 과정은 환경을 매우 오염시킨다. 제련과정은 암석을 부수고 황산, 질산과 같은 화학약품의 혼합물을 사용한다. 이것은 오랜 시간 지속되는 반복적인 과정이다. 다양한 많은 처리 과정을 거쳐서 순도(純度) 100%에 가까운 정광(精鑛)을 얻는다. 희귀금속 1톤을 세척하는데 최소한 200㎥의 물을 소비한다. 세척과정을 거친 폐수는 산(酸)과 중금속이 고농도로 섞여 있다. 이 폐수가 제대로 처리되지 않은 상태로 강, 토양, 지하수로 흘러 들어간다. 제련과정의 각 단계별로 자연 생태계와 인간의 생활환경을 보호하기 위한 적절한 조치가 취해지지 않는다. 희귀금속은 녹색 기술과 디지털 기술이 사용되는 곳곳에서 핵심 소재로 사용된다. 그러나 독성이 매우 강한 폐기물 찌꺼기는 물, 토양, 대기를 오염시킨다. 따라서 중국에서 희귀금속을 생산하는 산업은 심각한 환경오염을 유발하는 산업 중 하나다.

1799년 건륭황제가 사망할 당시에 중국 청나라는 세계에서 최강국이었다. 국경이 몽골, 티벳, 버마에 이르렀다. 온화한 기후와 풍부한 농작물 수확으로 인하여 인구가 많이 증가했다. 청나라 전성기에는 정치가 안정되었고 GDP가 전 세계 GDP의 3분의 1을 차지했다. 중국에 대한 열기가 유럽에까지 퍼졌다. 계몽주의 시대를 대표하는 프랑스의 작가이자 사상가인 볼테르는 만주(滿洲) 전제정치의 장점을 칭찬했다. 유럽에 중국풍이 유행했고, 영국 사람들은 중국 차(茶)를 매우 좋아했다.

그러나 19세기와 20세기는 중국에게는 위축과 굴욕의 시기였다. 1839년~1842년 기간에 영국과 청나라 사이에 아편전쟁이 벌어졌고, 이 결과 중국에게는 불평등한 난징조약이 체결되면서 홍콩을 영국에 할양하게 되었다. 1919년 6월 베르사유조약에서 중국은 1차 세계대전의 승전국 중 하나였음에도 불구하고 산둥 문제 처리에 반대하여 조인하지 못하는 처지가 되었다. 1976년 마오쩌둥 毛澤東 사망 시 세계 경제에서 중국이 차지하는 비중은 18세기 말과 비교해 10분의 1로 축소되었다. 내전(內戰)의 피해가 컸고, 특히 1966년~1976년의 문화대혁명(文化大革命) 생존자들은 혹독한 세뇌작업의 대상이 되었다.

중국은 잃어버린 위신(威信)을 되찾고자 하는 강한 열망이 있다. 960년부터 오늘에 이르기까지 9세기 가까운 기간 동안 중국은 세계의 선도 국가였다. 중국은 어떤 비용을 지불하더라도 이 지위를 회복해야 했다.

19세기와 20세기의 실패한 이미지를 조속히 지워버리고자 하는 강박감에 사로잡혀서, 서방세계는 3세기만에 이룬 경제성장을 중국은 30년 동안에 이루기 위해 전력투구했다. 1976년에 덩샤오핑의 지도 아래 중국을 자본주의와 세계 무역시장에 개방했다. 세계 시장 가격을 밑도는 제품과 느슨한 환경정책은 서방 국가들에 대한 중국의 경쟁력을 강화시켰고, 중국을 세계의 공장으로 만들었으며, 서방세계에 저가(低價) 제품을 공급하는 국가의 위상을 확고히 했다. 중국은 지구온난화에서 핵심 소재로 사용되는 28개 광물자원의 주요 공급 국가이다.

이런 큰 성과 이면에는 환경파괴라는 어두운 그림자가 있다. 희귀금속 생산업체는 별다른 제재를 받지 않고 주요 도시의 공기를 오염시켰고, 토양은 중금속으로 오염시켰다. 폐기물 찌꺼기는 강에 쏟아버렸다. 경제성장을 위해서 모든 것이 허용되었다.

중국은 환경적인 피해가 극심하다. 온실가스 배출량이 세계에서 가장 많다. 농경지의 10%가 중금속으로 오염되었고, 지하수의 80%가 사용하기에 적절치 못하다. 500개의 대도시 중에서 5개 도시만 공기의 질이 국제기준을 충족시킨다. 1년에 공기 오염으로 인한 사망자가 160만 명에 이른다.

희귀금속 생산에 따른 환경오염은 다른 국가도 마찬가지다. 세계 코발트 공급량의 50% 이상을 담당하는 콩고민주공화국이 그 예이다. 코발트는 전기자동차의 리튬이온 배터리에 없어서는 안 되는 소재이다. 콩고민주공화국 루알라바(Lualaba)의 남부지역에서는 10만 명의 광부들이 삽과 곡괭이로 땅을 파서 코발트를 캐낸다. 콩고 정부가 자원개발사업을 규제할 능력이 없으므로 주변의 강이 오염되고 생태계가 훼손되는 사례가 만연하다. 콩고 의사들의 조사에 의하면, 콩고 제2의 도시인 루붐바시(Lubumbashi)의 광산 근처에 거주하는 주민들의 소변에서 검출되는 코발트의 양이 기준치의 43배에 이르는 것으로 나타났다.

세계 크롬 생산량의 14%를 담당하는 카자흐스탄의 경우도 비슷하다. 크롬은 항공기의 에너지 성능을 향상시키는 초합금(超合金)에 필수 소재이다. 남부 카자흐스탄 주립대학교 연구원들의 2015년 연구 결과에 의하면 크롬 개발로 인하여 중앙아시아의 가장 긴 강인 시르다리야(Syr Darya)가 심각하게 오염된 것으로 나타났다. 이 강의 물은 수십만 명의 주민들이 사용하기에는 매우 부적절하고, 농작물 재배에도 사용할 수 없다.

라틴아메리카는 리튬 개발과 관련한 환경오염 문제로 고통을 받고 있다. 리튬은 볼리비아, 칠레, 아르헨티나에서 소금호수 아래에 부존하는 흰색 금속이다. 리튬은 전기자동차의 핵심 소재로 사용되기 때문에 수요가 크게 증가할 전망이다. 아르헨티나는 리튬의 주요 생산국으로서 외자 유치를 통하여 2025년까지 연간 생산능력을 16만5,000톤까지 증대시켜서 세계 리튬 생산량의 45%를 차지하는 계획을 세우고 있다.

2017년 5월에 라틴아메리카에서 활동하고 있는 모든 희귀금속 생산회사들이 아르헨티나 수도 부에노스아이레스 근처 리오 플라타(Rio Plata) 강변에서 개최된 자원개발산업 국제박람회에서 만났다. 여기에서 아르헨티나의 자원개발부 장관 다니엘 메일란Daniel Meilán은 아르헨티나의 수십 개 리튬 탐사사업을 자랑스럽게 소개하면서 국제적인 생태계 보호 기준을 지킬 것을 약속했다. 아르헨티나의 모든 리튬개발 회사들이 윤리 헌장에 서명하도록 했다.

다른 한편에서는, 30여 명의 그린피스 활동가들이 국제박람회장 입구를 막아서서 플래카드를 흔들면서 리튬 개발회사들이 거짓말하고 있다고 외쳤다. 그들이 말하는 것은 가짜 녹색 사업이며 지속 가능한 리튬개발 사업은 없다고 주장했다. 땅을 파헤치고 화학물질과 많은 물을 사용하고 있다고 비난했다.

라틴아메리카의 자원개발 사업은 악명이 높았다. 멕시코, 칠레, 콜롬비아, 페루에서는 현지 사회의 반발이 거세졌다. 사회적인 불신이 컸던 대표적인 자원개발 사업은 칠레 산티아고 북쪽에 있는 파스쿠아 라마(Pascua Lama)의 금·은 개발 사업이다. 이것은 캐나다의 금 생산회사 배릭 골드(Barrick Gold)가 추진하는 사업으로서 광체(鑛體)를 덮고 있는 빙하를 파괴했다는 비난을 샀다. 현지 주민들이 무장봉기했고 2013년에 파스쿠아 라마의 개발 사업이 중단되었다.

이것이 계기가 되어서 라틴아메리카의 대규모 리튬개발 사업이 환경운동가들의 격렬한 반대에 부딪혔다. 리튬개발 사업은 많은 양의 물이 필요하고, 따라서 물이 귀한 소금호수 위에서 살아가는 현지 지역사회의 생활 여건을 크게 악화시켰다. 아르헨티나의 옴브레 무에르토(Hombre Muerto) 소금호수의 주민들은 리튬개발 사업으로 인해 그들이 사용하는 물이 오염되고 있다고 비난했다.

희귀금속 개발 사업이 대부분 독재국가 또는 저개발국가에서 이루어지면서 무책임하고 비윤리적으로 추진되고 있다. 따라서 희귀금속을 핵심 소재로 사용하는 에너지 전환 및 디지털 전환을 바라보는 시선이 별로 곱지 않다.

재생에너지가 생산되는 전 과정에 대해서 면밀한 관찰이 필요하다. 태양광 패널, 풍력 터빈, 전기차, 효율성이 높은 전구 모두 끔찍한 환경오염의 족적(足跡)을 숨기고 있는 원죄(原罪)를 품고 있다. 재생에너지의 전체적인 주기(週期)에 걸쳐서 생태계에 미치는 피해의 비용을 바탕으로 판단해야 한다.

## 03
## 녹색 기술과 디지털 기술의 어두운 면

녹색 기술이 우리가 생각하는 것만큼 환경친화적이 아닐 수 있다. 오히려 환경에 심각한 피해를 끼칠 수 있다.

2016년 봄 캐나다 토론토 중심가 금융지구에 북미의 자원개발회사 종사자들이 모였다. 희귀금속을 향한 '골드러쉬'를 논의하기 위해 대형 호텔 호화로운 회의장에 함께했다. 주요 의제로서 투자, 현금흐름, 이윤, 자본조달, 비용구조, 연간 평균 생산량이 제시되었다. 국제에너지기구(IEA)가 세계의 발전량(發電量) 중에서 재생에너지가 차지하는 비중이

2018년의 26%에서 2040년에는 45%로 증가할 것으로 전망하는 가운데 녹색 기술의 성장 가능성은 매우 밝아 보였다.

많은 사람이 그 회의에 참석하고 있었는데 희귀금속 개발 사업에 찬물을 끼얹는 두 사람이 있었다.

그 첫 번째 사람은 캐나다인 베르나르 투리용Bernard Tourillon이었다. 그는 태양광 산업의 장비를 제조하는 회사 우라골드(Uragold)의 이사였는데, 태양광 패널이 생태계에 미치는 피해를 산출했다. 실리콘의 함량을 기준으로 태양광 패널 1개를 생산하기 위해 이산화탄소 70kg을 방출했다. 패널 생산량이 연 23% 증가할 경우 태양광 발전능력이 매년 10억 W 증가한다. 이 경우 이산화탄소 27억 톤이 배출되는데 이는 60만 대의 자동차가 매년 도로상에서 배출하는 이산화탄소의 양과 같다.

태양열 패널은 1,000kwh의 전력을 생산하기 위해 3,500ℓ의 물을 소비한다. 이것은 석탄 발전소의 물 사용량보다 50% 더 많은 것이다. 더 큰 문제는 태양에너지 발전단지가 대개의 경우 물이 귀한 곳에 설치된다는 것이다.

그 두 번째 사람은 텍사스 변호사 존 피터슨John Petersen이다. 그는 전기차 배터리 산업에서 많은 경력을 쌓았다. 많은 자료를 고속(高速) 처리하고, 수많은 연구 자료와 자신의 분석 결과를 바탕으로 그는 놀라운 결론에 이르렀다.

2012년에 UCLA의 연구자들은 기존의 연료 자동차와 전기 자동차의 탄소 배출량을 비교 분석하였다. 그들은 에너지 효율적인 전기 자동차를 생산하기 위해서 소비하는 에너지 양이 기존의 자동차를 생산하는 것보다 훨씬 많다는 사실을 발견했다. 이것은 주로 매우 무거운 리튬이온 배터리에 기인한다. 미국 테슬라 전기 자동차 모델S의 배터리 무게는 544kg으로서 자동차 무게의 25%를 차지한다.

리튬이온 배터리의 구성은 니켈 80%, 코발트 15%, 알루미늄 5%, 그리고 리튬, 동, 망간, 철, 흑연으로 되어있다. 이 광물 자원들은 중국, 카자흐스탄, 콩고민주공화국에서 생산된다. 이 광물들이 수송 및 정련(精鍊) 과정을 거쳐서 조립되는 등 인프라 전 과정을 고려해야 한다. UCLA 연구자들은 전기차의 산업화는 기존 자동차산업보다 3~4배 에너지 집약적이라는 결론을 얻었다.

끝에서 끝에 이르는 전주기(全週期)를 살펴보면, 전기 자동차가 석유를 사용하지 않는 장점이 있다. 이로 인하여 공장에서 폐차장까지 이산화탄소 배출량은 전기 자동차가 32톤으로서 기존 자동차의 절반 수준이다.

이 연구는 주행거리가 중간 수준인 120km의 전기차 배터리를 기준으로 한 것이다. 주행거리가 300km인 배터리의 경우 이산화탄소 배출량은 생산단계에서 2배 증가하고, 주행거리가 500km인 배터리의 경우 3배 증가한다. 따라서 전주기(全週期) 이산화탄소 배출량은 전기차가 휘발유 자동차의 75% 수준이다. 전기차의 힘이 강력해질수록 생산 시에 더 많은 에너지가 필요하고 따라서 이산화탄소 배출량이 증가한다. 테슬라는 모델S 전기 자동차가 주행거리 600km의 배터리를 장착할 것이라고 발표했고, CEO 일론 머스크는 800km 배터리가 곧 등장할 것이라고 말했다.

존 피터슨은 전기 자동차의 생산이 기술적으로 가능할 수 있지만, 환경적으로는 지속 가능하지 않다는 결론을 내렸다. 프랑스 환경 및 에너지 관리청(ADEME)의 2016년 보고서에 의하면 전기차의 전주기(全週期) 에너지 소비량은 경유 자동차와 비슷하다. 또한, 전기차의 전주기 이산화탄소 배출량은 휘발유 자동차와 같다. 전기차가 사용하는 전기가 중국, 호주, 인도, 대만, 남아프리카공화국과 같이 석탄 발전소에서 생산된 것이면 사실상 더 많은 이산화탄소를 방출하고 있는 것이다.

앞으로 답을 얻어야 할 많은 질문이 있다. 기존의 내연기관 자동차를 전기차로 대체할 경우 배터리가 에너지 소비에 어떤 영향을 끼칠지 우리는 충분히 분석하고 있는가? 전기자동차의 핵심 기능을 가능케 하는 녹색 기술과 디지털 기술의 소재인 희귀금속이 생태계에 미치는 영향을 우리는 충분히 이해하고 있는가? 배터리의 핵심 소재인 희귀금속의 안정적인 공급의 측면에서 어떤 영향이 있을까? 미래에 폐전기자동차를 회수하여 재활용할 때에 환경에 어떤 영향을 미칠까? 폭증하는 전기 수요를 충족시키는 데 필요한 관련 설비와 송전망을 확충하는데 얼마나 많은 에너지가 필요할까? 재생에너지 사업가들은 이 실문들을 공개적으로 드러내기보다는 자신들은 우리가 사는 세상을 개선하고 있다고 그저 믿고 싶은 것은 아닐까?

녹색 기술과 디지털 기술이 서로 수렴하고 있다. 이 결과 녹색 기술의 효율성이 10배는 더 향상될 것이라고 녹색 기술 신봉자들은 주장한다. 그렇다면 녹색 기술로 인한 환경오염이 더 악화되지 않을까 하는 합리적인 걱정이 생긴다. 이것은 에너지 전환을 주장하는 사람들이 바라는 바는 물론 아니다. 그들은 이구동성으로 디지털 기술이 에너지 소비 증가율을 완화시킬 것이라고 말한다.

디지털 기술은 스마트 그리드의 기초가 되어서 에너지 소비를 최적화한다. 전기를 생산하는 태양광 패널과 전기를 사용하는 전기차 사이에 전력망이 필요하다. 기존의 전력망에서는 석탄, 석유, 원자력을 사용하는 발전소가 생산하는 전기를 끊김 없이 전력망에 공급한다. 우리가 발전량을 결정하기 때문에 전력망의 어느 지점에서든지 어느 시점에든지 어느 정도의 전기가 흐르고 있는지 알 수 있다. 단속적(斷續的)인 에너지원인 재생에너지에 의존하는 전력망과는 전혀 다른 것이다.

태양과 바람을 통제할 수 있는 사람은 없다. 따라서 재생에너지는 단속적이다. 태양광 패널과 풍력 터빈이 전력망에 공급하는 전기는 산발적(散發的)이다. 따라서 전력망을 운영하는 회사들은 정확한 양의 전력을 정확한 시간에 정확한 소비자에게 보내는 업무를 차질 없이 수행해야 한다. 공급하는 전력량이 충분치 못할 때에는 전력공급은 멈추게 된다. 너무 많은 양의 전력이 공급될 때에는 잉여전력은 낭비된다. 따라서 재생에너지 공급자들은 전력망 운영회사가 별도의 발전설비를 갖추어서 정교한 알고리즘을 통하여 공급과 소비 사이에 완충 역할을 상시적으로 그리고 탄력적으로 해주기를 바란다. 그리하여 에너지 낭비가 감소하기를 원한다.

디지털 기술은 인간의 활동으로 인한 탄소 배출량을 감소시킬 것으로 신기술 예찬론자들은 기대한다. 이들은 디지털 기술과 녹색 기술이 융합해서 누구든지 자신이 필요한 전기를 값싸고, 깨끗하고, 풍부하게 생산할 수 있도록 할 것으로 생각한다. 새로운 공유경제 시대에는 각 개인이 소유하기보다는 함께 공유하고 교환하면서 '소유의 시대(the age of ownership)'에서 '연결의 시대(the age of connection)'로 옮아갈 것을 예상한다. 인터넷을 통해 필요한 재화를 탐색하면서 돈을 주고 빌려 쓰는 시대를 상상한다. 이미 우리는 자동차 공유시대의 서막을 보고 있다. 자동차 공유문화가 확산되면서 도로를 달리는 자동차 수는 감소하고 따라서 이산화탄소 방출량도 감소할 것을 기대한다.

우리는 또한 가상(假像) 세계에 대해서도 눈을 뜨기 시작했다. 인터넷 덕분에 우리는 동시에 두 개의 세상에서 살고 있다. 물리적인 세계와 가상 세계가 그것이다. 가상 세계는 탈물질(脫物質) 세계를 예고하는 것으로서 재택근무, 전자상거래, 전자문서, 디지털 데이터 저장 등이 유사어(類似語)로 사용되고 있다. 정보의 물리적인 이동을 억제하고 종이에서 디지털로 전환함으로써 우리는 자원에 중독된 문명을 거부하고, 아마존 삼림의 벌목 속도를 늦추며, 콩고분지의 황폐화를 완화시킬 수 있다. 우리는 좀 더 지혜롭고 중용(中庸)의 덕을 갖춘 시대로 뛰어들고 있다.

그런데 이 환상적인 디지털 기술은 엄청난 양의 금속이 필요하다. 매년 전자 산업은 320톤의 금과 7,500톤의 은을 소비한다. 세계 수은 소비량의 22%와 세계 연 소비량의 2.5%를 차지한다. 노트북 컴퓨터와 핸드폰 제조업은 희귀금속인 팔라듐 세계 생산량의 19%를 소비하고, 코발트 생산량의 23%를 소비한다. 이것은 핸드폰에 들어 있는 40개의 금속을 제외하고 말하는 것이다. 더욱이 소비자의 손에 들려있는 한 개의 핸드폰은 그 제품의 전주기(全週期, lifecycle)에 걸쳐서 발생한 폐기물 총량의 2%에 불과하다. 무게 2g의 칩 1개를 제조하는데 2kg의 폐기물이 발생한다. 최종제품과 폐기물의 비율이 1:1000이다. 이것은 디지털 기술 관련 장비를 생산하는 것만을 언급한 것이다.

전력망의 운영 역시 디지털 기술이 사용되고, 따라서 추가적인 환경 피해가 발생한다. 이메일이 첨부 서류와 함께 발송되는 경우, 컴퓨터를 출발해서 받는 사람에게 도착하기까지 장거리를 빛의 속도로 달린다. 이때의 디지털 활동은 높은 와트의 에너지 절약형 전구가 1시간 사용하는 것과 같은 양의 전기를 소모한다. 전 세계적으로 매시간 수백억 개의 이메일이 전송되고, 소모되는 전기는 50GW(기가와트)이다. 이는 15기의 원자력 발전소가 1시간 동안 발전한 전력량이다. 1개의 데이터 센터가 데이터의 흐름을 관리하고 냉각시스템을 가동하기 위해 사용하는 전기는 인구 3만 명의 도시가 사용하는 것과 같다.

세계의 정보통신산업이 사용하는 전기는 세계 총 전기 소비량의 10%를 차지한다. 정보통신산업은 항공산업보다 매년 50% 더 많은 양의 온실가스를 방출한다.

에너지 전환 및 디지털 전환은 수많은 위성을 통해서 지구 전체를 온라인으로 연결하고자 한다. 위성을 우주 공간으로 쏘아 올리기 위해서는 로켓이 필요하다. 많은 컴퓨터가 위성들을 올바른 궤도에 올려놓고 정교한 디지털 장비를 사용해서 통신내용을 암호화한다. 수많은 슈퍼컴퓨터가 쇄도하는 데이터를 분석하고, 이 데이터를 실시간으로 전 세계의 해저 케이블망, 공중과 지하의 미로와 같은 전선망, 수백만 개의 컴퓨터 터미널, 셀 수도 없는 데이터 저장센터, 수십억 개의 태블릿, 핸드폰, 그리고 연결된 다른 장비들에 보낸다. 이 장비들은 충전이 필요한 배터리를 가지고 있다.

실상이 이런데, 탈물질화(脫物質化) 시대로의 전환을 주장하는 것은 사술(詐術)에 불과하다. 물질적인 영향이 끝없이 펼쳐지기 때문이다. '디지털'이라고 부르는 이 거대한 공룡을 건사하기 위해서는 석탄 발전소, 석유발전소, 원자력 발전소, 태양광 발전단지, 풍력 발전단지, 스마트 그리드 모두 필요하다. 이 모든 인프라는 희귀금속에 의존하고 있다. 모든 녹색 기술은 희귀금속을 개발하기 위해 지구 표면에 깊은 상처를 내는 것으로 시작한다는 사실을 환경주의자 또는 탈물질 주창자들은 숨기고 있다. 재생에너지로 전환하는 것은 화석연료에 대한 의존을 희귀금속에 대한 의존으로 바꾸는 것에 불과하다.

희귀금속의 재활용률을 극대화하기 위해서 제품 생산업자는 자신이 생산한 제품의 사용자를 추적할 필요가 있다. 제품의 공급자가 공급 체인을 추적해서 폐기된 제품을 회수하는 것이다. 회수된 폐제품에서 희귀금속을 추출하여 제품 생산에 다시 사용하면 핵심 소재의 공급 안정성을 제고시킬 수 있다. 희귀금속 주요 생산국은 광물 매장량이 풍부한 국가뿐만 아니라 폐제품의 재고량이 풍부하고 그 활용률이 높은 국가이다. 하늘 높이 쌓인 폐제품 더미는 부러움의 대상이 될 것이다.

이런 모습은 매우 멋져 보인다. 그러나 실제로 재활용을 실행하는 것은 결코 쉬운 일이 아니다. 철이나 알루미늄과 같은 금속과 달리, 희귀금속은 에너지 및 디지털 전환에서 순수하게 독립적으로 사용되지 않고 합금의 일부분으로 사용된다. 여러 개의 금속이 하나로 결합하면 각각의 금속이 독립적으로 있을 때보다 훨씬 강력한 특성을 발휘하기 때문이다. 예를 들어 풍력 터빈과 전기차에 사용되는 자석은 철, 붕소, 희토류 금속의 합금으로서 성능이 크게 향상된 것이다.

반투명성의 콘크리트, 제지 벽돌, 절연용 젤, 강화 목재 등 다양한 새로운 자재들이 많이 있다. 이들은 각 소재의 본래 성격을 크게 변화시켜서 새로운 특성이 있는 것으로서 녹색 기술에서 적극적으로 활용되고 있다. 이 소재들을 재활용하기 위해서는 여러 소재가 결합한 것을 분해해야 한다.

합금을 분해하는 기술은 많이 있다. 그러나 이 기술은 매우 복잡하고 많은 시간이 소요되며 많은 에너지가 필요하다. 풍력 터빈, 전기차, 핸드폰의 희귀금속 자석에서 희귀금속을 추출하기 위해서는 많은 시간, 화학물질, 전기가 필요한 고비용의 기술을 사용해야 한다. 따라서 2014년 이후 상품가격이 하락한 상황에서, 경제적인 수익성을 확보하지 못하고 있다. 이것은 희귀금속 재활용 산업이 발전하는데 결정적인 장애 요인이 된다.

제조업자들은 희귀금속을 대규모로 재활용하는 것에 별 관심이 없다. 희귀금속 공급자에게 가면 얼마든지 싼 가격에 구매할 수 있기 때문이다. 산업체가 가장 많이 사용하는 60개의 금속 중에서 재활용률이 50%를 상회하는 것은 18개에 불과하다. 재활용률이 25%를 상회하는 금속은 3개, 10%를 상회하는 것도 3개이다. 인듐, 게르마늄, 탄탈륨, 갈륨과 같은 희귀금속과 몇몇 희토류 금속의 재활용률은 0~3%이다. 재활용률이 크게 증가하더라도 끊임없이 상승하는 수요를 충족시키기에는 턱없이 부족하고 따라서 자원개발을 막을 수는 없다. 희귀금속의 재활용이 공급 문제 해결의 대안이 될 수 있다고 주장하는 것은 잘 포장된 지옥과 같다.

재활용 회사들은 수거한 폐제품을 해당 국가에서 처리작업을 해야 할 의무가 있다. 이것이 1989년 3월에 채택된 유엔 바젤협약이 규정하는 것이다. 이 협약은 유해 폐기물을 환경보호 기준이 낮은 국가로 이동시키는 것을 금하고 있다. 그러나 미국, 일본, 유럽 국가들은 폐전자제품을 아시아와 아프리카 국가들로 수출하고 있다.

녹색 기술은 희귀 광물자원을 필수 소재로 사용하고 있다. 이 광물자원의 개발은 자연환경을 파괴한다. 중금속, 산성비, 오염된 식수원 등으로 인하여 거의 환경재앙에 가깝다. '청정에너지'가 실상은 더러운 것이다. 그러나 우리는 모른 체한다. 풍력 터빈과 태양광 패널의 생산과정을 처음부터 끝까지 철저히 조사하는 것을 기피한다. 중국의 환경운동가 마쥔馬軍, 1968. 5~은 최종제품이 녹색이고 환경오염을 유발하지 않는 것만을 보아서는 안 된다고 강조한다. 각 부품의 원천 소재와 제조과정이 환경 피해를 일으키는지 자세히 검토해야 한다.

태양광, 풍력, 조력은 재생 가능한 에너지원이다. 그러나 이들이 의존하고 있는 광물자원은 재생 가능하지 않다. 이들 에너지원은 온실가스를 방출하는 화석연료의 사용량을 줄여준다. 그러나 자원개발, 정제, 부품 제조를 통해 태양광 패널과 풍력 터빈에 사용할 수 있도록 하는데 엄청난 전기가 필요하다. 환경오염이 전기차가 운행되는 부유한 국가의 도시에서 가난한 국가의 자원개발 지역으로 옮아갔다. 에너지 전환과 디지털 전환은 부유한 국가의 이야기다. 선진국들은 자국(自國)의 환경

문제를 후진국들에게 떠넘겼다. 탄소 경제는 환경오염이 적나라하게 드러나는 데 반하여, 녹색경제는 우쭐한 명분 뒤에 환경문제가 숨어서 후진국과 미래세대의 희생을 강요하는 것이 치명적인 약점이다.

생태계 보호론자들이 원자력 발전을 대체할 수 있다고 칭찬하는 기술이 의존하는 희토류 금속과 탄탈룸은 광산에서 개발할 때에 방사능을 방출한다. 희귀금속은 방사성 광물로부터 분리하는 과정에서 결코 무시할 수 없는 양의 방사능이 방출된다. 토륨을 우라늄으로부터 분리하는 과정이 그 예이다. 중국 네이멍구자치구 중남부의 최대 공업도시인 바오터우(Baotou, 包頭)의 독성 매장지와 바얀 오보(Bayan Obo) 광산개발지구 밑바닥에서 방출되는 방사능은 현재 체르노빌의 2배 수준이다. 정상적인 광산개발 과정에서 발생하는 낮은 수준의 방사성 폐기물이라도 수백 년 동안 격리 보관하도록 국제원자력기구(IAEA)는 요구하고 있다.

독일 프라이부르크(Freiburg)시의 보봉(Vauban)마을은 주민 5천 명의 마을로 태양의 도시라고 불린다. 이 마을은 자체적으로 생산하는 청정에너지(태양광 전기)의 비중이 점점 높아지는 것을 자랑스럽게 여긴다. 에너지를 현지에서 생산해서 현지에서 소비하는 '현지 순환'의 개념을 실현하고 있다. 그러나 이것은 수백만 km를 달려서 이곳까지 온 희귀금속이 없다면 현실화되지 못했다. 현지 순환 개념은 현실적으로 잘못된 인식이다.

우리의 소비 증가추세를 완화하는데 핵심적인 역할을 하는 몇몇 녹색 기술은 기존의 기술보다 더 많은 광물 소재를 필요로 한다. 녹색 기술이 지향하는 미래는 사실상 자원 집약적이어서 적절히 관리하지 않으면 기후위기에 대응하면서 지속 가능한 발전을 추구하는 목표를 달성할 수 없다. 이 현실을 인정하지 않는다면 우리는 파리협약의 목표와 상치(相馳)되는 결과를 얻게 될 것이다. 또한, 필수 광물자원의 부족을 겪게 될 것이다. 전 세계 인구가 향후 30년 동안 소비할 희귀금속의 양은 우리 앞의 이전 2,500세대가 소비한 것보다 많을 것이기 때문이다.

희귀금속의 재활용은 재생에너지로의 전환에 있어서 핵심적인 요소지만, 일반적으로 알려진 것처럼 생태계 친화적인 것은 아니다. 희귀금속 재활용이 환경에 미치는 피해는, 합금이 더욱더 많은 금속을 포함하면서 복잡해질수록 커진다. 에너지 및 디지털 전환을 사업모델로 삼는 업체들이 지속 가능한 세상을 추구할수록 순환 경제에 근거한 완만한 소비를 추구하는 새로운 사업모델의 출현을 저지하는 자가당착에 직면하게 된다

## 04
# 깨끗한 척 하는 국가들

　　서방 국가들은 녹색 기술을 활용하는데 절대적으로 필요한 희귀금속을 자체적으로 생산하는 것을 포기했다. 생산에 따른 환경오염이 매우 심각하기 때문이다. 대신에 환경오염을 무릅쓰면서 돈을 절실히 필요로 하는 후진국으로 희귀금속의 생산기지를 옮겼다.

　　모하비 사막의 북쪽 가장자리, 캘리포니아 클라크 산맥(Clark Mountain)의 산기슭에 자리 잡은 마운틴 패스(Mountain Pass) 광산은 미국 유일의 희토류 광산이다. 이 광산은 독성 폐기물 유출사건이 발생한 후 2002년에 문을 닫았고 2012년에 운영을 재개했다. 세계 희토류 금속 생산량의 15%를 차지하고 있다.

　　희귀금속 매장량은 개발 사업이 활발하게 추진되고 있는 중국, 카자흐스탄, 인도네시아, 남아프리카공화국에 집중되어 있지 않다. 오히려 전 세계에 다양하게 분포되어 있다. 가장 전략적인 광물인 희토류 금속은 10여 개 국가에서 발견된다. 1965년 이전에는 남아프리카공화국, 인도, 브라질에서 개발 사업이 추진되었고 생산량은 연 1만 톤 이내였다. 1965년~1985년 기간에는 미국이 희토류 금속 개발을 주도했다. 연 5만 톤까지 생산했다. 마운틴 패스 광산에서 생산된 것이다.

마운틴 패스 광산 개발 사업을 담당한 몰리코프(Molycorp) 회사가 초래한 환경오염으로 인하여 주변 생태계가 심각한 타격을 입었다. 우라늄, 망간, 스트론튬, 세륨, 바륨, 탈륨, 비소, 연 등 독성 혼합물이 토양을 오염시켰다. 오염된 모래와 지하수가 모하비 사막을 침범했다. 일련의 소송이 벌어진 후에 몰리코프에게 환경문제가 심각하게 다가왔다. 무거운 벌금형을 받았다. 1990년대 말에 몰리코프는 환경오염의 재발 우려와 설비 현대화에 따른 천문학적인 비용에 직면하여 마운틴 패스에서 희귀금속 개발 사업을 계속해야 하는가에 대하여 심각하게 고민하기 시작했다.

경제성장을 절실하게 바라던 중국은, 서방 자원개발 회사들이 곤경에 처한 시기에, 세계 희토류 금속 시장에서 주도적인 지위를 확보할 기회를 포착했다. 중국 네이멍구자치구에 있는 바오터우(包頭, Baotou)의 광산들은 세계 희귀금속 매장량의 40%를 보유하고 있기 때문이다. 중국은 덤핑전략을 사용했다. 생산비용과 환경 비용을 덤핑하는 이중(二重) 덤핑전략을 구사했다.

이중 덤핑전략은 당연히 가격을 끌어내렸다. 2002년까지 중국의 희토류 금속 가격이 1kg에 평균 2.8달러였다. 이는 미국 가격의 절반 수준이었다. 몰리코프는 이 무자비한 경쟁을 견뎌내지 못했다. 그리하여 2002년에 마운틴 패스 광산개발을 멈추게 되었다. 호주, 프랑스 등 서방의 희토류 광물 보유국들도 몰리코프와 같은 형편에 빠졌다. 결국, 중국은 세계 희토류 채굴의 63%, 희토류 가공의 85%, 희토류 자석 생산량의 92%를 차지하게 되었다. 중국이 통제하는 희토류 합금과 자석은 미사일, 화기, 레이더, 스텔스 전투기의 핵심 부품이다.

---

하버드대학교 총장과 미국 재무장관을 역임한 로런스 서머스Lawrence Summers는 1991년에 세계은행에서 수석 경제학자로 근무할 당시에 작성한 'Summers Memo'에서 선진국들이 공해산업(公害産業)을 가난한 국가, 특히 아프리카의 인구가 적고 환경오염이 덜한 국가들로 수출할 것을 권고했다. 이 메모가 외부에 유출되자 그는 자신의 진의를 설명하고자 노심초사했다. 어쨌거나 그의 권고는 현실과 맞아떨어졌다. 서구사회가 'zero risk'를 추구하면서 많은 산업 활동이 서방세계에서 꾸준히 퇴출당하였다.

REACH(Registration, Evaluation, Authorization and Restriction of CHemicals)는 유럽연합 내에서 화학물질을 관리하는 규정이다. 특히 소비재에서 발견되는 30,000개 이상의 화학물질과 관련되는 위생위험을 최소화하기 위한 것이다. 이 규제로 인하여 유럽연합 국민의 삶의 질이 크게 개선되었다. 특히 산업체 노동자들의 삶이 향상되었다. 2007년에 미국, 캐나다, 멕시코가 미국 캘리포니아주의 몬테벨로(Montebello)에서 공공보건을 위한 협약을 체결했다. 북미 시장에서 모든 화학제품의 녹록을 제시하도록 규정하는 것이다. 환경과 안전을 지키기 위한 이 규제는 항해하는데 필요한 바람을 제거하는 것과 같았다. 서방 국가들은 많은 화학물질의 생산을 중단해야 했다. 역외 국가들은 자유롭게 화학물질을 생산할 수 있었고 따라서 서방 국가들에게 주요 공급자가 되었다.

녹색 기술도 같은 과정을 거쳤다. 20세기의 마지막 20년 동안에 녹색 및 디지털 전환의 무거운 짐은 중국이 짊어졌다. 극심한 환경오염을 무릅쓰고 필요한 소재를 생산하는 더러운 일을 감당했다. 서구의 국가들은 중국으로부터 깨끗한 제품을 공급받으면서 생태계가 잘 보존되고 있음을 과시했다. 서방 국가들은 희귀금속의 생산을 중국으로 넘기면서 환경오염도 함께 넘겼다. 쓰레기를 가능한 한 멀리 보냈다. 중국은 서방 국가들의 이러한 접근을 거부하는 대신에 팔 벌려 환영했다. 세계는 더러운 일을 하는 국가와 깨끗한 척 하는 국가로 구분된다.

중국이 서구 경제권에 편입된 것은 축복이었다. 그러나 고통도 있었다. 중국은 더러운 광물을 세탁했다. 중국이 희귀금속 생산과정에서 발생하는 심각한 환경오염을 감내하고 덮어둠으로써 녹색 기술과 디지털 기술이 빛나는 명성을 누리게 되었다. 이것이야말로 가장 충격적인 녹색분칠(greenwashing)이다.

서방 국가들이 이 녹색 분칠의 주역이다. 최대의 수혜 국가들이기도 하다. 희귀금속을 개발하고 정제하는 과정이 매우 열악하고 심각한 환경오염을 일으키는 것이 신경이 쓰이지 않을 수는 없었다. 그러나 더 중요한 것은 희귀금속을 가능한 한 낮은 가격으로 공급받는 것이었다. 미국의 거대기업 애플은 희귀금속의 주요 소비자임에도 불구하고 2018년 연례보고서에 희토류, 광물, 금속이라는 말이 등장하지 않는다. 전기자동차 최대 제조업체인 테슬라는 2019년 환경보고서에서 원자재와 관련해서 극히 신중한 태도를 보이고 있다. 콩고민주공화국의 코발트 광산을 언급하고는 있지만 환경 피해와 관련해서는 침묵하고 있다.

소비자가 기업들의 녹색 분칠 행태를 바꿀 수 있었는데 그렇지 못했다. 소비자가 해당 제품을 거부하는 선택을 했더라면 기업의 행태를 변화시킬 수 있었을 것이다. 수많은 NGO의 보고서들은 전자제품이 환경과 사회에 미치는 심각한 피해를 지적하고 있고 이 정보를 소비자들은 알고 있었다. 소비자들은 제조업자에게 압력을 행사해서 더 생태계 친화적인 제품을 만들도록 해야 했다. 그러나 그들은 깨끗하지만 살기 불편한 지구보다는 살기 편한 연결된 지구를 선호했다.

서방 국가들은 생태계 보호법을 자랑하면서 폐전자제품을 가나의 독성 쓰레기 더미로 보낸다. 방사성 폐기물을 시베리아 끝으로 수출한다. 희귀금속의 채굴과 정제를 다른 국가에 의지한다. 그래서 순손실을 순이익인 것처럼 분식(粉飾)한다.

1990년대의 '평화 배당(peace dividend)'이라고 불리는 시대정신은 서방 국가들이 큰 행복감에 빠져들게 했다. 1991년 12월 소련의 붕괴는 냉전 종식을 알렸고 각국의 군사비 지출을 크게 감축시켰다. 평화와 경제적인 번영의 새로운 시대가 열렸다. 군비경쟁 시대에 무력충돌에 대비해서 전략적으로 비축했던 희귀금속이 부담스러워졌다.

전략비축은 은행에 저축한 예금과 같다. 미래가 어두울 것으로 예측될 때에는 돈을 저축한다. 반면에 미래가 밝을 때는 저축한 돈을 꺼내서 사용하면서 즐기게 된다. 1990년대에는 세계 각국이 전략비축 물량을 판매했다. 프랑스 정부는 백금과 팔라듐 비축량을 판매했다. 미국 정부도 수백억 달러의 리튬과 베릴륨 비축량을 팔았다. 그런데 중국은 전혀 다른 전략을 추구했다. 시장에 나오는 희귀금속을 사들여서 비축량을 증대시켰다.

원자재가 시장에 넘쳐나면서 가격이 장기적인 하락추세를 보였고 공급이 무한할 것처럼 보였다. 자원개발 회사들은 희귀금속을 가능한 한 낮은 가격으로 구매하는 것에 관심을 기울였다. 금속을 개발하고 정제 및 가공하는 것은 별로 관심의 대상이 아니었다. 공급이 풍부할 때에는 제조회사들은 필수 소재의 공급체인을 철저히 관리하는 것에 관심이 별로 없다. 이런 상황에서 갑자기 공급에 문제가 발생하면 제조회사들은 필수 소재를 어떻게 공급받을 수 있을지 대안을 찾지 못하고 당황한다.

1850년에 유럽이 세계 중금속 생산량의 60% 가까이 차지했지만, 그 비중이 계속 감소하면서 현재는 3%로 축소되었다. 미국도 사정이 비슷해서 1930년대에 그 비중이 40%에 접근했지만, 현재는 5%에 불과하다.

프랑스는 1971년, 1994년, 2008년의 국방백서에서 군사기술에 결정적으로 중요한 희귀금속의 공급에 대하여 전혀 언급하지 않았다. 2013년에 출판한 국방백서에서 처음으로 희귀금속이 등장했다. 이때 프랑스 정보기관은 이 소재에 대해서 별 관심이 없었다.

석유와 관련해서는, 영국은 20세기 초에 해군장관 처칠Winston Churchill이 영국 해군의 연료를 석탄에서 석유로 전환했다. 1909년 영국이 페르시아(현재의 이란)에서 대규모 유전을 발견한 후에 설립한 석유회사 Anglo-Persian Oil Company(현재의 BP)를 영국 정부는 1914년에 회사 주식의 51%를 매입하여 국유화함으로써 석유의 공급체계를 강화했다. 석유의 안정적인 수송을 위해 대규모 해상 파이프라인 망을 이란에 구축하기도 했다.

미국은 2차 대전 후에 국내의 석유 매장량이 증가하는 에너지 수요를 충족시키기에 부족함을 인식하고서 사우디로 향했다. 1945년 2월 14일 미국의 루스벨트 대통령과 사우디의 이븐 사우드 국왕이 체결한 퀸시 조약(Quincy Pact)으로 인하여 미국은 사우디의 석유를 우선적으로 확보하고, 그 대가로 미국은 사우디 왕가인 사우드 가문을 군사적으로 보호하게 되었다.

프랑스는 아프리카의 알제리와 가봉에게 같은 방식으로 접근했다. 식량에 관하여는 프랑스는 WTO 회담 중에 자국 농산물시장의 개방을 제한하면서 식량안보를 지켰다. 이것은 민간의 원전산업을 보호해서 에너지 안보를 확보하는 것과 같았다.

　희귀금속과 관련해서는 이러한 조치들이 취해지지 않았다. 지구상의 모든 사람이 1년에 20g의 작은 양의 희토류 금속을 소비하고 있지만, 이것 없이는 세상은 무한정 느려지게 된다. 우리가 디지털 기술을 선택함으로써 이 소량의 금속이 얼마나 중요하게 될지를 아직은 많은 사람이 인식하고 있지 못하다. 디지털 기술이 우리에게 연결의 시대를 열어줌으로써 다른 사람에게 의존하는 것이 일상이 되고 있다. 다른 사람에게 완전히 의존하는 생활을 얼마 전까지만 해도 못 미덥고 불안하게 생각했지만, 이제는 당연한 것으로 받아들인다.

## 05
## 불안에 휩싸인 서방세계

　서방 국가들은 녹색 기술과 디지털 기술로 인하여 에너지 전환 및 생태계 전환을 달성하는 것을 환호했다. 반면에 중국 중남부에 있는 장시성(江西省)에서는 이 전환을 가능케 하는 광물을 캐내기 위해서 중국인들이 노예처럼 땅을 팠다. 밑바닥의 일은 중국 차지였고, 서방세계는 고부가가치 산업에 집중했다. 서방세계가 만든 규칙이 지배하는 게임에서 승자는 당연히 서방 국가였다.

서방 국가들은 유쾌하지 못한 현실과 마주하게 되었다. 중국이 몇몇 희귀금속의 지배적인 생산국이고, 중국은 이 희귀금속을 절실하게 필요로 하는 국가에 수출을 중단할 수도 있다는 것이다. 2017년에 중국이 세계 인듐 소비량의 44%를 생산했고, 세계 바나듐 소비량의 55%, 형석과 천연 흑연 65%, 게르마늄 71%, 안티몬 77%를 각각 생산했다. 또한, 중국은 61%의 규소, 84%의 텅스텐, 95%의 희토류 금속을 각각 생산했다. 중국은 대부분의 핵심 소재의 공급에 있어서 가장 큰 영향력을 가진 국가가 되었다.

중국의 뒤를 이어서 여러 국가가 특정한 광물의 주요 생산국이 되었다. 콩고민주공화국은 세계 코발트 생산량의 64%를 차지하고 있다. 남아프리카공화국은 세계 백금, 이리듐, 루테늄 생산량의 83%를 차지하고 있다. 브라질은 세계 니오븀 생산량의 90%를 차지한다. 유럽은 베릴륨을 공급받기 위해 세계 생산량의 90%를 담당하는 미국에 의존한다. 러시아는 세계 팔라듐 공급량의 46%를 차지하고 있고, 터키는 세계 붕산염 공급량의 38%를 담당한다.

중국이 희귀금속의 공급에서 우위를 차지하는 것은 서방 국가들의 존립에 관한 문제다. 미국을 비롯한 여러 나라가 희귀금속의 안정적인 공급에 지대한 관심이 있다. 중국은 세계 최대의 광물 생산국이면서 세계 최대의 소비국이기도 하기 때문이다. 중국은 세계 산업용 금속 생산량의 45%를 소비하고 있다.

중국의 전략가들은 광물자원의 주권을 확보하는데 잘 준비되어 있었다. 덩샤오핑鄧小平, 1904~1997은 프랑스에서 공부할 때에 프랑스 동부의 광산 도시 르 크뢰조(Le Creusot)에 있는 금속 주물공장에서 일했다. 그의 후임자들 대부분이 전기공학, 지질학, 화학을 전공했다. 이 결과, 지속적이고 일관성 있는 의사결정을 중요시하는 안정적이고 권위적인 정치체제의 지지를 받아서 덩샤오핑과 그의 후계자들은 국가가 필요로 하는 기초소재의 안정적인 공급체계를 구축하기 위한 야심 찬 정책의 초석을 놓을 수 있었다.

중국은 수십 년 동안 국내에 많은 광산을 개발했다. 제2의 실크로드인 일대일로(一帶一路, One Belt One Road) 사업을 추진하면서 아프리카에서 원자재를 공급받는 루트를 확보했다. 상품시장에서는 회사를 흡수·통합하기도 했다. 중국의 영향력이 증대되면서 세계 시장과 지정학적 상황이 지속적으로 변화했다. 중국은 세계 희귀금속 시장에서 위상이 커지면서 시장 주도자로 변모했다.

중국의 영향력이 매우 강력해져서 국내에서 이루어지는 모든 결정은 세계 시장에 영향을 미친다. 국내의 광산 생산량이 감소하면 세계 시장에서 수급 균형이 깨진다. 국내 수요가 갑자기 증가하면 세계 시장에서 공급 부족이 발생한다. 티타늄이 그러했다. 2006년~2008년 기간에 중국의 티타늄 소비량이 예기치 않게 상승했고 수출물량이 급격히 감소했다. 이 결과 티타늄 가격이 10배 상승했다. 이 가격 상승으로 인하여 프랑스 항공기 제조회사 다쏘항공(Dassault Aviation)은 심각한 곤경에 빠졌다.

---

중국은 세계 희귀금속 시장에서 다른 국가의 목을 조를 힘을 가지고 있는 것을 알아차렸다. OPEC은 세계 석유생산량의 40% 남짓 차지하면서도 세계 석유 시장에 큰 영향력을 행사하고 있다. 중국은 서구의 많은 국가들에게 절대적으로 필요한 희토류 금속의 세계 생산량의 95%를 차지하고 있다.

중국의 공격적인 희귀금속 수출정책에 관한 암시가 덩샤오핑이 1992년 봄에 내몽골의 바오터우에 있는 바얀오보(Bayan Obo) 희토류 금속 광산을 시찰했을 때에 제시되었다. 그는 "중동이 석유를 가지고 있다면 중국은 희토류 금속을 가지고 있다"고 불길한 선언을 했다. 중국의 사업가들은 원자재 관련 국제회의에서 덩샤오핑의 이 말을 의기양양하게 인용한다.

중국은 2005년에 희귀금속 수출 할당량을 6만5,000톤으로 정했다. 1년 후에 이 할당량은 6만2,000톤으로 감소했다. 2009년에는 5만 톤으로, 2010년에는 3만 톤으로 크게 줄어들었다.

20세기에는 전략적인 자원의 주요 생산국들이 경제적, 외교적, 군사적 이익을 얻기 위해서 수출금지 조치를 취한 사례들이 적지 않다. 1930년대에 헬륨의 유일한 생산국인 미국이 독일에 대해 수출금지 조치를 내려서 이미 헬륨가스를 체펠린(Zeppelin) 비행선에 이용하고 있던 나치가 공격을 목적으로 하는 용도로 사용하지 못하도록 했다. 1973년에는 OPEC이 이스라엘과 그 동맹국들에 석유 수출금지 조치를 내려서 제1차 석유파동을 일으켰다. 1979년에는 미국 지미 카터 대통령이 소련이 아프가니스탄을 침공하자 소련에 대해 17만 톤의 곡물 수출을 금지했다. 2022년 2월 러시아가 우크라이나를 침공한 전쟁에서 러시아는 유럽 국가들에 대한 천연가스 수출을 통제했다.

에너지 및 디지털 전환 과정에서 희귀금속과 관련하여 최초의 수출금지 조치가 내려진 것은 2010년 9월의 일이다. 중국과 일본은 동중국해의 센카쿠 열도를 두고 장기간 분쟁을 이어왔다. 이 해역에는 대규모의 석유 및 가스 매장량이 있어서 19세기 말 이후 양국이 탐내고 있다. 일본은 1895년의 제1차 중일전쟁 후에 중국으로부터 센카쿠 열도를 빼앗았다. 미국이 2차 대전 말에 이 열도를 통제했고 1972년에 일본에 돌려줬다. 그러나 중국은 이 열도에 대한 주권을 계속해서 주장했고 일본의 반발을 샀다.

2010년 9월 7일 중국의 저인망 어선이 센카쿠 열도 해안 근처에서 어망을 펼쳤고 일본 해안 경비정이 이것을 영해 침범으로 보고 어선을 추격했다. 중국 어선과 일본 해안 경비정 간에 충돌이 있었다. 일본 경비정은 중국인 선장을 구금했고 중국이 분노했다. 2주 후인 9월 22일에 중국이 일본에 수출하는 모든 희토류 금속이 아무런 공식적인 언급이 없이 전면적으로 중단되었다. 일본의 첨단기술 산업은 공황 상태에 빠졌다.

이후 유럽과 미국의 많은 희귀금속 수입업자들은 중국의 수출물량이 급격하게 감소하는 것을 염려했다. EC는 세계의 희귀금속 시장에 혼란이 없도록 해줄 것을 중국에 요청했다. 미국의 힐러리 클린턴 국무장관은 곧 중국을 방문해서 희귀금속 시장의 위기를 해결하겠다고 말했다. 몇 주 후에 프랑스 사르코지 행정부의 환경부 장관인 장 루이 볼루Jean-Louis Borloo는 전략 금속위원회를 만들어서 희귀금속 부족 문제에 대처하도록 했다. 미국 오바마 대통령은 중국을 WTO에 제소하겠다고 말했다. 사실상 희귀금속 전쟁이었다.

금속 위기는 중국의 희토류 수출정책 때문만은 아니다. 주요 자원 보유국에서 되살아나는 자원민족주의가 위기를 심화시키고 있다. 점점 많은 자원보유국들이 외국 회사가 유망한 광구에 접근하지 못하도록 통제하고 있다. 2013년에 몽골 정부는 고비사막의 오유 톨고이(Oyu Tolgoi) 동(銅)광산에서 리오 틴토(Rio Tinto)의 개발 사업을 중지시켰다. 2022년 1월 몽골 정부와 리오 틴토가 관계를 재설정하고 오유 톨고이의 동광산 개발 사업을 재개하기로 합의했고, 2023년 3월에 개발 사업이 시작되었다. 2010년에는 캐나다 서부의 서스캐처원(Saskatchewan)주는 호주의 BHP사가 캐나다의 주요 칼륨 생산회사인 포타시(PotashCorp)를 매입하고자 하는 시도를 좌절시켰다.

금속의 자유로운 거래를 제한하는 조치들이 증가하고 있다. 2009년에 주요 자원보유국인 인도네시아가 많은 원자재에 대하여 일련의 수출 금지 조치를 내렸다. 2014년에는 금수 품목을 확대하여 니켈, 주석, 보크사이트, 크롬, 금, 은을 포함했다. 인도네시아가 보유하고 있는 광물자원에 관한 정치적인 행위는 인도네시아 정부가 결정하고 실행함으로써 원자재에 대한 주권을 확고히 한다는 입장이다.

아르헨티나는 37개 광물의 수출장벽을 설치했다. 남아프리카공화국은 동, 몰리브덴, 백금, 다이아몬드의 수출장벽을 설치했다. 인도는 크롬, 망간, 철, 강철의 수출에 대하여, 카자흐스탄은 알루미늄의 수출에 대하여, 러시아는 텅스텐, 보크사이트, 동, 주석의 수출에 대하여 장벽을 쌓았다.

대부분의 광물자원 보유국들은 경제성장을 통해서 신흥국이 되었다. 이 국가들에 있어서 중산층의 목소리가 커지고 있고 정부는 그들에게 귀를 기울일 수밖에 없다. 생산된 광물은 국내의 소비자들이 사용해야 하며 다른 나라의 수요를 충족시키기 위해 사용되어서는 안 된다는 정서가 강하게 형성되고 있다. 생태계 보호를 위한 인식과 행동이 점점 강해지고 있다. 이는 광물자원 개발계획을 반대하는 행동으로 나타난다. 정부는 환경규제를 강화하게 되고 자원 개발 사업이 실질적으로 시작하기까지 더 많은 시간이 소요된다.

주요 자원보유국에 있어서 교육받은 새로운 중산층이 지혜롭게 되면서 자신들의 자원이 외국 특히 서방의 선진국들에 팔려나가는 것에 대하여 저항의 문화를 형성하고 있다. 이 중산층을 정치 지도자들이 선동하고 있다. 정치 지도자들은 선진국들이 침체에 빠지는 동안에 역동적인 신흥국들은 경제성장을 추구하면서 새로운 균형이 이루어지는 것을 보고 있기 때문이다. 자원보유국들의 보호주의적인 규제 조치들은 서방세계로부터 독립하려는 탈(脫) 서방권의 힘의 과시이다.

　자원에 대한 주권을 주장하는 움직임은 새로운 것이 아니다. 1960년대부터 자원 주권 확보와 함께 제3세계의 독립의 물결이 일었다. 1958년에 아프리카의 가나가 영국 통제하에 있던 아샨티(Ashanti) 금광을 국유화했다. 1965년에 콩고민주공화국이 자원 국유화 조치를 단행했고, 1967년에는 탄자니아, 1970년에는 잠비아, 1980년대에는 짐바브웨가 뒤를 이었다. 그 후에는 자유무역의 바람이 불어왔다. 그러나 중국이 희귀금속에 수출 할당제를 도입하면서 5대륙에 걸쳐서 자원 주권 확보의 물결이 휩쓸었다. 중국이 전 세계에 자원민족주의를 부추겼다. 이제는 새로운

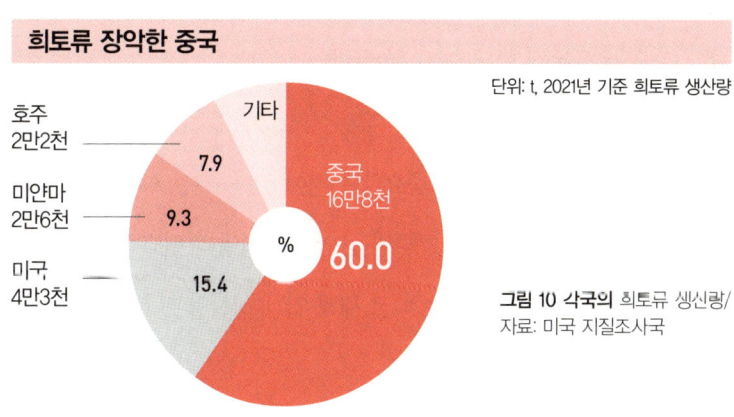

그림 10 각국의 희토류 생산량/
자료: 미국 지질조사국

자원 위기가 오는 것은 분명하고 언제 올 것인가만 남아있다.

중국은 희귀금속이나 다른 금속과 관련하여 전면적인 수출금지 조치보다 일본 등 특정 국가에 대하여 금수 조치를 취할 가능성이 크다. 이를 통하여 중국은 국제무대에서 강한 모습을 되찾고자 할 것이다.

2021년 세계 희토류 생산의 60%를 차지하는 중국은 희토류 국영기업 3곳과 국가연구소 2곳을 통합한 「중국희토그룹」을 출범시켰다. 중국 희토류 생산량의 70%를 차지하는 이 회사는 시장지배력이 크게 강화되었다.

중국 정부는 미국 트럼프 행정부 시절인 2019년 5월 미국과 무역 전쟁이 최고조에 달하자 '희토류 무기화'를 공식적으로 언급한 바 있다. 「중국희토그룹」의 고위 관계자는 2022년 10월 중국의 관영 영자지인 글로벌타임스를 통해 "사마륨 코발트(희토류 합금의 일종)를 추출할 수 있는 나라는 중국뿐이다. 미국이 전투기에 중국산 희토류를 배제할 수 있느냐"고 경고했다. 2023년 2월에는 중국 상무부가 '중국 수출금지 및 수출제한 기술 목록' 명령 수정안에 관한 공개 의견 수렴 통지를 공고했는데 수출금지 항목에 희토류를 포함했다.

희귀금속 시장은 몇 가지 중요한 특성이 있다. 우선 시장 규모가 매우 작다. 주요 금속인 철, 동, 알루미늄, 연의 생산량과 비교하여 그 생산량이 보잘것없다. 희토류 금속의 전 세계 연간 생산량은 철강 생산량의 0.01%에 불과하다.

희귀금속은 극히 은밀하게 거래된다. 거래에 관여하는 판매자와 구매자가 매우 제한적이다. 이들의 행동 하나하나가 희귀금속의 수급 균형에 큰 파장을 일으킬 수 있다. 한 공급자의 공급 약속 이행 실패가 수요자를 공황 상태에 빠뜨릴 수 있다. 희귀금속을 핵심 소재로 사용하는 회사가 갑작스러운 공급 부족의 비상상황을 맞기 때문이다.

희귀금속 시장은 불투명하다. 시장 거래 당사자들의 재량권이 많고 거래가 정형화되어 있지 않기 때문이다. 런던금속거래소에 상장되지 않은 금속은 공식적인 기준가격 없이 장외에서 거래된다. 구매자들은 전문적인 저널을 살펴보거나 중국의 웨이보(微薄, Weibo)를 검색한다. 여기에 브로커들, 거래자들이 최신 거래에 관한 정보를 조금씩 흘린다. 희귀금속 생산국들은 시장을 매우 전략적으로 접근한다. 중국은 희귀금속 생산과 관련한 데이터를 국가 기밀로 취급하면서 시장에 공개하기를 매우 꺼린다. 공개되지 않는 비축 관련 데이터, 지리 전략적인 요인, 외교적인 요인들이 시장의 불투명성을 심화시킨다.

개인 투자자들이 투기적인 이익을 추구하기 위해 갑자기 희귀금속 시장에 들어올 경우 수급 균형을 깨뜨릴 수 있다. 대부분의 자원시장에서 공급자나 수요자가 아닌 투기업자가 10년 전보다 60배의 원자재를 거래하고 있다. 주요 기초 금속이 투기의 대상이었듯이 희귀금속도 점점 투기 대상이 되고 있다. 대표적인 투기회사로서 미국의 튜더펀드(Tudor Fund) 같은 헤지펀드, 네덜란드의 피지지엠 투자(PGGM Investments)

같은 자산관리회사, 미국의 퍼시픽투자관리회사(Pacific Investment Management Company) 같은 연금기금, 하버드나 프린스턴 같은 미국 대학들의 재정담당 부서가 있다. 금속 시장에서 큰 비중을 차지하는 참여자가 투기적인 투자를 하는 경우가 드물지 않다. 2017년에 투기회사들이 코발트의 부족을 예상하고 세계 코발트 생산량의 17%(수천 톤)를 매입함으로써 코발트 가격의 급격한 상승을 초래한 것이 그 예다.

희귀금속 시장은 매우 예민해서 어떤 예측도 불가능하다. 희토류 시장은 안정적이지도 않고 예측 가능하지도 않다. 희귀금속을 시장에 규칙적으로 공급하지 않아도 안정적인 가격을 바탕으로 회사의 전략을 수립했던 시절은 이제 옛이야기가 되었다. 희귀금속은 이제 위기금속이 되었다.

유럽 국가들이 희귀금속 공급의 중국 의존도를 낮추기 위해 펼치는 노력이 큰 장애물을 만났다. 희귀금속 개발을 적극적으로 반대하는 시민운동이 그것이다.

스웨덴 남부의 노라 카르(Norra Kärr) 광산은 2021년까지 유럽 국가들의 선망 대상이었다. 다양한 희토류 금속이 부존된 이 광산이 개발되면 희토류 공급의 큰 비중을 중국에 의존하고 있는 유럽의 암울한 상황이 크게 개선될 것이기 때문이었다. 그러나 현지의 주민과 시민·환경 단체들이 일제히 개발을 반대하고 있다. 주민들은 희토류 광산 개발 사업이 고향의 아름다운 산천을 파괴한다고 주장하고, 시민·환경 단체들은 광산개발이 취수장이 있는 호수 근처에서 추진되기 때문에 수자원을 오염시킬 수 있다고 주장한다. 개발 사업을 담당하는 캐나다 회사가 환경파괴를 최소화하기 위해 갱도를 파는 대신 지표를 깎아내는 노천 채굴 방식을 제안했지만 받아들여지지 않았다.

EU는 2021년 자체적으로 희토류 광산을 확보하는 '우선 자원개발 프로젝트(priority mining project)'를 추진했다. 중국 희토류에 대한 의존이 지금처럼 계속되면 정치·경제적으로 중국에 종속될 수 있다는 위기감 때문이었다. 이에 따라 새롭게 희토류 탐사에 나서는 것은 물론, 과거 희토류 매장이 확인됐으나 환경 및 비용 문제 등으로 방치했던 곳도 재개발을 추진키로 했다.

독일과 프랑스의 주도로 덴마크, 아일랜드, 폴란드, 그리스, 포르투

**EU 지역내 희토류 자원 개발 프로젝트**

| | 지역 | 광물 | 반대 이유 |
|---|---|---|---|
| 스웨덴 | 노라 카르 | 지르코늄 등 | 경관 파괴와 수자원 오염 |
| 스페인 | 발데플로레 | 리튬 | 대기, 토지 및 수자원 오염 |
| 포르투갈 | 푼다웅 | 리튬 | 물 고갈, 소음과 먼지 유발 |
| 루마니아 | 로비나 계곡 | 구리 | 자원 탐사에 화학물질 사용 |

**그림 11** EU 지역 내 희토류 자원개발 프로젝트      자료: EU집행위원회. 폴리티코

갈, 핀란드, 벨기에, 루마니아 등이 동참을 선언했다. 그러나 지역 주민들의 NIMBY(Not In My Back Yard) 행태와 환경단체들의 반발이 매우 심각하다. 유럽의 일부 언론은 EU의 야심 찬 프로젝트가 유럽 전역에서 난관에 부딪혀 사실상 좌초될 위기에 처했다는 우려를 전했다.

스페인 서부의 발데플로레 계곡, 포르투갈 중부 푼다옹의 리튬 광산, 루마니아 서부 로비나 계곡의 구리 광산의 형편도 마찬가지다. 포르투갈에서는 리튬 탐사 허가가 난 2022년 초부터 개발 찬성파와 시민단체들이 이끄는 개발 반대파 주민들 간 격렬한 다툼이 벌어졌다. 루마니아에서는 개발계획이 처음 시작된 2013년부터 환경단체들이 광산에 독성 화학약품이 사용된다는 점을 적극적으로 알리며 10년째 주민들 반대를 이끌고 있다. EU와 회원국 정부가 자원 안보의 확보가 시급한 과제임을 주장하지만 별로 효과가 없다. 시민 및 환경단체들은 희토류 광산개발에 앞서 희토류 소비를 축소해야 하며 이를 위해서 전기차 생산을 감축시키고 대중교통 이용을 강제할 것을 주장한다.

단기간에 주민들의 인식 전환을 기대하기는 어렵다. 폐전자제품에서 희토류를 회수하여 재활용하는 방안을 대안으로 검토하고 있다.

## 06
# 중국, 첨단기술을 강탈하다

중국이 세계 희토류 금속의 개발 산업과 정제산업을 석권한 것은 첫 번째 승리다. 중국은 이어서 희토류 금속을 필수 소재로 사용하는 하류 부문의 첨단기술 산업에 눈을 돌렸다.

1970년대 중반까지만 해도 산업체가 희귀금속을 사용하는 사례는 별로 많지 않았다. 희귀금속은 발광성(發光性)을 가지고 있어서 불을 밝히는 등(燈)으로 사용되고 있었다. 컬러 TV가 나오면서 그 용도가 넓어졌다. 결정적인 변화는 1983년에 희토류 자석이 나오면서 시작되었다. 이 놀라운 기술 제품은 전기 모터를 사용하는 모든 제품에 없어서는 안 되는 것으로서 오염을 발생시키지 않는 것으로 평판이 좋았다.

이동산업(移動産業)에서는 가볍고 효율적인 이동을 위한 경쟁이 시작되었다. 엔진은 가능한 한 작고 가벼워야 했다. 따라서 엔진의 모든 부품이 작고 가벼울 필요가 있었다. 이를 통해서 대규모의 에너지 절약이 가능하다. 이 모든 과정이 희토류 자석에 의해 가능하게 되었다.

전자 산업에 혁명적인 변화를 일으켰다. 자석의 힘이 같은 경우 희토류 자석의 크기는 페라이트(아철산염) 자석의 100분의 1에 불과하다. 소형화 혁명이 일어났다. 희토류 금속이 제품들을 소형화시켰다. 희토류 금속을 바탕으로 한 전기 엔진이 강력해져서 내연기관 엔진을 위협하고 있다. 이 결과, 에너지 전환과 디지털 전환이 엄청난 추진력을 갖게 되었다.

바로 이 지점에서 문제가 시작되었다. 1980년대에 희토류 자석이 일시적으로 대유행했다. 세계의 제조업을 석권했다. 일본의 전자 회사 히타치가 관련 특허권을 보유하면서 난공불락의 선두자리를 지켰다. 일본은 이 기술을 중국에 수출하는 것을 금지했다. 그러나 중국은 일본의 이 금수 조치에 흐트러지지 않았다. 중국은 오히려 모든 희토류 자원을 확보할 뿐만 아니라 최종제품의 뒤에 숨어있는 놀라운 기술을 통제하기 시작했다. 중국의 산업은 희토류 자원의 부가가치를 누렸다. 중국은 수단과 방법을 가리지 않았다.

1980년대에 대부분의 자석 제조회사들은 일본회사였으며 세계 수요의 큰 부분을 담당했다. 이 일본회사들은 중국의 파트너 회사들이 자석을 기계적으로 가공하는 가장 기초적인 하찮은 일을 맡겨달라는 간청을 거부할 수 없었다. 부가가치가 낮은 희토류 가공업을 중국에 떼어주면 중국이 일본 기술의 일차적인 부분을 담당하겠다는 유혹의 말을 받아들였다.

중국의 생산비용이 일본보다 낮아서 일본이 누릴 수 있는 이윤의 폭이 증가할 것으로 기대했다. 당시에 일본은 완전고용과 강력한 통화를 자랑하면서 중국에 하찮은 기술을 수출하는 것은 견실한 결정이라고 생각했다. 돌이켜 보면, 당시에 세계 2위의 강대국인 일본이 경쟁국인 중국에 없는 기술을 수출한 것이다.

프랑스 화학회사 론풀랑(Rhône-Poulenc)은 희토류 금속을 저렴한 비용으로 정제할 수 있는 점에 끌려서 정제사업을 중국에 넘겼다. 이를 위해 1990년대에 중국과 합작 투자를 통해 회사를 설립했다. 당시에 론플랑은 제약사업 부문이 민영화되어 아벤티스(Aventis)가 설립되었고, 여기에 론플랑의 관심이 집중되었다. 따라서 희토류 정제사업의 전략적, 지정학적인 중요성을 충분히 인식하지 못하고 소홀히 했다.

중국은 서방세계로부터 필요한 모든 기술적인 지원을 대가를 지급하지 않고 일방적으로 받는 것을 정상으로 여겼다. 서방세계는 정제기술을 중국에 넘기고 충성스러운 고객으로 전락함으로써 중국은 별로 힘들이지 않고 시장을 확보하게 되었다.

1990년대에 중국 내몽골 자치구의 바오터우(Baotou)에 저렴한 희귀금속 정제설비가 설립된 것을 필두로 중국 전역에 많은 저가의 정제시설이 생겼다. 희토류 금속이 황금알을 낳는 거위가 되었다. 서방 국가들이 만들어 놓은 생태계를 바탕으로 중국은 서방의 기술을 활용하여 많은 이익을 얻었고, 연구개발사업을 활성화했고, 하류 부문으로 급속히 침투하였다. 론플랑이 중국을 도약의 발판 위에 슬며시 올려놓았다.

론플랑은 중국보다 20년 앞섰다고 믿었다. 희토류 정제산업의 사소한 부문을 중국에 넘겨주고 고급 제품에 집중할 수 있었다. 그러나 2001

년에는 중국의 제련회사들이 보유한 기술은 서방세계와 같은 수준에 이르렀다. 중국을 과소평가한 것이다. 중국은 가치사슬을 따라 올라가기를 원했고, 서방은 중국의 이 욕구를 저지할 수 없었다. 생산비를 최대한 절감시켜서 매의 눈을 가진 소비자를 만족시켜야 했기 때문이다. 유럽이 중국의 경쟁력을 제대로 평가하지 못한 것과 함께 비용 절감 또는 이익 극대화만을 추구한 결과, 제련 기술을 중국으로 이전시키는 결과를 낳았다.

서방 국가들은 기술발전이 끊임없이 지속될 것이라는 희망을 바탕으로 1980년대 이후 몇몇 경제 분야를 일궈왔다. 중공업을 포기하고 고부가가치 제조업에 집중함으로써 견실한 수준의 이익을 계속해서 누릴 수 있을 것으로 믿었다. 신흥국가들이 계속해서 세계의 공장으로서 청바지와 장난감을 생산하고 서방 국가들은 수익성이 높은 분야를 장악하기를 기대했다. 중국이 경쟁력을 키워가면서 블루칼라 직종만 영향을 받고 고도의 기술이 필요한 산업은 영향을 받지 않으리라고 믿었다.

제조업은 뒷마당으로 사라지고 서비스업이 경제의 주류를 형성할 것이라는 환상도 있었다. 지식과 그에 따른 거대한 부가가치에 집중해야 한다는 것이었다. 이 아이디어는 탈물질화된 유토피아 세계에 대한 동경(憧憬)과 맞물려서 21세기 초에 서방의 재계 지도자들에게 영향을 미쳤다. 세계적인 통신장비 제조업체인 알카텔 루슨트Alcatel-Lucent의

CEO 세르쥬 츄룩Serge Tchuruk 등 유럽과 미국의 주요 사업가들은 공장이 없는 회사의 매력을 거부할 수 없었다. 지적(知的)인 분야가 더 가치 있는 것으로 평가되었고 따라서 더 많은 지지를 받았다. 이에 반하여 보잘것없는 공장은 저평가되었다.

서방세계와 중국은 손에 손잡고 이러한 분업체계를 이어갔다. 그러다가 21세기로 들어서면서 중국이 기존의 사업방식을 탈피했다. 희귀금속의 수출 할당제를 도입한 것이다. 이로 인하여 서방의 자석 제조업체들은 덜컹거리기 시작했다. 이들은 자석 제조기술의 비밀을 지키기 위해서 공장을 국내에 두고 있었다. 희토류 금속의 공급 부족 문제가 심각해지면서, 국내에 있는 공장을 계속 유지하면서 공급 부족의 고통을 감내할 것인가 아니면 공장을 중국으로 이전시키고 공급 부족 문제를 해소할 것인가 선택의 갈림길에 서게 되었다. 일본의 경우에는 원자재의 공급 부족에 직면하여 공장을 중국으로 이전하였다.

공장을 중국으로 이전하지 않는 회사들에 대한 중국의 대응은 잔혹했다. 가격 차별 정책을 사용했다. 수출 할당제와 인위적인 공급 부족 사태를 통하여 희귀금속의 해외 거래가격을 상승시키는 반면에 중국의 국내 가격은 낮게 유지했다. 중국 밖에 공장을 두고 있는 자석 제조업체들을 매우 불공정하게 대우한 것이다. 그리하여 1990년대 말에 일본, 유럽, 미국이 세계 자석 생산량의 90%를 차지했지만, 현재는 중국이 75%를 차지하고 있다. 중국은 서방 국가들에 자원을 제공하는 대신에 기술을 달라고 위협적으로 요구하였다. 이 결과 희귀금속의 채굴과 정제 부문 모두에서 독점적인 지위를 확고히 했다. 즉, 중국은 희귀금속 공급의 가치사슬에서 두 단계를 석권하게 되었다. 그 대표적인 사례를 중국 네이멍구자치구의 가장 큰 공업도시인 바오터우(包頭, Baotou)에서 볼 수 있다.

바오터우는 세계 희토류 금속의 중심지이다. 호수는 독성물질로 오염됐고, 마을주민들은 암으로 서서히 죽어가고 있다. 그러나 도시의 외관은 휘황찬란하다. 높이 솟은 우아한 유리 건물들은 미끈한 자태를 뽐낸다.

바오터우는 기술회사들이 이주해 오는 것을 적극 환영하면서 이들에게 필요한 희토류 금속을 원활하게 공급해 준다. 원재료 공급자에 머무르지 않고, 기술을 바탕으로 더욱 정교한 고급 제품을 공급하기를 원한다. 바오터우에서 희토류 광물을 채굴해 본국으로 가져가서 부가가치가 큰 제품을 만드는 서구의 회사들은 더는 환영받지 못하고, 기술을 중국에 이전하는 회사를 원한다.

이익에 부합하기 때문이든지 또는 다른 대안이 없으므로, 시구의 많은 기업이 바오터우 교외의 자유 지대에 있는 희귀금속 제련소들로 모여들었다. 바오터우는 매년 30만 톤의 희토류 자석을 생산하는데 이는 세계 생산량의 3분의 1을 차지하는 것이다. 중국은 유럽으로부터 기술을 복사해오기 위해 거액을 사용했다. 중국은 자석 제조공장의 유치를 통해 자석을 이용하는 하류 부문 산업을 바오터우의 자유 지대에 적극적으로 육성했다. 그리하여 전기차, 인광물질, 풍력 터빈 부품을 생산하기에 이르렀다. 1만 톤의 연마제, 1,000톤의 촉매변환 장치, 200톤의 발광물질도 생산한다.

바오터우는 많은 광산지대 중 하나가 아니라 희토류 금속의 실리콘 밸리로 불리길 원한다. 3,000개의 회사가 있다. 첨단장비를 제조하면서 수십만 명을 고용하고 있다. 매년 45억 유로의 매출을 올리고 있다. 이 속도로 성장할 경우, 10년 후 바오터우 주민들의 생활 수준은 서구의 선진국과 비슷할 것으로 기대한다.

중국은 30년 전에 서구와의 자원전쟁을 선택했고 지금은 최첨단의 디지털 및 녹색 기술 산업을 겨냥하고 있다. 서방세계로부터 완전히 독립적인 통합된 산업을 구축하고 있다. 광부들이 악조건 속에서 고된 노동을 하는 더러운 광산에서 출발하여 고도의 엔지니어를 고용하는 최첨단의 공장들을 가동하고 있다. 가치사슬을 타고 수직적인 통합구조를 구축하는 중국의 정책은 와인 주요 산지인 미국 캘리포니아의 나파 밸리(Napa Valley)나 호주의 바로사 밸리(Barossa Valley)와 다르지 않다. 이들 지역은 포도를 수출하지 않는다.

중국은 흑연(黑鉛)에 대해서도 같은 방식을 사용했다. 중국은 세계 흑연시장에서도 주도적인 지위에 있다. 흑연은 그래핀 제조에 사용된다.

2004년에 물리학자 안드레 가임Andre Geim과 코스티아 노보셀로프Kostya Novoselov가 그래핀을 발견한 공로로 2010년에 노벨물리학상을 받았다. 그래핀으로 인해 흑연시장이 엄청난 규모로 확대될 것을 인식한 중국은 가치사슬을 따라 하류 부문으로 사업영역을 확대하는 전략을 추구했다. 중국은 흑연을 수출할 때에 관세와 할당량 정책을 시행함으로써 국내시장을 보호했다. 이에 대해 미국은 2016년에 WTO에 제소했다. 다른 나라의 제조업자들이 원재료를 구매하는 가격은 상승했고 중국의 제조업자들이 구매하는 가격은 하락했기 때문이다. 중국의 이러한 패턴은 몰리브덴과 게르마늄에도 적용되고 있다. 리튬과 코발트도 마찬가지다. 중국은 철, 알루미늄, 시멘트, 석유화학 제품에까지 같은 정책을 시행하고 있다.

원료 광물을 보유한 국가가 하류 부문 산업을 지배한다. 서구 국가들이 이전에는 희귀금속만 중국에 의존했는데 이제는 이 금속이 소재로 사용되는 에너지 및 디지털 전환 기술도 중국에 의존하고 있다. 이것은 비군사적인 전쟁이다. 서방 국가들이 이기는 쪽에 있는가, 지는 쪽에 있는가? 제대로 한번 싸워보지도 못하고 있는 것 같다. 주요 자원보유국들이 중국을 롤 모델로 삼고 있다.

인도네시아의 방카(Bangka) 군도는 세계 최대의 주석 생산지이다. 주석은 태양광 패널, 전기 배터리, 핸드폰, 디지털 스크린 등 녹색 기술과 전자제품의 핵심 소재이다. 주석의 세계 생산량은 1년에 30만 톤 이상이며 인도네시아가 34%를 차지한다. 인도네시아 주석개발 담당 국영회사인 주석공사(PT Timah)의 한 대변인은 주석이 수출통제 대상의 첫 번째 광물이 되었다고 공언했다.

2014년부터 인도네시아의 모든 광물은 원재료 형태로 수출되지 않았다. 인도네시아는 오늘의 원료 광물이 아닌 내일의 완제품으로 수출하는 정책을 채택했다. 이 정책은 중국과 마찬가지로 인도네시아의 경제발전에 강력한 수단이 되었다. 완제품 수출 전략으로 인해 철의 이익은 4배 증가했고, 주석과 동의 이익은 7배, 보크사이트는 18배, 니켈은 20배 증가했다.

인도네시아는 중국 모델을 따르는 것에서 더 나아가서 금융 민족주의의 토대를 구축했다. 2013년에 자카르타에 인도네시아 상품 및 파생상품 거래소(Indonesia Commodity and Derivatives Exchange, ICDX)를 설립해서 주석 가격을 주체적으로 결정하도록 했다. 세계 최대의 금속 시장인 런던금속거래소(LME)의 입김을 차단하고 시장가격을 안정시키는 것이 주요 목적이다. 주석 가격이 LME에 의해서 좌우지되었다고 믿었다. 인도네시아가 수출하는 모든 주석은 자카르타 거래소를 거쳐서 나가야 한다.

인도네시아는 산업개발 정책을 지원하기 위해 도로망, 전력망, 항구, 공항, 철도역을 건설해야 하는데 강력하고 안정적인 광물 가격은 이 투자재원을 확보하는 중요한 수단이 된다.

인도네시아는 상품시장을 간접적으로 관리하는 것을 폐지하는 대신에 주식시장을 통제했다. 이에 영향을 받아서, 중국은 2015년에 상하이 선물거래소에 주석 거래를 추가했다. 이어서 동(銅) 거래도 추가했다. 말레이시아도 같은 조치를 취했다.

인도네시아의 광물자원 국유화 정책은 중국만큼 성공적이지는 못했다. 정책의 효과를 극대화할 수 있는 수단을 적기에 확보하지 못했기 때문이다. 하류 부문 산업을 개발하는 데 필요한 대규모의 투자가 지연되었다. 재정적자가 쌓이면서 무역수지가 불안정하게 되었기 때문이다. 2017년에는 몇몇 광물의 수출을 다시 허용하면서 원료 광물의 수출을 통제하는 전략을 완화할 수밖에 없었다. 이것은 상품가격의 하락에 기인하는 것이다. 2000년부터 15년 동안 지속된 세계적인 슈퍼사이클 기간에 상품가격이 높이 상승했을 때에 인도네시아가 원료 광물의 수출을 통제하는 정책을 시행했다. 슈퍼사이클 기간이 수출국에게는 자원민족주의 욕구를 일깨우는 기간이었다. 슈퍼사이클은 2014년에 끝났다. 수출국이 누렸던 힘은 사라지고 수입국과 힘의 균형이 이루어졌다. 자원보유국이 가치사슬을 따라서 하류 부문 산업에 투자하는 것을 주저하게 되었다.

신흥 개도국들에게 희귀금속은 경제성장을 통한 생활 수준 향상의 중요한 수단이다. 1998년에 수년 동안의 투쟁 후에 뉴칼레도니아의 카나크(Kanak) 분리주의자들이 세계 최대의 니켈 매장량을 보유한 코니암보(Koniambo) 산지(山地)에 있는 한 정제시설을 장악했다. 따라서 현지 주민들은 광물을 현지에서 처리하는 데 따른 부가가치 상승의 혜택을 누렸다. 이와 유사한 추세가 캄보디아, 라오스, 필리핀에서도 나타난다. 아프리카 역시 이러한 추세에 가담하고 있다. 아프리카에서 사용될 비료를 생산하기 위해 인산염 가공산업이 성장하고 있다. 이러한 현상은 아프리카의 다른 부문에서도 나타나고 있다. 아프리카는 산업화를 추진하는 것 외에 다른 대안이 없다.

2009년에 개최된 아프리카연합의 제20차 정상회의에서 '2050 아프리카 자원개발 비전'이 선포되었다. 이 비전의 목표는 아프리카 국가들이 자원개발 사업이 유발하는 부가가치의 더 많은 몫을 차지함으로써 경제성장의 원동력이 되도록 하는 것이다. 아프리카에서 생산되는 광물자원의 15%만 외부로 수출되지 않고 내부에 남아있다. 적정수준에 크게 못 미치는 것이다. 광물자원의 공정한 분배는 도덕적인 의무가 되었다.

## 07
## 중국이 서방을 앞서다

희귀금속은 기술전쟁의 진면목을 여실히 드러냈다. 세계 각국은 가장 똑똑하고 혁신적인 신생기업을 적극적으로 지원하면서, 자국의 문화와 천재성의 전범(典範)을 보여줄 수 있는 가장 탁월한 기술특허를 확보하기를 원한다. 새로운 기술은 새로운 경제적, 사회적인 모델을 제시하거나 세상을 바라보는 새로운 시각을 제공한다. 중국은 이것을 알고 있다. 희귀금속의 산업화 전략을 통해서 과학 기술의 발전에 전력투구하면서 국민의 창의력 북돋고 있다. 이를 통하여 서구의 가치와 질서를 대신할 모범이 되는 문명을 제시하고자 한다.

중국에서 지적 경쟁의 근거가 구축된 것은 1976년에 덩샤오핑이 생산력은 과학 기술에 근거한다고 주장하면서다. 이는 마오쩌둥의 농업에 대한 열망과 궤를 달리하는 것이었다. 그 후의 중국 지도자들은 덩샤오핑의 주장을 계승하고 심화시켰다. 2006년에 후진타오는 과학 기술이 중국 발전 전략의 핵심축을 이룬다고 말했다. 2010년에는 중국의 제12차 5개년계획에서 7개의 성장산업과 7개의 신기술 비전이 제시되었다. 제13차 5개년계획에서는 혁신과 기술발전이 중심 내용을 이루었다. 과거 중국 역사에서 중심적인 자리를 차지하지 못했던 과학 기술이 이제는 주술(呪術)이 되었다.

중국은 이러한 비전을 견고히 하기 위해 경쟁우위를 적극적으로 활용했다. 내륙 성(省)의 값싼 노동력, 위안화의 평가절하를 통한 값싼 자본, 규모의 경제를 가능케 하는 국내의 시장 규모가 바로 그것이었다. 중국 정부는 경쟁회사의 생산시설을 동반자 관계라는 명분으로 옮겨왔다. 합작 투자를 통해 외국 회사들은 경쟁우위 요소들을 사용할 수 있었고 그 대가로 기술 즉 특허권을 중국 측 파트너에게 넘겨주었다. 중국은 이처럼 해외 기술을 흡수해서 내부화하는 것을 '토착 혁신'이라고 불렀다.

　이러한 전략의 토대는 2006년에 중국 정부가 발표한 산업정책에 제시되었다. 이 정책은 국제협력과 우의(友誼)에 관한 화려한 미사여구로 가득하다. 그러나 실상은 중국이 다른 국가의 기술을 활용해서 자국의 기술을 개발하는 토착 혁신을 추진하는 것이었다. 많은 국제적인 기술회사들은 토착 혁신을 중국이 해외의 기술을 훔치는 전략으로 이해했다. 토착 혁신을 통해서 중국이 방어에서 공격으로 산업정책을 전환했다.

　중국은 토착 혁신을 희토류 자석에 적용했다. 외국의 기술회사들을 회유하든지 겁박해서 합작 투자의 미명하에 공장 설비를 중국으로 옮겨 오도록 하고 '공동 혁신'을 추진했다. 이런 방식으로 중국은 미국과 일본의 자석 제조회사들의 기술을 탈취했다.

　다른 국가의 기술개발 성과를 마음껏 누린 후에 중국은 공장에서 실험실로 관심을 전환하여 자체적으로 기술을 개발할 수 있는 생태계를 구축하였다. 그리하여 1980년대 초에 다양한 연구사업을 시작했다. 가장 대표적인 사업은 1986년 3월에 시작한 '863 프로그램'으로서 정보기술, 생물학, 항공우주, 자동화, 에너지, 소재, 해양학의 7개 부문에서 중국이 리더가 되는 것을 목표로 한다. 이 산업들은 녹색산업과 관련이 있다. 연구사업 'Made in China 2025'는 전국적으로 40여 개의 산업혁신을 이루었다. 2016년에 중국은 연구개발사업에 5억2,000만 달러를 투자했는데, 이것은 미국의 R&D 규모보다는 작지만, 유럽보다는 크다.

중국은 R&D에 있어서 취약점이 많다. 인구수와 비교해서 연구원 수가 서구의 주요 선진국들에 비해서 적다. 중국 국토의 대부분을 차지하는 시골은 이 혁신사업에서 멀리 비켜나 있다. 정부의 개입과 도전적인 기업가 정신을 아우르고자 했던 중국 정부가 창의적인 혁신의 불확실성을 감내하기는 매우 어렵다. 혁신 생태계의 성공은 행정관리의 효율성에 달려 있다. 이를 위해 정부는 결과가 확실치 않은 고통스러운 구조개혁을 완수해야 한다. 에너지, 정보통신, 금융 부문의 절대적인 비중을 차지하는 국영기업들의 관료적인 경영행태는 더는 유효하지 않기 때문이다. 이들 국영기업의 지도자들이 정부의 최고위직 관리들이기 때문에 개혁 작업이 공산당 내에서 긴장과 대치 관계를 유발할 가능성이 매우 크다.

온라인에서의 표현의 자유를 제한하기 위해 200만 명을 고용하는 정부가 민간부문의 창의성을 북돋기는 매우 어렵다. 비판하고 달리 생각하는 자유를 억압하는 정부는 복사하는 문화를 육성하고 사회 구성원들의 독창성을 말살한다.

중국 공산당 정권은 두 가지 과제를 가지고 있다. 첫 번째 과제는 과거의 굴욕적인 사건들로 인하여 기술적인 독립을 열망하는 데서 비롯된다. 1950년대 말 중국과 소련의 분쟁으로 인하여 양국 관계가 틀어졌다. 이 결과 1960년 여름에 소련은 중국에 대한 기술적인 지원을 중단했다. 중국은 이 기술지원을 바탕으로 중공업을 장기적으로 발전시키고자 했었다. 1989년에는 중국 정부가 천안문 광장의 학생운동을 억압한 것에 대한 제재로 미국이 중국에 대한 무기 판매를 금지했다. 이 일련의 사건들을 통하여 중국은 자국(自國) 이외에는 어느 국가도 의지할 수 없다는 뼈아픈 교훈을 얻었다. 그 이후로 중국 지도자들의 마음속에는 자급자족에 대한 집착이 깊이 자리 잡고 있다. 따라서 중국은 외국 기술에 대한 의존도를 2006년의 60%에서 2020년에는 30%로 크게 낮췄다.

두 번째 과제는 중국 공산당의 존속이다. 공산당은 중국 국민과 암묵적인 약속을 해서 국민은 공산당의 권위적인 정권을 받아들이고 대신에 공산당 정권은 국민의 생활 수준을 향상시키기로 했다. 이 약속은 경제가 침체될 경우 무효가 될 수 있다. 약속을 이행하기 위해 정부는 매년 도시의 노동시장으로 들어오는 1,500만 명의 노동자들에게 일자리를 제공해야 한다. 이것은 중국 정부가 광산개발만 해서는 불가능한 일이다. 가치사슬의 하류 부문 산업을 발전시켜서 더 많은 노동력을 흡수하고 경제성장을 추구해야 한다. 중국의 권위적인 공산당 정권이 앞서 간 제국주의 왕조가 패망한 전철을 밟지 않고 생명력을 유지하기 위해서 희귀금속 산업을 적극적으로 활용했다.

중국은 전자 산업, 항공우주, 수송, 생물학, 공작기계, 정보 기술 분야에서 놀라운 발전을 이뤘다. 항공우주 분야에서 중국은 이미 로봇을 달에 보냈다. 2036년까지 우주비행사를 달에 보낼 계획이다. 2018년에만

37개의 우주 탐험선을 쏘아 올렸다. 새로운 우주 경쟁에서 중국은 미국의 주요 경쟁국 자리를 러시아로부터 빼앗아 왔다. 중국 정부는 신기술의 수요 측면을 넘어서기를 원한다. 기술의 소비자에서 벗어나서 기술의 공급자가 되기를 바란다. 2018년에 중국은 140만 건의 특허를 출원했다. 이것은 세계의 어떤 국가보다 많은 것이다.

중국은 발걸음을 재촉하고 있다. 희토류 금속의 아직 알려지지 않은 특성을 연구해서 미래의 용도를 개발하고자 한다. 중국 몇몇 대학의 연구 프로그램은 미 국방성의 연구자를 놀라게 하고 경고를 주기에 충분한 정도로 앞서 있다. 중국은 희귀금속을 이용해서 세계의 기술 리더가 되기를 원한다.

미국 하원 의원 달켐퍼Dahlkemper는 2010년 9월 중국이 희토류 시장을 장악했고 미국을 추월하고 있다고 말했다. 중국은 일본보다 앞서서 스텔스 전투기를 설계했다. 2013년~2018년 기간에 세계에서 가장 강력한 슈퍼컴퓨터는 중국이 만들었다. 중국은 또한 세계 최초로 난공불락의 암호 기술을 사용해서 퀀텀 통신위성을 궤도에 쏘아 올렸다. 이로써 중국은 IT 강국의 지위를 확고히 했다.

중국은 녹색 기술에 있어서 주도적인 역할을 하고 있다. 중국은 세계의 녹색에너지 생산, 광전지 제조, 수력발전, 풍력발전, 전기자동차 시장에서 선도적이다. 중국은 희토류 금속의 생산과 이 금속을 필수 소재로 사용하는 녹색 기술 산업에서 독보적인 지위를 확보함으로써 세계 최대의 녹색 기술 생산 국가가 되고자 한다. 유럽, 미국, 일본으로부터 녹색 일자리를 모두 빼앗아 오기를 원한다. 에너지 및 디지털 전환에서 단연코 승자가 되기를 원한다.

중국의 야심 찬 생태적 전환은 국민이 받아들이기 어려운 수준까지 심각해진 환경오염 문제와 관련하여 고조되고 있는 긴장을 누그러뜨릴 것이다. 환경오염에 반대하는 시위가 매년 3만~5만 회 발생한다. 윈난성의 쿤밍시에서는 석유화학 단지의 프로젝트를 반대하는 시위가 있었고 저장성의 항저우시에서는 쓰레기 소각시설 건설을 반대하는 시위가 있었다. 세계적인 NIMBY(Not In My Back Yard) 추세와 궤를 함께하는 이러한 중산층의 시위는 중국의 기존 성장모델을 거부하고 있다. 8천 개의 비영리 환경단체들이 환경오염을 거부하는 국민 여론을 통합하여 세력화하고 있다.

중국은 기존의 소비방식을 지속할 수 없게 되었다. 녹색운동은 중국 경제성장의 추진동력을 현대화할 필요성을 제기했다. 덜 소비하는 '가벼운' 서비스와 기술을 선호하면서 환경 부담이 적은 디지털 기술을 적극적으로 활용하게 되었다. 그리하여 중국은 세계무대에서 녹색 이미지를 강화할 수 있고 에너지 전환의 리더로 자리매김할 수 있다.

중국이 희귀금속의 가치사슬을 따라서 하류 부문 산업으로 진출하면서 유럽과 미국의 산업 경쟁력은 약화하였다. 유럽과 미국의 산업은 2차 대전 말에 중국이 벤치마킹의 모델로 삼았었다.

미국 자석 제조업체의 75%가 사라졌다. 자석 제조산업이 한때 전문직 종사자 6,000명을 고용했지만, 지금은 500명에 불과하다. 일본의 도요타와 스미토모, 독일의 비엠더블유(BMW)와 바스프(BASF)는 공장 설비 일부를 중국으로 옮겼다. 값싼 노동력 때문이었다. 그러나 훨씬 더 중요한 것은 희토류 금속의 공급 문제였다. 수백만 개의 일자리가 중국으로 빨려들어 갔다. 중국이 재생에너지 산업을 적극적으로 육성하면서 기존 화석연료 중심의 산업 질서 붕괴를 부추기고 있다. 서방 국가들은 화석연료 체계에서는 탁월한 성과를 보였지만 재생에너지로의 전환에는 중국에 뒤처져 있다.

프랑스도 사정은 마찬가지다. 프랑스의 산업재생부 장관을 역임한 아르노 몬테부르(Arnaud Montebourg)는 프랑스 남서부의 주 오트가론(Haute-Garonne)의 한 작은 마을은 프랑스의 유일한 마그네슘 공장을 중국에 잃는 고통을 겪었다고 말했다. 금속 제련산업에 관한 관심이 부족해서 비철 금속 전문회사인 꼼투와 리용 알레망(Comptoir Lyon-Alemand, Louyot et Cie)이 2013년에 프랑스에서 사업을 접는 결과를 초래했다. 프랑스에서 유일한 희귀금속 회사였다.

성공적인 경제적 성과를 달성한 중국은 장기적인 시각을 중요시하는 정부 주도형 모델을 제시하였다. 서방 국가들은 민간주도의 단기적인 전략을 추진하면서 그 성과가 성공적이지 못했다. 중국의 권위적인 자본주의가 다른 독재국가들에게 용기를 주었다. 중국은 정치적인 안정을 바탕으로 견실한 경제성장을 달성하면서 '베이징 컨센서스'의 실질적인 내용을 만들어냈다. 베이징 컨센서스는 중국의 발전모델이 다른 개도국들의 벤치마크가 될 수 있다는 아이디어이다. '워싱턴 컨센서스'는 경제발전과 민주주의 발전은 상호 긴밀하게 연계되어 있다는 이념이다. 중국과 서방국들의 희귀금속 확보 경쟁은 새로운 이념적인 갈등을 촉발했다. 정치체제에 관한 양 진영의 원리가 서로 충돌하고 있다.

중국 철학자 자오팅양Zhao Tingyang은 '문명의 충돌'은 서구사회가 국제관계를 바라보는 시각이라고 말했다. 그는 공자의 사상에서 유래된 개념인 톈샤(Tianxia, 天下)를 유행시킨 것으로 유명하다. 이 개념은 국제관계에서 조화를 강조한다. 그는 세계화로 인해 각국이 서로 의존하는 정도가 심화되고 있다고 말했다. 경제적, 군사적인 충돌은 모두에게 해가 된다고 강조했다. 중국과 서구가 가치를 공유하는 톈샤가 중심사상이어야 한다고 했다.

에마뉘엘 마크롱 프랑스 대통령이 2023년 4월에 중국을 방문해 시진핑 중국 주석의 열렬한 환대를 받았다. 중국은 유럽 에어버스의 항공기 160대, 헬리콥터 50대를 사들이는 수십조 원 규모의 계약을 체결했고, 프랑스전력공사(EDF)와 해외 풍력발전 프로젝트를 함께 하기로 했다. 또 프랑스 알스톰(Alstom)의 각종 산업 장비도 구매키로 했다. 프랑스 선사 CMA-CGM은 중국 조선사 중국 선박 그룹에 4조 원 대의 컨테이너선 16척 발주를 했고, 에어버스는 중국 천진 공장에 추가로 투자하기로 했다. 2022년 11월에는 독일의 올라프 숄츠 총리가 경제 사절단을 대거 이끌고 중국을 방문하여 시 주석의 환영을 받았다. 2023년 3월에는 페드로 산체스 스페인 총리가 중국을 찾았다.

이들은 EU 정상회담에서는 중국의 인권 문제, 다른 국가에 대한 고압적 태도를 비판하고 중국의 러시아 지원 가능성을 공개적으로 경고한다. 그러나 다른 편에서는 중국은 파트너라고 하고, 중국과의 결별은 가능하지도 않고, 바람직하지도 않다고 말한다.

이처럼 유럽 국가들이 이중적인 태도를 보이며 중국에 손을 내미는 이유는 중국과 깊게 얽힌 경제 문제 때문이다. 2022년에 EU 수출액에서 중국의 비중은 10%로 미국의 22% 다음으로 크다. 수입액은 중국이 23%로 미국의 13%를 크게 앞지르는 1위다. 현재 유럽에서 소비되는 공산품은 35% 이상이 중국산인 것으로 추정된다. 유럽의 제조업 상당수가 중국으로 이전하면서 자국 브랜드인데도 중국산인 경우가 많다. 더욱이 희토류 등 전략적 원자재의 공급에 있어서 유럽이 중국에 의존하는 비중은 90%에 달한다. 중국과 관계가 악화하면 유럽 역시 큰 타격을 입을 수밖에 없다.

## 08
# 미국 첨단무기에 침투한 중국 희토류

미국 국방성은 희토류 자석을 수십 년 동안 국내의 제조회사들로부터 공급받았다. 이 회사 중에서 가장 전략적인 회사는 마그네퀜치(Magnequench)였다. 이 회사는 가장 품질이 좋은 희토류 자석을 제조하는 회사였다. 인디애나주 밸퍼레이조에 있는 공장은 아브람스 전투탱크와 보잉의 JDAM 스마트 폭탄 생산 설비의 정점에 있었다. 이 무기들은 아프가니스탄 전쟁과 이라크 전쟁에서 사용되었다. 2006년에 마그네퀜치는 밸퍼레이조 공장을 폐쇄하고 중국 허베이성(河北省)의 톈진(天津)에 새로운 공장을 가동했다.

마그네퀜치의 모회사인 GM은 마그네퀜치를 중국에 파는 대신에 중국은 상하이에 GM의 자동차 공장을 건설하도록 허용했다. 이 협상에 관여한 중국 측 인사는 덩샤오핑의 사위 우젠창吳建常이었다. 그는 중국 비철 금속 공업 총공사(CNMC) 사장으로서 공사의 뉴욕지사를 통해 협상에 관여했다. 덩샤오핑의 또 다른 사위 장훙張宏도 이 협상에 관여하였다. 장훙은 Beijing Zhong Ke San Huan Hi-Tech Co., Ltd.의 회장이었다. 이 회사가 마그네퀜치를 최종적으로 인수했다.

마그네퀜치의 운명은 중국의 군사적 야망을 여실히 보여주는 것이다. 중국의 국방예산 규모는 미국 다음이다. 2010년에 1,230억 달러였는데 2019년에는 1,770억 달러로 크게 증가했다. 중화인민공화국 수립 100주년이 되는 2049년까지 미국을 제치고 세계 최강의 국가로 발돋움하고자 한다.

중국군은 1980년대 이후 세 가지 방식으로 변화했다. 우선 기본원칙을 바꿨다. 덩샤오핑이 중국 영토 안에서가 아니라 국경이나 국경 밖에서 전쟁을 벌이는 것으로 전쟁 규범을 변경한 데 따른 것이다. 다음으로 대규모의 힘이 아닌 소수의 전문화된 군대로 탈바꿈했다. 마지막으로 1991년 걸프 전쟁으로 인하여 중국군이 미군을 따라잡아야 할 필요에 직면하여서 기술적인 변화를 추구하였다. 기술적인 변화를 위해 중국은 자원에 관한 역사의 황금률인 '평화와 철은 동거하지 않는다'는 것을 깊이 되새겼다.

6,000년 전에 인간이 동(銅)을 녹이기 시작하면서 석기(石器)를 사용할 때보다 사냥을 훨씬 효과적으로 할 수 있었다. 그로부터 2,000년 후에 수메르인들이 청동기를 만들어내면서 제국들이 무기, 칼, 도끼를 만들고 군대를 키웠다. 이것이 인류 역사에서 최초의 무기(武器) 경쟁이다. 기원전 12세기경에 터키 남부의 히타이트족이 철을 녹여냈고, 더욱 강력하고 다루기 쉬운 무기를 만들었다. 이로 인해 유럽이 아메리카 대륙을 점령할 수 있었다. 이후에 철강이 나타났고 1914년에 유럽은 산업전쟁의 시기로 접어들었다. 철강과 탄소를 이용하여 탄소강(炭素鋼)이 만

들어지면서 가볍고 강한 현대식 무기들이 생산되었다. 이 무기들이 제1차 세계대전의 주요 원인 중 하나가 되었다.

인간, 문명, 국가가 새로운 금속을 만들 때마다 급속한 기술적, 군사적 발전으로 이어졌고 급기야 국가 간 심각한 갈등을 초래했다. 이제 희귀금속 차례다. 특히 현대식 무기의 면모를 바꾸는 희토류 금속이 문제다. 중국은 희토류 금속의 생산과 활용을 통제하는 국가가 전략적으로, 군사적으로 우위에 있음을 알고 있다. 중국이 마그네퀜치를 인수하여 그 기술특허와 비밀을 확보한 것은 당연한 접근이었다. 미국은 마그네퀜치를 중국에 넘겨줌으로써 스스로 위험한 지경으로 들어간 셈이다.

놀랍게도 당시 미국 정부는 마그네퀜치에 관해 별로 관심이 없었다.

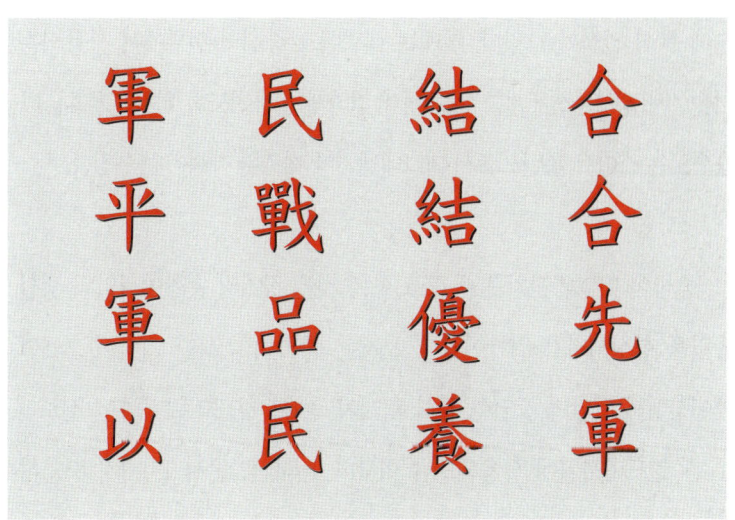

**그림12** 중국의 16자 정책

중국 정부는 '16자 정책'을 시행하고 있었다. 軍民結合(군과 인민의 겸용), 平戰結合(평화와 전쟁의 결합), 軍品優先(군수품 우선), 以民養軍(인민이 군을 지원)이 그것이다. 이 정책은 중국 공산당이 국가와 민간부문, 군사적 이익과 민간 이익 사이의 경계를 모호하게 만드는 전략이었다. 특히 중국은 군사용과 민간용으로 사용하는 이중 사용의 기술을 확보하고자 했다. 마그네퀜치가 생산하는 자석은 GM의 자동차와 미군에 사용되고 있었기 때문에 중국의 표적이 되었다.

중국의 16자 정책은 실용성을 추구했다. 미국의 무기 수출 통제정책으로 인하여 군사적인 기술의 획득이 매우 어려운 상황에서 중국은 외국의 민간회사를 인수해서 그 회사의 기술을 군사용으로 전환했다. 이를 위해 중국은 미국에 대한 간첩 활동을 대폭 강화했다. 중국은 두 가지 기술에 특히 관심이 많았다. 첫째는 네트워크 중심의 전투에서 사용되는 기술로서 정보통신체계를 아군에 유리하게 운용하도록 하는 것이다. 다음으로는 스마트 폭탄으로서 마그네퀜치가 제조한 자석이 들어있다.

중국이 마그네퀜치를 목표로 삼은 것은 장거리 순항미사일의 생산 능력을 향상시키기 위함이었다. 문제는 중국이 취득한 기술이 2015년 베이징에서 있었던 장엄한 군사 퍼레이드에서 처음으로 세계에 선보인 두 개 탄도미사일에 사용되느냐 여부다. 미국 괌 군사기지까지 도달하는 둥펑-26 탄도미사일과 둥펑-21D 대함 탄도미사일이 그것이다.

2010년부터 운용하면서 항공모함 킬러라는 별칭을 가진 둥펑-21D는 중국이 미국의 남중국해 접근을 억제하는 중요한 수단이다. 중국이 남중국해의 통제권을 확보하면 전략적으로 우위를 점하게 되고 막대한 양의 석유 및 천연가스를 확보할 수 있다. 또한, 이 해역을 통과하는 세계 석유 해상 수송량의 절반을 감시할 수 있다.

중국은 세계 2위의 경제 대국이며, 미국과의 관계는 크게 악화하였다. 미국 안보의 핵심을 구성하는 희토류 금속의 주요 공급원이 중국인 상황에서, 양국 간에 경제적·군사적 분쟁이 격화할 때에 중국이 이 지렛대를 적절하게 사용하지 않겠는가? 2017년 미국 상원의 정보위원회 청문회에서 당시 CIA 국장 마이크 폼페이오는 중국으로부터 희토류를 공급받는 것에 대해 매우 염려하고 있다고 밝혔다. 이 문제에 대처하기 위해 CIA가 구체적인 대응조치를 확대할 것임을 분명히 했다.

2017년 7월 미국 트럼프 대통령은 제조업과 방위산업의 기반과 핵심 소재의 공급망을 평가하고 이를 강화하는 방안을 담은 보고서를 작성하도록 지시했다. 2018년 봄에 제출한 이 보고서는 미국의 군사 주권을 담보하는 산업에 관한 데이터베이스를 제시했다. 더욱이 모든 개별적인 실패 지점들을 적시했다. 미국 방위산업의 기초를 마비시키는 핵심적인 회사들과 공장들의 목록을 보여주었다.

2017년 2월부터 2021년 1월까지 미국 상무장관을 지낸 윌버 로스 Wilbur Louis Ross Jr.는 중국의 알루미늄을 수입하는 것을 통제하겠다고 발표했다. 알루미늄은 사이다 캔의 제조에 사용되는 것은 물론이고 많은 무기의 제조에 중요한 소재가 된다. 무기 제조를 위해 고품질의 알루미늄이 점점 많이 필요하지만 미국의 생산량은 점점 감소하고 있다.

미국 내무부는 국가의 안보와 경제에 필수 소재로 사용되는 35개의 전략 광물을 지정했다. 리사 머카우스키 Lisa Murkowski 알래스카 상원의원은 미국광물안보법(Amarican Mineral Security Act)을 2020년 7월에 제정했다. 이 법은 미국의 국가 경제와 안보에 핵심 소재가 되는 광물을 밝혀내고, 이 광물의 국내 매장량에 대한 조사가 적시에 이루어지도록 하며, 이를 개발하기 위한 프로젝트의 불필요한 허가 지연을 줄이고, 인력 개발을 촉진하고, 재활용 및 대안 개발을 위한 연구 개발에 투자하는 것을 목표로 한다. 미국이 핵심 소재 광물의 공급을 중국에 의존하는 것은 일자리를 빼앗기고, 산업 경쟁력을 약화시키며, 지정학적인 위험에 빠트리는 문제를 초래한다.

미국 행정부는 이 문제에 대해서 의견이 일치하지 않는다. 현 상태를 유지하자고 주장하는 사람들은 미국이 희토류 금속을 자급자족하는 것은 매우 적은 양의 공급을 위해서 너무 큰 비용을 부담하게 되고, 국방부는 필요한 자원의 조달 방법을 항상 항상 찾아내며, 미군을 위협하는 세력이 없고, 무엇보다 중국이 미군에 희토류 공급을 대규모로 중단하는 모험을 감행하지 않을 것이라고 말한다. 이에 반해 미국이 광물 자원의 자주 공급능력을 확보하지 못하면 중국에 의해 궁지에 몰리게 될 것이고, 중국을 견제하지 않으면 미국은 현재의 군사적인 우위를 견지(堅持)하지 못할 것이라고 주장하는 사람들이 있다.

2019년 봄에 트럼프 대통령이 중국 화웨이가 미국의 통신 시장에서 판매하는 것을 금지한 직후에 중국의 시진핑 주석이 류허 부총리와 함께 중국 중남부 장시성의 희토류 자석 제조회사의 공장 시찰에 나섰다. 시진핑 주석은 어떤 말도 하지 않았지만 이 공장 시찰을 통해 던지는 메시지는 분명했다. 중국과 미국 간에 무역분쟁이 고조될 경우 중국은 미국에 대해 희토류 수출을 중단할 수 있다는 것이었다. 중국 국영 언론사인 신화통신사는 미국이 중국과의 무역분쟁을 격화시킬 경우 미국은 기술력을 유지하는데 필수적인 소재를 공급받지 못할 위험에 직면할 수 있다고 언급했다.

중국의 이러한 수출금지 위협이 있자 미국 정부는 한 보고서를 출판했다. 미국이 국내 희토류 광산개발을 재개하고, 폐전자제품을 재활용하며, 새로운 대체재를 개발함으로써 중국에 대한 의존도를 낮추자는 것이 그 주요 내용이다. 이 내용을 적극 지지한 사람은 상무장관 윌버 로스였다. 그는 정부가 획기적인 조치를 취해서 미국이 핵심 소재를 공급받지 못하는 사태가 벌어지지 않도록 하겠다고 말했다.

이러한 경각심이 고조되면서 희토류 개발 프로젝트가 추진되었다. 몰리코프(Molycorp)가 2018년에 12,300톤의 희토류 정광(精鑛)을 생산했다. 그러나 이 정광을 중국의 제련소로 보내서 희토류 금속을 생산한다면 미국의 희토류 개발 노력이 무의미한 것이 되고 만다. 즉 제련시설이 문제다.

---

1973년에 미국은 군사기술에 사용되는 특수 금속을 외국에서 조달하는 것을 금지했다. 코발트, 지르코늄, 티타늄을 포함하는 부품들이 미군의 무기 제조에 점점 더 중요해지기 때문이었다. 미국은 전쟁 중에 국내의 광산에서 무기 제조에 필수 소재가 되는 광물을 안정적으로 공급받는 것이 필요했다.

1990년대 초에 미군은 야심 찬 프로그램을 추진했다. 프랑스의 라팔 전투기에 필적할 전투기를 만드는 것이었다. 록히드마틴사가 개발한 F-35 5세대 스텔스 전투기는 비용이 4천억 달러에 이르렀다. 이는 미군이 수행한 가장 비싼 프로젝트 중 하나였다. 미국은 이 F-35 전투기 개발을 통해서 하늘을 제패하는 동시에 방위산업에 활력을 불어넣고 무역수지를 개선하며 수만 개의 일자리를 창출하기를 기대했다. 이후 수십 년 동안 2,500대의 F-35 전투기가 오스트레일리아, 영국, 네덜란드, 이스라엘, 이탈리아, 터키, 일본 등에 판매되었다.

2012년 8월에 록히드마틴의 최대 납품회사인 노스롭 그루먼과 하니웰이 백악관을 방문했다. F-35 전투기의 조립을 위해 이 회사들이 록히드마틴에 납품한 레이더, 랜딩 기어, 컴퓨터 시스템에 들어 있는 희토류 자석에 대한 염려를 보고했다. 노스롭 그루먼은 이미 판매된 115대의 스텔스 전투기에 장착된 레이더에 있는 자석이 미국 회사가 제조한 것이 아니라 중국 회사 청두자성재료과학기술(Chengdu Magnetic Material Science & Technology)이 제조한 것임을 발견했다. 부도덕한 중개인이 미국의 규제를 피해감으로써 F-35 프로그램이 부분적으로 불법적인 것이 되었다.

미 국방성은 이 문제에 경각심을 갖게 되었고 조달, 기술, 물류 담당 차관인 프랭크 켄달Frank Kendall이 책임을 맡았다. 미국의 자석 제조업체로부터 자석을 받아서 중국산 제품을 대체시키기까지 기다리면 F-35 전투기의 실전배치가 연기될 뿐만 아니라 부품을 새롭게 다시 장착하는 비용이 천문학적이다.

이에 미국 국방성은 국가 안보를 위해서 1973년의 규제를 면제하는 방안을 검토했다. 이에 대해 신중한 입장을 취하는 고위 관리들이 있었다. F-35 전투기에 장착된 중국이 공급한 희토류 자석에 스파이 소프트웨어가 내재하지 않는다고 어떻게 확신할 수 있는지 의문을 제기했다. 그렇다고 해서 4,000억 달러 프로젝트를 2달러짜리 자석 몇 개 때문에 중단할 수 있는가?

미국과 서방 국가들은 중국의 희귀금속을 사용해서 만든 마이크로칩 속에 트로이 목마가 침투하지 못하도록 제대로 감시하고 있는가? 미국 국방성은 2005년의 보고서에서 미국 무기에 광범위하게 사용되는 전자 시스템이 악성 소프트웨어에 오염되어서 전투 장비가 오작동할 가능성을 제기했다. 이러한 두려움이 더욱 커진 것은 중국산 소재가 다른 핵심 무기에 사용되는 것을 미국 국방성이 발견했기 때문이다. 보잉사가 제조한 장거리 전략 폭격기 록웰 B-1 랜서, 록히드마틴사가 제조한 F-16 전투기, 레이시온사가 제조한 신형 요격 미사일 SM-3 Block IIA가 그것이다.

프랭크 켄달 차관은 록히드마틴사에 해결책을 마련하도록 지시했다. 해결책을 제시하기까지 자석을 하나씩 교체하도록 했다. 미국과 동맹국들의 군사적인 기술의 우월성이 중국과 러시아가 스텔스 전투기를 개발하면서 시험대에 올랐다. 시간과 예산의 심각한 제약에 직면해서 그리고 불량기술이 포함된 부품을 배격하기 위해서 켄달 차관은 결정을 내렸다. 1973년의 금지규정을 청두자성재료과학기술이 생산한 몇몇 희토류 자석에는 적용하지 않는다는 것이었다. 이 중국 회사가 F-35 전투기의 공식적인 부품 공급회사가 된 것이다.

미국은 중국 자석이 없으면 안 된다. 그래서 국방부는 1973년 금지규정의 면제조치를 계속 시행하고 있다. F-35 전투기 제조회사들은 아직도 중국의 희토류 소재를 사용하고 있다. 경쟁력 있는 대체재를 개발하지 못했기 때문이다!

## 09
## 자원보유국의 선처를 비는 시대

디지털 기술, 지식 경제, 녹색에너지, 전기 저장장치와 전력망, 우주산업, 방위산업 모두 희귀금속에 대한 수요를 폭발적으로 증대시키고 있다. 희귀금속의 놀라운 새로운 특성을 발견하거나 희귀금속을 활용하는 새로운 용도를 개척 하는 일이 매일 나타나고 있다. 녹색 세상에 대한 우리의 기술적인 야망과 꿈은 우리의 상상력의 한계에 의해서만 제한받고 있다. 지구의 모든 곳에서 희귀금속을 찾아 개발하는 사업이 추진되고 있다.

1차 세계대전 말부터 2007년까지 지구온난화의 필수 소재가 되는 14개 광물의 생산량은 20배 증가했다. 2차 세계대전 말까지 이 광물 소비량이 급격히 상승했다. 이는 기대수명, 소비자 습관, 부의 축적, 전자 데이터의 이동량, 지구의 기후변화가 획기적으로 변화한 것에 따른 것이다.

기후변화에 대응하기 위해서 막대한 양의 기초 금속이 요구된다. 풍력 터빈을 생산하는데 2050년까지 32억 톤의 철강, 3억1,000만 톤의 알루미늄, 4,000만 톤의 동이 필요하다. 풍력 터빈이 이전의 기술보다 더 많은 자원을 요구한다. 화석연료 및 원자력 에너지와 비교해서 태양광 및 풍력 설비는 15배의 콘크리트, 90배의 알루미늄, 50배의 철과 동 그리고 유리가 필요하다. 자원 집약도가 훨씬 높다.

세계의 철 소비가 2050년까지 연평균 3~5% 증가하고, 이를 충족시키기 위해 인류가 역사 시작 이래 현재까지 생산한 양보다 더 많은 철을 생산해야 한다. 향후 한 세대 동안에 인류는 지난 7만 년 동안 소비한 것보다 많은 광물자원을 소비할 것으로 예상된다. 75억 현 인류가 이제까지 지구에서 살았던 1,080억 인류가 소비한 것보다 더 많은 광물을 소비할 것이다.

에너지 전환 주창자들은 비고갈성 에너지원인 태양, 바람, 조력을 무제한 활용해서 녹색에너지를 생산할 수 있다고 주장한다. 반면에 희귀금속 생산자들은 몇몇 금속들은 머지않아 고갈될 것이라고 경고한다. 향후 30년 동안 빠른 속도로 증가할 것으로 예상되는 희귀금속의 수요를 충족시키기에 충분한 광산을 새롭게 개발할 수 있을까? 기후변화로 인하여 희귀금속의 개발과 정제에 필요한 물의 공급량이 급격히 감소한다면 어떻게 할 것인가?

희귀금속의 충분한 공급 없이는 외교적인 성과, 야심 찬 에너지 전환법, 열정적인 환경보호론자들의 노력이 모두 무위가 된다. 현재의 예상대로라면 녹색혁명은 훨씬 장기간의 시간이 필요하다. 더욱이 녹색혁명은 중국이 주도할 것으로 예상된다. 중국이 전 세계 희귀금속 수요의 절대적인 부분을 충족시킬 것이기 때문이다. 서방 국가들은 이제 희귀금속 자원의 고갈을 걱정하는 중국의 선처를 바라는 처지에 놓이게 되었다. 희토류 금속 암시장은 세계 공식적인 수요의 3분의 1을 충당하고 있는데 무분별한 광산개발을 통해 매장량 고갈을 촉진한다. 2027년부터 고갈되는 광산이 나타날 것으로 예상된다.

희귀금속 생산의 증가 속도를 억제하는 것이 매우 중요하다. 이에 중국은 생산한 금속을 비축해서 국내용으로 사용할 준비를 하고 있다. 생산한 희토류 금속의 4분의 3을 국내에서 소비하고 있다. 2030년 경에는 중국은 생산한 희토류 금속을 전량 자체적으로 소비할 수 있다. 앞으로 중국의 국내 광산이나 중국이 통제 가능한 해외 광산에서 생산되는 희귀금속은 전량 중국의 고객에게만 공급되도록 통제할 것으로 예상된다. 시장에서 최고의 가격을 부르는 수요자에게 희귀금속이 가도록 중국이 놓아두지 않을 것이다. 남은 희귀금속은 별로 없을 것이다. 중국은 자국의 녹색 기술에 관심을 집중시키면서, 에너지 및 디지털 전환 산업을 적극적으로 지원할 것이다. 다른 국가들이 입는 피해는 관심 밖이다.

이렇게 중국은 세계에서 환경오염이 가장 심각한 국가라는 고정관념을 배격하고 지구온난화를 억제하며 녹색 세상을 열어가는 선두 주자의 이미지를 만들고자 한다.

희귀금속 수입국들은 자원보유국인 개도국들의 선처를 바라는 형편에 놓이게 되었다. 수입국 중 강대국들이 있지만 힘을 행사할 수 있는 처지에 있지 않다. 희귀금속 시장에서 힘 있는 주체로 새롭게 부상한 국가로서 칠레, 페루, 볼리비아는 리튬과 동의 매장량이 풍부하다. 인도는 티타늄과 철의 매장량이 많다. 기니와 남아프리카공화국은 보크사이트, 크롬, 망간, 백금 매장량이 풍부하다. 브라질은 보크사이트와 철 매장량이 많고, 뉴칼레도니아는 니켈이 풍부하다.

에너지 및 디지털 전환은 세계국가들이 희귀금속 확보에 나서도록 강요하고 있다. 국가들의 이익이 충돌하고 반목하는 상황이 심화할 것이다. 희귀금속의 지정학이 현저하게 작용해서 새로운 세계 질서가 형성될 것이다. 이것이 중국이 만들고 싶은 세상이다. 중국은 희귀금속 확보를 위해 캐나다, 호주, 키르기스스탄, 페루, 베트남에서 탐사사업을 시작했다.

가장 유망한 지역은 아프리카의 부룬디, 마다카스카르, 남아프리카공화국, 앙골라다. 전 앙골라 대통령 조제 에두아르두 두스 산투스José Eduardo dos Santos는 중국의 필요를 충족시키기 위해서 그리고 양국의 친밀도를 높이기 위해서 희귀금속을 자원개발 전략의 최우선 순위에 두었다. 콩고민주공화국에서는 중국이 코발트 매장량이 풍부한 카탕가 남부지역에 접근하기 위해 철도를 개설했다.

희귀금속을 생산하는 국가의 수가 증가할수록, 중국이 생산해야 하는 희귀금속의 양은 줄어드는 대신에 독점적인 지위는 취약해진다. 중국은 희귀금속을 생산하는 부담은 덜면서 독점적인 지위는 계속 누리기를 원한다. 재생에너지의 비중이 증가할수록 희토류 시장에서 중국의 패권은 강화될 것이다. 서방 국가들이 희토류 광산개발 전쟁에서 일전을 불사한다는 각오가 없다면 말이다.

## 10
# 기댈 곳은 인간의 지혜

🔥

 19세기 중반에 고래기름은 현재의 화석연료와 같이 일상생활에 없어서는 안 되는 긴요한 에너지원이었다. 고래기름이 가정과 도로를 밝히는 주요 조명용 연료였다. 고래잡이배들이 해양을 누비며 귀한 기름을 찾아 나섰다. 고래잡이 산업이 형성되었다. 1년에 4천만 리터의 고래기름을 생산하면서, 고래의 주요 서식지인 북태평양의 제해권을 확보하기 위한 치열한 경쟁이 벌어졌다. 너무 많은 고래가 포획되면서 고래기름의 공급이 줄어들고 조명용 고래기름의 가격이 급상승했다.

 1853년에 폴란드의 약사이자 엔지니어, 사업가, 박애주의자인 루카시 에비츠Ignacy Łukasiewicz가 등유 램프를 만들었다. 그는 1856년에 세계 최초의 현대식 정유 공장을 건설한 석유산업의 선구자였다. 이로써 석유 시대가 열리게 되었다. 석유를 통하여 우리의 일상생활을 더욱더 환하게 비추는 방법을 찾아냈다. 우리의 삶이 훨씬 윤택해졌다.

 21세기에는 수많은 새로운 에너지들이 나타나고 있다. 전문가들은 레이저 및 자기밀폐 핵융합, 수소 자동차, 자기부상 자동차, 지구궤도에 설치하는 태양광 발전소에 관한 아이디어를 제시하고 있다. 태양광 패널의 실리콘을 회티탄석을 이용하여 만든 훨씬 청결하고 효율적인 광전지로 교체하는 연구가 진행 중이다. 이 광전지는 이산화탄소 배출량도 크게 감축시킨다. 전기저장 장치에 관한 연구가 큰 진전을 보이고, 혁신적인 특성을 가진 신물질의 개발도 진행되고 있다.

수많은 기술혁신이 환경론자들의 경고를 무색하게 할 것이다. 특정한 에너지원이 고갈될 때마다 인류는 다른 풍부한 에너지원으로 대체하였으니 말이다. 인류를 절망에서 구원하고 인류의 회복 탄력성을 확증한 기술혁신이 공포를 끊임없이 뒤로 밀어내면서 인류에게 가까이 접근하지 못하도록 한다.

현재의 새로운 에너지 기술은 새로운 소재에 의존할 것이다. 중합체, 나노소재, 산업공정에서 나오는 병산품, 바이오를 기초로 하는 제품, 생선 찌꺼기가 우리 일상생활을 구성하는 부분이 될 것이다. 사막과 바다에서 얻는 3세대 바이오 연료는 복잡한 화학적인 처리 과정을 거쳐서 정제될 것이다. 식용유, 동물 기름, 시트러스 제스트는 에너지 집약적인 물류망을 통해서 수집될 것이다.

미래의 자원은 새로운 다양한 과제를 우리에게 던져줄 것이다. 미래에 우리가 수용하는 기술적인 도약의 논리는 무엇인가? 인류의 발전에 도움이 되지 않는 '발전'의 핵심내용은 무엇인가? 우리가 당면한 문제를 해결하기 위해서 그 문제를 초래할 때 익숙했던 우리의 사고방식을 떨쳐버려야 한다. 우리의 의식혁명이 있어야 산업적, 기술적, 사회적 혁명이 의미 있는 것이 된다. 우리의 문제는 희귀금속의 문제가 아니라 인간 지혜의 문제다.

# IV.
# 중국의 세계 희토류 장악

희토류 금속은 중국이 공급망을 석권하는 전략적인 소재이다. 이처럼 어느 한 국가가 전략적인 자원의 공급을 틀어쥐고 있는 것은 전례가 없다.

## 01
## 희토류의 전략적 가치

🔥

    2010년에 9월에 센카쿠 열도 인근의 해상 사건이 일으킨 중국과 일본 간의 외교적인 분쟁으로 인하여 중국이 일본에 대해 희토류의 수출을 중단시키면서 17개의 희토류 원소가 별안간 악명을 떨치게 되었다. 자원개발 산업이나 기술 산업에 종사하지 않는 사람들은 이 특별한 소재들에 대해 아는 바가 별로 없다. 사실상, 이 소재들은 수십 년 동안 과소평가 되었다. 풍력 터빈, 태양광 패널, 고효율 조명등과 같은 재생에너지 및 녹색 기술에 있어서 없어서는 안 되는 소재가 되었음에도 말이다. 그뿐만 아니라 컴퓨터, 스마트 폰, 의료기기와 같은 첨단기술 분야에도 필수 소재가 되었다. 또한, 미사일 유도 장치, 스마트 폭탄, 잠수함 같은 방위산업에서도 필수 소재이다. 이 희토류 금속이 현대 산업에서 단순한 원자재가 아니라 전략적이고 경제적으로 핵심적인 소재가 되었다.

    희토류 금속은 중국이 공급망을 석권하는 전략적인 소재이다. 중국이 희토류 금속의 공급을 통제하는 것처럼 어느 한 국가가 전략적인 자원의 공급을 틀어쥐고 있는 것은 전례가 없다. 중국은 세계 희토류 채굴량의 90% 이상을 점유할 뿐만 아니라 매우 전문화된 제련산업을 통제하고 있다. 광산에서 시장까지 통제하고 있다. 중국은 재생에너지, 하이테크, 군사 장비의 핵심 소재인 희토류 금속의 공급망을 사실상 틀어쥐고 있는 셈이다.

2006년부터 중국은 희토류 수출 할당량을 서서히 감축하였다. 2010년 여름에는 이 감축량이 2009년 수출량의 40%에 이르렀고, 가격이 급격하게 상승하기 시작했다. 중국의 희토류 수출 전략이 이처럼 변화하면서 이 소재의 안정적인 공급에 의존하는 산업들의 걱정이 커지게 되었다. 결과적으로, 각국이 희토류 공급원을 다원화할 필요를 강하게 느꼈다.

중국의 세계적인 행동주의, 경제력과 정치적인 영향력, 장기적인 전략으로 인해 서방 국가들의 경계심이 높아졌다. 이 국가들은 예의주시하면서 중국과 교역을 하고 있다. 그러나 중국이 어떤 모습의 초강대국을 지향하는지, 중국의 부상이 강대국 간의 세력 구도에 어떤 영향을 미칠지 확신하지 못한다. 여러 해 동안 중국은 다른 국가들과 우호적인 관계를 구축하면서 국내의 변혁에 집중했다. 개도국의 이미지를 내세우면서 다른 개도국들과 공통의 관심사를 함께 추구했다. 다극체제(多極體制)의 세계 질서를 선호했다. 다른 강대국들의 영향력이 미미한 지역에서 우방국들을 만들었다. 다른 국가의 내정에 간섭하지 않는다는 정책을 견지했다.

중국은 2010년 이후 희토류 생산체제를 집중시켜서 중앙정부의 통제력을 강화했다. 희토류의 암거래를 단속하기 위해서였다. 또한, 소규모로 이루어지는 채굴 및 정제사업에 대한 환경규제를 도입하기 위해서였다. 2010년 중국의 일본에 대한 희토류 금수 조치가 절정에 달했을 때

많은 회사가 중국과 긴밀하게 협력하기로 했고, 어떤 회사들은 제조시설을 중국으로 옮겨서 희토류 금속의 안정적인 공급을 추구했다. 이를 통해서 중국은 핵심 소재의 부가가치를 높이고, 원료의 단순한 수출에서 벗어나 최종제품의 생산자로 위상을 전환했다. 나아가 희토류의 제련과 새로운 용도의 창출을 위한 연구 개발에 있어서 전문성과 수월성(秀越性)을 확보했다.

중국이 세계무역기구(WTO)의 회원국으로서 관련 규정을 준수하기로 약속했지만, 중국이 취한 희토류 금수 조치에 대하여 다른 국가가 소송을 제기한 시점과 최종 판결을 내리는 시점 간에 충분한 시간이 있었기 때문에 중국은 원하는 소기의 목적을 달성했다. 중국의 이 금수 조치에 대응해서 미국 의회가 입안한 야심 찬 법안이 입법화되지 못했다. 향후에 다시 금수 조치가 취해질 때 그 영향을 최소화할 수 있는 대체재나 혁신적인 기술을 개발하지 못했다. 폐전자제품을 재활용하는 것은 어렵고 비용이 많이 들어서 경제적으로 타당성이 없다.

희토류 위기는 단순한 무역분쟁에 그치는 것이 아니다. 방위산업, 하이테크산업, 녹색산업 등 산업적인 시각에서만 볼 것이 아니다. 중국이 희토류 금속을 국정운영의 중요한 수단으로 활용하고 있기 때문이다. 날로 치열해지고 있는 국가 간의 자원확보 경쟁이 낳은 산물이다. 기술혁신, 경제적인 우위 확보 경쟁, 갈등과 협력의 가능성을 말해준다.

세계 인구가 증가하면서 자원, 특히 에너지 자원을 확보하기 위한 경쟁은 심화할 것이다. 인도, 중국, 브라질, 러시아 등 개도국들의 부상(浮上)은 많은 사람의 일상생활이 현대적인 수준으로 향상되어 에너지 집약적이고 고(高) 소비형의 생활을 영위하는 것을 의미한다. 그런데 자원보유국들은 자원민족주의를 바탕으로 자원개발 산업을 국유화하고 있다. 이 국가들은 수출하는 원자재의 가격을 높이는 방안을 찾아왔고 경제구조를 다원화하여서 자원 수출에 대한 의존도를 낮추기를 원한다. 자원가격의 등락에 따라서 국가 경제가 부침을 거듭하는 구조를 탈피하기 위해서다.

나노기술이 다양한 분야에서 활용되면서 새로운 다양한 소재들이 필요해지고 있다. 희토류 금속은 현대 기술이 제 기능을 발휘하는 데 필요한 많은 부품의 필수 소재이다. 강력한 경쟁력을 가지고 핵심 상품들을 생산하고 수출하는 국가들은 시장 점유율을 확고히 지켜 나아가고 있다. 이 국가들은 새로운 자원개발 지역에서 선제적으로 투자하고 경쟁국의 진입을 막고자 한다.

중국은 희토류 시장의 우월적 지위를 이용하여 다른 나라 자원개발 사업자들의 의욕을 꺾거나, 개발 사업을 취소시키거나, 아니면 개발 사업을 아예 사들여서 시장 점유율을 유지해 왔다. 중국이 추구하는 목적은 하이테크산업, 재생에너지의 생산, 청정기술, 방위산업에 대한 통제력을 유지 또는 강화하는 것이다.

서방의 정치 지도자들은 당면한 문제에 대한 즉각적인 대응에 몰두하느라 중장기적인 정책에 관한 관심이 부족하다. 정치체제가 단기적인 시각을 가지고 있다. 업계도 마찬가지여서, 중국 이외의 다른 국가에서 생산된 희토류 금속의 가격이 중국의 희토류 가격과 같거나, 보다 저렴하지 않으면 공급원 다원화를 위한 프리미엄을 지급하려고 하지 않는다. 한술 더 떠서 2010년 희토류 위기 시에 서방의 몇몇 회사들은 생산설비를 아예 중국으로 이전하여 희토류의 저렴한 가격과 안정적인 공급을 약속받았다.

공격적인 중국에 맞서서 강력한 대책을 마련해야 한다고 주장하는 전문가와 정책입안자들이 있다. 그러나 다른 전문가들은 시장이 자원문제와 무역분쟁을 해결할 것이라고 주장한다. 너무 호들갑을 떨 필요가 없다는 얘기다. 그러나 눈에 보이지 않으면 마음도 멀어진다는 접근 방식으로는 필요한 대안과 해결책을 찾기 어렵다.

## 02
## 자원확보 경쟁

탈냉전시대에 국제사회의 가장 획기적인 일은 중국의 급부상이다. 중국은 경제 대국으로서 지구온난화에 큰 변화를 일으켰다. 경제적인 영향력을 십분 활용해서 세계무대에서 전략적인 목표를 추구하였으며,

이로 인하여 강대국 간의 권력 구조에 심대한 변화를 일으켰다. 특히 희토류 금속과 자원확보 경쟁에 관한 격렬한 논쟁을 촉발했다.

중국의 희토류 정책은 일견 산업정책의 문제로 보이지만 분쟁 해역에서 일본과 대치하면서 정치·외교적인 문제로 비약했다. 희토류 금속 수출 할당량의 감축분이 별로 크지 않았음에도 불구하고 국제사회에서 격렬한 반응을 촉발했다. 그것은 중국의 경제적인 통치술 또는 경세술(經世術)이었다. 중국이 희토류의 중요한 공급자 지위를 어떻게 사용하는지 다른 국가들이 예의주시하기 시작했다. 지정학적인 목적을 달성하기 위해서 희토류를 지렛대로 사용하는 경세술로 국제사회는 해석했다.

자원은, 고갈성 자원이든 재생가능 자원이든, 인간 문명 건설의 핵심에 있다. 산업혁명 이후 세계는 급속한 성장의 길을 걸어왔다. 이 과정에서 자원은 지구온난화의 핵심적인 요소가 되었으며 기술발전의 중심에 있다. 세계 각국은 경제발전, 안보, 권력을 위해 자원이 지닌 본래의 가치를 인식하고 있다. 그렇기에 자원의 안정적인 확보를 위해 각국은 큰 노력을 기울였다.

인류가 20세기에 사용한 석유, 천연가스, 석탄과 같은 연료 광물자원과 철, 동, 알루미늄, 황, 다이아몬드, 인광석, 모래와 자갈과 같은 비 연료 광물자원의 양은 그 이전 모든 세기에 걸쳐서 사용한 양보다 더 많다. 더욱이 이 소비 증가 속도는 점점 높아져서 거의 모든 광물 자원들이 기록적인 소비 증가율을 보인다. 이에 더하여 매우 자원 집약적인 현대의 첨단기술들이 급속히 확산되고 있다. 19세기의 기술은 주로 자연적인 소재와 몇 개의 금속을 주로 사용했다. 20세기에는 십여 개의 자원을 사용했다. 금세기의 기술은 주기율표의 거의 모든 원소의 물질을 사용하고 있다. 현대의 새로운 기술과 새로운 용도에 대한 인류의 갈증은 쉽게 해소될 것 같지 않고 지구의 모든 곳에서 자원을 조달해야 할 것으로 보인다. 현대 경제를 움직이는 데 필요한 핵심 자원에 대한 세계의 수요는 최고조에 달해있다.

인류가 의존하고 있는 자원이 고갈할 가능성에 대하여 세계국가들이 염려하고 있다. 세계 인구의 증가와 개도국의 중산층 증가는 이전보다 훨씬 많은 에너지와 자원을 필요로 하고 따라서 자원고갈에 대한 염려를 더욱 심화시킨다. 자원 부족의 위협에 따른 치열한 자원확보 경쟁으로 인하여 자원보유국에서 자원개발권을 확보하는 것이 중요한 이슈로 대두되었다. 대부분의 자원보유국은 저개발국가이다. 자원 안보가 국가 안보와 직결되며 새로운 지정학적 구도가 대두되고 있다. 특히 희귀금속 보유국을 중심으로 새로운 지정학적 지도가 그려지고 있다.

세계 인구의 급속한 증가, 개도국들의 빠른 경제성장, 복잡하고 다양한 소비행태는 더 많은 자원을 필요로 한다. 이에 대응하여 자원보유국들은 자원을 수출하기보다 국내 수요를 우선시하는 결정을 할 수 있다. 이를 통해서 핵심 소재에 대한 통제권을 강화하고자 한다. 이 국가들은 자원민족주의를 추구하면서 세금 인상, 국유화, 강제적인 파트너십, 새로운 규제 등 다양한 방법을 사용한다.

볼리비아는 2006년에 석유 및 가스 산업을 국유화했다. 차드는 국영 석유회사를 설립하고 셰브런과 페트로나스를 쫓아냈다. 베네수엘라는 외국 회사가 소유한 자산을 판매하도록 강요했다. 이 결과 엑손과 코노코필립스가 2007년에 강제적으로 베네수엘라를 떠났다. 중국은 2010년에 희토류 금속의 수출을 통제했다. 또한, 아프리카와 라틴아메리카에서 희귀금속 개발회사를 전략적으로 인수하고 있다.

## 03
## 중국의 희토류 산업 지배과정

희토류 금속을 생산하고 거래하는 데 있어서 주도적인 국가는 애초에 미국이었다. 미국은 희토류를 사용하는 기술을 개발하는 데도 선도적인 국가이었다. 1949년 캘리포니아 마운틴 패스(Mountain Pass)에서 희토류가 발견된 것은 미국 과학계의 중요한 사건이었다. 러시아와 미국은 핵무기 위협을 통해서 공포스러운 세력균형을 찾아가고 있었다. 이를 위해 우라늄이 필요했다.

광산의 노두(露頭)에서 나오는 방사능으로 인해 마운틴 패스를 발견하게 되었다. 탐사 전문가들은 우라늄을 발견했다고 생각했다. 탐사 시료를 분석한 결과 플루오로탄산염 바스트네사이트, 방사성 물질인 토륨, 극소량의 우라늄인 것으로 밝혀졌다. 1953년에 이르러 이 광산은 미국 몰리코프(Molybdenum Corporation of America, Molycorp)가 소유하게 되었다. 이 회사는 바스트네사이트를 생산하기 시작했다. 바스트네사이트에서 유로퓸을 분리해냈다. 유로퓸은 컬러 TV를 생산하는데 중요한 소재로 사용되었다. 몰리코프(Molycorp)는 란타늄, 세륨, 몰리브덴도 생산했다. 과학자들은 이들 소재의 새로운 용도를 발견했다. 몰리코프는 희토류 생산과 수출을 주도했다. 이것은 중국이 자국이 보유하고 있는 희토류의 잠재성을 인식하기 전까지 가능했다.

희토류의 새로운 용도가 개발되면서 수요가 증가했다. 이 용도 중 하나가 희토류 금속이 들어가는 합금인 미슈메탈인데, 이는 알래스카 송유관 생산을 위해 광범위하게 사용되었다. 1978년 이후 석유 가격 상승과 함께 전체적인 물가 상승으로 인하여 희토류의 가격은 상당히 상승했다.

미국 경제가 회복되면서 물가도 안정되었다. 당시 소련에서 주로 생산되는 스칸듐의 가격은 예외적으로 높은 수준에 머물렀다. 1984년에 소련은 레이저 연구를 내세워서 스칸듐의 수출을 중단했다. 그 가격이 7만5,000달러/kg으로 급상승했다. 이러한 이변은 미국이 스칸듐을 본격적으로 생산하면서 끝났다.

휘발유의 납 함량을 축소하는 새로운 환경규제로 말미암아 석유의 액상 분해 촉매의 수요가 감소했고, 이 촉매에 광범위하게 사용되는 희토류의 수요도 함께 감소했다. 따라서 희토류 가격이 급격하게 하락했다. 이에 미국의 희토류 생산량이 감소했고, 공급 부족이 이어졌으며, 가격은 다시 상승했다. 1980년대와 1990년대에 희토류 가격은 불안했다.

---

희토류(稀土類·rare earth) 금속은 희귀금속의 한 종류이다. 여기에는 란타넘 계열 15개 원소(란타넘, 세륨, 프라세오디뮴, 네오디뮴, 프로메튬, 사마륨, 유로퓸, 가돌리늄, 터븀, 디스프로슘, 홀뮴, 에르븀, 툴륨, 이터븀, 루테튬)와 스칸듐, 이트륨을 합친 17개 원소가 포함된다. 희토류 금속은 화학적으로 매우 안정되면서 열을 잘 전달하는 공통점이 있다. 따라서 합금이나 촉매제, 영구자석, 레이저 소자 등에 사용된다. 이들은 전기 자동차, 풍력 터빈, 액정표시장치(LCD) 등의 핵심 부품이다. 현재 중국이 전 세계 희토류 생산량의 약 97%를 차지하고 있다.

중국의 지질학자 딩도형丁道衡, 1899~1956은 1927년에 내몽골의 바오터우에 있는 바얀오보 광산에서 풍부한 매장량의 희토류 광물을 발견했다. 몇 년 후에 이곳에서 바스트네사이트와 모나자이트를 발견했다. 중국은 1950년대에 광산을 세웠고 철강 생산과정에서 희토류를 회수하기 시작했다. 1960년대에는 산둥성의 웨이산현에서 바스트네사이트 광상을 발견했고, 1980년대에는 쓰촨성의 멘닝현에서 더 많은 바스트네사이트를 발견했다.

중국은 희토류 개발, 특히 바얀오보 광산에서 희토류 개발을 우선순위에 두고 추진했다. 이 개발 사업을 발전시키기 위해서 전문적인 기술인력을 확보했다. 희토류 기술의 연구 개발에 집중적으로 투자했다. 수요 증가와 함께 생산량도 증가했다. 1978년~1989년 기간에 희토류 생산량의 증가율은 연평균 40%에 달했다. 1990년대에는 중국의 희토류 수출량이 급속히 증가하여 희토류 가격이 급락했다. 이는 경쟁회사를 희토류 시장에서 축출하든지 또는 그들의 사업 규모를 크게 축소하고자 하는 중국의 전략이었다.

바얀오보는 세계에서 희토류 매장량이 가장 많은 광산이다. 이 광산의 희토류 산화물의 매장량은 4,800만 톤, 평균 품위는 6%로 평가된다. 니오븀 매장량은 100만 톤, 평균 품위는 0.13%로 추정된다. 바얀오보 광산의 희토류 생산량은 중국 희토류 생산량의 47%를 차지하며, 세계 희토류 생산량의 45%를 차지한다. 바얀오보 광산의 희토류 금속은 바스트네사이트와 모나자이트에 포함되어서 발견된다.

중국 정부는 1990년에 희토류 금속을 전략적인 광물로써 보호해야 한다고 선언했다. 이후 중국은 희토류 금속 산업에 대한 중앙정부의 통제력을 강화하기 위한 실질적인 조처를 했다. 희토류 금속의 새로운 시장가치를 창출하며 이 가치를 향상시켰다. 중국 내에서 공급 체인을 강화하고, 기술을 개발하며, 첨단기술을 보유한 해외의 기업들을 끌어들여서 최종제품을 국내에서 생산하는 체제를 구축했다.

외국 회사들은 중국 내에서 희토류 광물을 개발하는 것이 금지되었다. 다만 중국 내에서 희토류 금속의 제련사업에 참여할 때에는 정부의 허가를 받아서 중국 회사와 합작을 통해서만 가능했다.

공급체인과 관련해서 중국은 먼저 세계 자석 시장을 장악하고자 했다. 사마륨이 사마륨코발트(SmCo)로 만든 초고성능 자석의 핵심 소재가 되면서다. 자석 제조기술은 희토류 금속이 상업용과 군사용으로 사용되는 데 있어서 결정적으로 중요한 것이다. 희토류 금속으로 만드는 영구자석은 힘이 강하면서 크기는 작다. 자석의 크기는 컴퓨터와 같은 첨단장비의 제조에 있어서 핵심적인 요소이다. 사마륨코발트 자석과 네오디뮴-철-붕소(NdFeB) 자석이 희토류 금속 자석의 주종을 이루고 있다. 이 두 종류의 자석은 열(熱) 안정성으로 인하여 미사일 유도체제와 같은 군사용으로 특별히 유용하게 사용된다.

네오디뮴-철-붕소 자석은 1980년대에 사용되기 시작했다. 이 자석이 처음 제조되었을 때에 GM과 히타치가 특허권을 획득했다. GM은 이 특허 기술을 바탕으로 자동차용 자석을 생산하기 위해서 마그네퀜치를 설립했다. 1995년에 중국의 2개 회사가 미국의 한 투자회사와 함께 마그네퀜치를 인수하고자 했다. 미국 정부는 인수 제안을 승인했다. 마그네퀜치를 최소한 5년 동안 미국에서 운영하는 것을 조건으로 달았다. 이 5년의 협상 조건이 만료된 다음 날 미국에서 사업을 종료하고, 직원들을 해고했다. 모든 사업을 중국으로 옮겼다.

　이 협상은 미국의 실수였다. 사업이 중국으로 가면서 기술도 함께 갔기 때문이다. 1998년에 세계 자석 생산량의 90%는 미국, 유럽, 일본이 장악하고 있었다. 그러나 10년 사이에 자석 제조산업의 대부분이 중국으로 이동했다. 중국은 계속해서 세계 자석 산업에 대한 통제력을 더욱 강화하고자 했다. 중국 회사들의 관심은 일본 회사들에 향했다. 중국이 세계 희토류 자석 생산량의 90%를 차지하지만 희토류 자석 기술 특허권의 대부분을 일본회사들이 가지고 있었기 때문이다. 대표적인 예로써, 2014년에 중국의 7개 희토류 회사들이 일본의 히타치 금속을 미국법원에 제소했다. 이유는 특허권이 만료된 후에 히타치가 불공정하게 시장 장벽을 구축해서 중국 회사들이 독립적으로 수출하지 못하도록 함으로써 국제 특허법을 위반했다는 것이었다. 이처럼 중국은 국내에서 완제품을 생산함으로써 부가가치를 극대화하고자 했다. 이것은 핵심 부품과 소재의 국산화 비율을 2025년까지 70%로 높이는 계획에 따른 것이다.

중국은 세계적으로 희토류 자원을 독점하기 위해 지속해서 노력해왔다. 그 일환으로 중국은 미국의 몰리코프와 마운틴 패스 취득을 감행했다. 1978년부터 몰리코프는 미국의 주요 석유회사 우노칼(UNOCAL)이 소유하고 있었다. 2005년에 중국해양석유총공사(CNOOC)가 UNOCAL을 인수하기 위해 185억 달러를 제시했다. CNOOC의 이 제안은 미국의 에너지 안보에 관한 염려를 촉발시켰고, 따라서 진전되지 못했다.

2009년에는 중국 비철 금속 광업 공사(CNMC)가 호주의 희토류 회사인 라이나스(Lynas)의 지분 51%를 취득하기 위해 5억5백만 달러를 제시했다. 이 회사는 호주 서부의 마운트 웰드(Mount Weld) 광산을 보유하고 있는데, 이 광산은 중국 이외의 지역에서 희토류 매장량이 가장 풍부한 것으로 평가받고 있다. 호주 정부가 중국 측 지분을 50% 아래로 축소하고 중국 측 이사를 소수만 파견하도록 요청하면서 이 시도는 무산되었다. 그러나 장쑤동중국비철금속투자지주회사는 아라푸라 자원(Arafura Resources)의 지분 25%를 취득했다. 이 회사는 호주 북부에 있는 희토류 광산인 놀란스 보어(Nolans Bore)를 소유하고 있다.

중국은 계속해서 세계 희토류 금속 산업의 지배력을 강화하면서 영구자석, 희토류 산화물, 희토류 합금을 생산하기에 이르렀다. 희토류 산업의 중심이 중국으로 이동하면서 미국은 희토류 소재의 연구 개발 센터 자리를 내놓게 되었다. 미국의 이러한 기술개발 부문에서 위상 약화는 미국에서 희토류 광물 생산이 이전 수준으로 다시 회복할 것인가의 문제보다 더 심각한 것이다. 중국이 희토류 공급체인에서 광물생산 이외의 다른 모든 단계에서 석권하고 있기 때문이다.

중국은 희토류 가격이 너무 낮아서 자원의 고갈성과 자원개발이 환경에 미치는 피해를 충분히 반영하지 못한다고 생각했다. 중국은 21세기 첫 10년 동안 국내에 하류 부문 산업을 적극적으로 육성하고 첨단기술을 활용한 제조업을 발전시키는 것을 목표로 했다. 2011년 5월에 발표한 제12차 5개년계획에서 자석, 형광체, 수소 저장 물질, 연마 광택제와 같은 하류 부문 산업의 육성이 포함되었다. 또한, 에너지 효율을 향상시키고 탄소 배출량을 감소시키는 것에 더하여 재생에너지의 생산에 있어 세계의 선도적인 국가로 위상을 확립한다는 목표를 세웠다. 중국의 녹색에너지 정책으로 인하여 희토류 금속이 핵심 소재가 되었다.

중국 산업정보기술부가 2009년 8월에 작성한 보고서는 향후 5년 이내에 희토류 금속의 수출이 금지될 수 있음을 암시했다. 이는 중국 희토류에 의존하는 다른 나라의 방위산업과 민간산업에 경고가 되었다. 세계 희토류 시장에서 희토류 자원의 고갈 문제가 갑자기 대두될 수 있는 상황에서 중국 이외의 다른 국가에서 희토류 광물을 개발할 필요가 새롭게 대두되었다. 캐나다의 몇몇 자원개발 회사들이 기존의 희토류 개발 사업을 추진하는 한편 남아프리카공화국, 브라질, 미국에서 새로운 개발 사업을 시작했다. 대표적인 회사로서 Great Western Minerals Group, Rare Element Resources, Avalon Rare Metals, Neo Material Technologies가 있다.

　2010년에 중국이 일본에 대한 희토류 금속 수출량을 급격히 축소하면서 공급 불안이 현실적인 문제로 각인되었다. 2011년에 희토류 가격은 급격히 상승했다. 이 결과, 희토류 탐사사업이 심하게 증가했다. 2012년에 미국에서는 와이오밍의 베어 로지(Bear Lodge), 아이다호의 다이아몬드 크릭(Diamond Creek), 네브래스카의 엘크 크릭(Elk Creek), 아이다호-몬타나의 레미 패스(Lemhi Pass)에서 희토류 개발 사업의 경제성 평가가 진행되었다. 캐나다에서는 서스캐처원의 호이다스 레이크(Hoidas Lake), 퀘벡의 키파와(Kipawa), 캐나다 북서부의 토르 호수(Thor Lake)에서 희토류 경제성 평가 작업이 추진되었다. 호주에서는 뉴사우스웨일스의 두보 지르코니아(Dubbo Zirconia), 호주 서부의 마운트 웰드(Mount Weld), 호주 북부의 놀란스 프로젝트(Nolans Project)에서 경제성 평가 작업이 진행되었다. 말라위의 칸간쿤데(Kangankunde)와 남아프리카공화국 서부 케이프의 스틴캄스크랄(Steenkamskraal)에서도 희토류 경제성 평가가 진행되었다.

중국이 운영하는 할당 시스템은 3가지다. 첫째는 2006년에 중국 국토자원부가 행사한 광물생산량 할당제가 있다. 둘째는 2010년에 발효한 산업정보기술부가 행사한 선광·제련 물량 할당제가 있다. 셋째는 상무부가 시행한 수출 할당제가 있었다. 수출 할당제는 WTO의 규정에 따라서 2015년에 폐지되었다.

2011년 12월 27일 중국 상무부는 2012년에 대한 제1차 희토류 수출 할당량을 발표했다. 이 할당량은 2만4,904톤이었다. 상무부는 희토류 수출회사들을 두 그룹으로 나누었다. 한 그룹은 환경오염 방지 규정을 완전히 준수한 회사들로서 확정적인 수출 할당량을 허락받았다. 다른 그룹은 환경규제를 완전히 준수하지는 못한 회사들로서 잠정적인 수출 할당량을 받고, 2012년 7월까지 환경규제의 완전한 준수를 증명할 경우 할당량을 확정했다. 규제 준수를 증명하지 못한 경우, 그 잠정적인 할당량은 환경규제를 준수하는 다른 회사들에게 할당되었다. 2012년 5월 17일 중국 정부는 2012년에 대한 제1차 수출 할당량을 수정한 제2차 할당량을 발표했다. 2만5,150톤으로 상향 조정했다. 2012년의 최종 할당량은 3만1,437톤이었다. 이 최종 할당량의 87.5%가 경(輕)희토류를 위한 것이었다. 경희토류는 공급량이 매우 풍부하고 가격이 상당히 낮았다.

   2012년 12월 27일 중국 상무부는 2013년을 위한 희토류 수출 할당량을 1차로 발표했다. 이 할당량은 1만5,499톤이었다. 이 중에서 1만3,561톤은 경희토류 제품의 수출 할당량이었고, 나머지 1,938톤은 중(中)/중(重)희토류 제품의 수출 할당량이었다. 이 1차 수출 할당량은 2012년의 1차 할당량보다 상당히 작은 물량이지만 2013년의 최종 수출 할당량이 3만999톤으로 결정되었다. 매년 수출 할당량을 안정적으로 유지함으로써 세계 희토류 시장에서 가격과 공급을 안정적으로 관리하고자 하는 중국의 의도를 나타내고 있다. 총 할당량 중에서 중(中)/중(重)희토류 제품이 차지하는 비중도 2014년에 11.8%였고, 2013년에는 11.7%, 2012년에는 12.5%로 안정적이었다.

중국 정부는 해외의 희토류 가공공장을 중국으로 끌어들여서 수익성이 높은 하류 부문 산업을 육성하고, 이를 통하여 부가가치를 높이고 기술적인 전문성을 강화하고자 한다. 또한, 중국 정부는 희토류 광물의 개발 사업을 추진하는 기업들을 통합해서 국영기업 중심으로 운영하고자 한다. 바오터우(包頭) 광산이 이 통합작업의 중심에 있었다. 바오터우 철강이 이 광산을 개발하는 배타적 권한을 갖도록 했다. 희토류 광산을 123개에서 10개 이내로 통합하고, 희토류 처리가공 기업을 73개에서 20개로 통합하는 계획을 수행했다. 2015년에 중국 희토류 광물 개발 기업들을 6개로 통합하는 계획이 승인되었다. 중국 알루미늄 공사, 하문텅스텐, 내몽골바오터우철강, 중국오광그룹, 간저우희토류그룹, 광동희토류산업그룹이 그 6개 기업이다. 이들 기업은 모두 중국 정부가 소유하고 있다.

2016년의 희토류 광물생산 할당량은 5만2,500톤이었다. 이 중에서 중(中)/중(重)희토류 광물생산 할당량은 8,950톤이었다. 6개 중국 국영기업들은 중국의 희토류 광물 생산량의 99%를 담당했다.

중국 정부는 희토류 가격의 통합된 결정 메커니즘 구축에 나섰다. 이를 통해 불법적인 희토류 개발을 막고 희토류 시장을 안정시키고자 했다. 중국 정부는 희토류 선광(選鑛) 회사들에 희토류 원광을 합법적으로 구매하고 있다는 것을 증명하는 서류를 제출하도록 지시했다. 희토류를 불법적으로 구매할 경우 그 가격이 훨씬 낮을 수 있다. 그러나 유명한 선광 회사들은 명예를 훼손하면서 불법적인 거래를 하지는 않는다. 이처럼 선광 회사들에 대한 통제를 강화하는 것은 불법적인 희토류 생산량을 제거함으로써 최종적인 생산량, 국내 소비량, 수출량에 대한 정부의 통제력을 강화하기 위함이다. 결국, 중국이 세계에 공급하는 희토류 물량을 통제하고자 한다.

중국은 북부지역에 대규모 희토류 전략비축을 보유하고 있다. 이는 희토류 수출 할당제를 폐지하라는 국제사회의 압력에 직면하여서 중국이 찾아낸 대안이다. 비축을 통해서 공급량을 줄이고 따라서 가격을 인상할 수 있기 때문이다. 또한, 미래의 수요에 대비하여 국내에 비축물량을 가지고 있을 필요가 있기 때문이기도 하다. 중국 정부는 시장가격보다 높은 가격으로 희토류를 구입하여 비축하기도 했다. 이는 미래에 희토류에 대한 국내 수요가 증가할 것에 대비하기 위해서였다.

중국 정부가 20개의 회사들에게 새로운 환경규제를 준수할 때까지 수출 할당량을 배분하지 않음으로써 환경보호에 대한 진실성을 나타냈다. 그러나 새로운 환경규제는 생산비용을 증가시키고 중국 내 수요 증가에 따른 공급 증대 능력에 압박을 가하는 요인이 되었다.

중국 정부는 희토류의 수출 할당량을 분할하기 위해 경(輕)희토류와 중(中)/중(重)희토류로 구분했다. 이 구분 하에서 한 희토류 소재가 경(輕)희토류에서 중(中)/중(重)희토류로 분류가 변경될 경우 그 희토류 소재의 수출량은 감소하게 된다. 중(中)/중(重)희토류 수출 할당량이 항상 적기 때문이다.

중국의 희토류 산업에 대한 전략적 목표는 부가가치 제고를 위한 두 가지이다. 첫째는 국내의 희토류 소재에 대한 수요를 안정적으로 충족시키고 가격은 수출가격보다 낮게 유지하는 것이다. 둘째는 해외의 회사들이 제조시설을 중국으로 이전하여 지속해서 운영할 경우 희토류 소재를 안정적으로 공급하는 것이다. 이 회사들의 희토류 구매가격은 중국 소비자들보다 높지만 수출하는 가격보다는 낮다. 중국 정부는 2012년에 발간한 백서에서 희토류 가격이 그 가치에 비해서 오랫동안 지나치게 낮은 수준에서 결정되었다고 주장했다. 희토류 자원을 보호하는 동시에 자원을 개발하고 가공 처리하는 과정에서 환경을 보호하기 위해 엄격한 규제를 시행할 때가 되었다고 선언했다.

중국이 희토류 산업의 거인으로 성장하는 동안 서방세계는 특별한 대응조치를 취하지 않았다. 20년이 지나서야 첨단기술의 미래가 중국의 손에 달린 것을 심각하게 인식하게 되었다. 서방 국가들이 희토류 시장 변화에 이토록 무관심했다는 사실이 실로 놀랍다. 돌이켜볼 때, 중국의 정책을 보다 자세히 관찰했더라면 중국의 의도와 목적을 분명하게 파악할 수 있었을 것이다.

중국이 일본에 대한 희토류 수출을 금지했던 2010년에 미국, EU, 일본은 이 문제를 다루기 위해 함께 노력했다. 이 국가들은 국내적인 전략과 정책을 통해 희토류 공급 교란과 중국의 증대된 시장력에 대응했다. 두 가지가 특별히 돋보였다. 첫째는 미국, EU, 일본이 중국을 WTO에 제소한 것이다. 둘째는 이 국가들이 3회에 걸친 3자간 워크숍을 통해 공동 협력하기 시작한 것이다. 이 워크숍은 대체 소재의 개발, 공급원 다원화, 절약, 재활용을 통해 중국산 희토류에 대한 의존도를 감소시키는 방안에 관한 것이었다.

그러나 이 두 개의 사업은 상당히 지체된 후에 시행되었다. 첫 번째 워크숍은 중국의 금수 조치가 있은 지 1년 후인 2011년 10월에 시작되었다. 중국을 WTO에 제소한 것은 희토류 위기가 발발한 지 거의 2년 후인 2012년의 일이었다. 뒤늦은 제소는 시기의 적절성, 제소의 의도, 제소의 효용성에 관해 의문들을 야기했다. WTO에서 분쟁이 해결되기까지 보통 1년~3년이 소요되기 때문이다. 2012년에 희토류 가격은 2011년의 최고점으로부터 상당히 하락했다. 디스푸로슘 산화물의 가격이 2011년 7월에 1,903달러/kg이었으나 2012년 2월에는 627달러/kg으로 크게 하락했고 2012년 12월에는 400달러/kg으로 더욱 하락했다. 미국, EU, 일본이 단기간에 해소될 문제를 가지고 뒷북치는 요란한 행동을 해서 중국에 무슨 메시지를 주고자 했는지 분명치 않다.

예상했던 대로 WTO의 최종 평결은 2014년에 나왔다. 사태가 발발한 지 4년 후였다. 중국은 2015년 5월 1일에서야 WTO의 평결을 준수하기 위해서 수출관세를 폐지했다. 이에 앞서 2015년 4월에 중국 정부는 희토류에 자원세를 부과했다. 이는 생산량이 아닌 매출액을 기준으로 한 것이었다. 경(輕)희토류의 경우 내몽골 자치구에서는 11.5%, 쓰촨성에서는 9.5%, 산둥성에서는 7.5%였다. 중(中)희토류와 중(重)희토류에 대해서는 자원세가 27%였다.

---

미국, EU, 일본은 2010년의 희토류 위기를 맞아 각국이 선택할 수 있는 예측 가능한 대응조치들을 취했다. 그러나 이 조치들은 각국이 협력하여 공동으로 시행되지 못하고 흐지부지되거나 아예 시작조차 하지 못했다. 각국의 규제 전통이 달라서 핵심 광물에 대한 전략의 초점이 일치하지 않기 때문이다. 그러나 미국, EU, 일본이 첨단기술과 방위산업 그리고 녹색산업에서 희토류에 전적으로 의존하고 있었던 점에서 이러한 전략적인 단견(短見)은 당혹스러운 것이었다.

유럽의 21세기 야망은 지식사회, 혁신사회, 저탄소 경제로 전환하는 것이다. 이를 위해 재생에너지를 적극적으로 도입하여 에너지 믹스를 다원화하고 새로운 녹색 기술 투자를 강화했다. 이는 기후변화에 대응하는 데 주도적인 역할을 담당하고자 하는 정치적인 결정과 부합한다. 최고의 기술과 최선의 실행방안을 교환하면서 국제적인 협력체계를 강화하고자 했다. 특히 법적으로 구속력이 있는 범세계적인 협약을 체결하는 것을 목표로 했다.

이에 유럽은 '녹색경제'라는 새로운 성장 패러다임을 채택했다. 이 패러다임은 유럽인들의 기후 행동 열망과 동일 선상에 있는 것이다. 이 성장모델을 실현하고 첨단기술을 발전시키기 위해 유럽은 많은 핵심 원자재의 수입을 계속 늘려나가고 있다. 핵심 소재가 되는 광물과 금속의 지속적인 공급이 유럽 경제의 급소가 되었다. 유럽은 금속광물의 역내 생산량이 낮은 수준에 머물러 있어서 공급 교란에 특별히 취약한 상태이며 핵심 광물의 세계적인 공급구조 변화에 매우 민감하다.

희토류 금속은 2008년에 시작한 유럽의 '전략적인 에너지 기술 계획(Strategic Energy Technology Plan, SET-Plan)'의 실현을 위한 필수 소재이다. 이 정책의 목표는 EU가 지식개발과 기술이전을 촉진하고, 저탄소 에너지 기술의 선도적인 역할을 담당하며, 2050년까지 지구온난화가 저탄소 경제로 전환하는데 이바지하는 것이다. SET-Plan은 '유럽의 산업주도권 선언(European Industrial Initiatives, EIIs)'과 협력하여 유럽 전역에 걸쳐서 핵심적인 에너지 기술을 신속하게 발전시키고자 한다. 유럽 에너지 연구 동맹(European Energy Research Alliance, EERA)은 SET-Plan의 우선순위에 맞추어서 유럽 전역에서 연구개발사업이 추진되도록 하는 동시에 공공 연구 체제를 구축하고자 한다. SET-Plan은 700억 유로가 넘는 예산을 가지고 유럽의 2030 에너지·기후 정책목표를 실현하기 위한 지원체제를 제공하고 있다. 이 정책목표는 2050년까지 유럽의 온실가스 배출량을 1990년 대비 80%~95% 감축시키는 것을 반영하고 있다.

EU는 2010년의 희토류 위기를 맞아 'EU 원자재확보 선언(EU Raw

Materials Initiative)'으로 우선 대응했다. 이 보고서는 경제에 큰 영향을 미치면서 공급체인에 잠재적 위험이 있는 핵심 소재들을 밝혀내고 산업부문의 기업들이 이에 대비하도록 하는 데 그 목적이 있었다. 희토류 금속들이 단연 우선순위에 있었다. 희토류 확보를 위한 외교적인 공세가 이어졌다. 독일이 가장 적극적으로 핵심 소재들의 부족을 경고하는 목소리를 높였다. 독일은 2010년 10월에 개최된 G20 회의에서 이 문제를 제기했다. 북미, 유럽, 아시아 기업들의 연합체가 G20에 호소문을 보내서 잠재적인 희토류 부족의 피해를 강조하면서 중국이 희토류의 수출제한 조치를 더 이상 취하지 않도록 하라고 요청했다. 2010년 가을에 EU와 WTO는 중국의 희토류 금수 조치에 대해 독일이 제기한 이슈를 다루고 있다고 발표했다. 중국의 금수 조치에 대해 법적으로 대응하는 문제를 검토했다. 그러나 EU는 2012년에 미국, 일본과 함께 WTO에 제소하기로 결정했다.

저탄소 기술에 있어서 핵심 소재가 되는 5개의 금속이 심각한 부족 사태를 겪을 위험이 있었다. 네오디뮴, 디스프로슘, 인듐, 텔루르, 갈륨이 그것이다. 이 문제의 해결을 위해 재활용, 대체재 및 대체 기술의 사용, 폐광이나 새로운 광산의 개발이 시도되었다. 특히 폐제품의 재활용이 강조되었다. 폐제품의 재활용은 기술과 비용의 측면에서 많은 장애가 있다. 가격이 높을 때는 재활용이 경제성 있는 대안이 된다. 그러나 가격이 낮을 때에는 비용이 매우 비싸서 수익성이 사라진다.

독일은 희토류 위기에 대한 선제적 조치로서 카자흐스탄과 2012년 2월에 원자재, 산업, 기술 분야에서 협력하는 협정을 체결했다. 독일은 카자흐스탄의 희토류 금속을 우선적으로 공급받는 대신에 카자흐스탄은 독일로부터 기술이전을 받는 것이었다. 또한, 독일은 몽골과 협정을 체결했다. 몽골은 희토류 자원보유국이다. 독일은 유럽의 다른 국가들에 앞서서 중국의 희토류 수출제한 조치의 피해를 막기 위해 선도적으로 필요한 조치를 취했다.

희토류 위기는 저탄소 경제로 전환하는 과정에서 핵심 소재의 공급 교란에 대한 대처방안을 마련하는 노력을 촉진하였다. 중국이 20개의 가장 핵심적인 광물자원 공급에서 사실상 가장 영향력이 큰 국가였다. 2014년 EU가 중국으로부터 수입하는 희토류 비중을 보면, 안티몬이 87%를 차지했고, 제철용 석탄이 58%, 형석 56%, 갈륨 69%, 게르마늄 59%, 인듐 58%, 마그네사이트 69%, 마그네슘 86%, 천연 흑연 69%, 인광석 38%, 중희토류 87%, 규소금속 56%, 텅스텐 85%였다.

과거에는 유럽 국가들이 자국의 자원 부족을 영토 확장과 식민주의를 통해서 해결했다. 오늘날에는 국제교역에 의존한다. 희토류 위기에 대처하는 가장 효율적인 방법을 마련하는 EU 차원의 접근방식은 강력하지 않다. EU 차원보다는 각 회원국 차원의 접근이 강조되기 때문이다. 기본적으로 산업체들이 원자재확보의 책임을 지고 공급체인 상의 문제를 해결하는 체제이다.

스웨덴과 핀란드는 자원개발 역량을 강화하면서 국내 광물자원의 지속가능성을 중요시했다. 영국은 광물자원 공급의 위험에 대한 민간 기업들의 대응 체계에 초점을 맞췄다. 독일 역시 민간 기업들의 대응 체계에 역점을 두었다. EU는 광물자원의 공급에 장애 요인을 제거하면서 공정한 시장 여건을 조성하기 위한 규제체계를 강조했다.

유럽은 중국과 관계에서 균형을 유지하고자 노력했다. 중국은 유럽 상품의 강력한 수출시장을 제공했고, 유럽에 투자했고, 유럽 채권을 상당한 금액 보유하고 있다. 그러나 유럽은 국제사회에서, 미국과는 달리, 중국의 경쟁 세력으로 위상을 확립하지는 못했다. EU는 희토류 공급의 안정성 확보 문제를 방위산업보다 첨단기술 및 재생에너지 산업에 집중시키고 있다. 2011~2012년과 같은 심각한 희토류 위기가 다시 발발할 경우 EU는 희토류를 장악한 중국의 손에서 벗어날 수 없을 것이다.

일본은 2009년에 희토류 공급에 문제가 발생할 가능성이 제기되면서 대응책 강구에 나섰다. 일본의 제품 공급체인은 전 세계에 걸쳐서 흩어져 있다. 이처럼 분할된 공급체제는 자원 부족 및 지정학적 긴장 고조와 함께 일본의 위상을 매우 취약하게 만들었다. 따라서 일본 기업들이 공급 불안에 대처하고 핵심 소재를 안정적으로 확보할 것으로 기대함에도 불구하고 일본 정부가 나서서 산업체와 협력하여 원자재 공급 불안에 적극적으로 대처하고 있다.

일본의 희토류 산업은 중국과 깊이 연계되어 있다. 중국 희토류 수출의 40%가 일본으로 간다. 일본이 사용하는 희토류의 80%가 중국산이다. 2010년 희토류 위기가 고조될 때 일본은 다른 국가들의 희토류 광산개발과 인근 지역 인프라 건설을 지원했다. 기술이전과 환경 보존도 적극적으로 촉진했다. 일본은 핸드폰과 디지털카메라와 같이 희토류 금속을 다량 함유하는 전자제품의 폐품에서 희토류를 회수하여 재활용하는 사업을 도시지역에서 활발히 추진했다. 그러나 희토류 가격이 낮을 때에는 이 재활용 사업의 수익성이 확보되지 못한다. 재활용 산업이 경쟁력을 갖추려면 상당한 시간이 요구된다.

일본은 자원 공급구조의 취약성을 극복하는 것이 현안 과제였다. 따라서 2004년에 일본 석유 가스 금속 광물자원공사(Japan Oil, Gas and Metals National Corporation, JOGMEC)를 설립했다. 이는 일본 국영석유회사(Japan National Oil Corporation, JNOC)와 일본 금속광물 탐사 융자회사(Metallic Minerals Exploration Financing Agency of Japan, MMAJ)를 합병한 것이다. JOGMEC은 JNOC와 MMAJ의 기능을 모두 이어받은 독립 기관으로서 석유, 천연가스, 비철금속, 광물자원의 안정적인 공급체계를 구축하는 책임을 담당하게 되었다. JOGMEC은 석유와 LPG의 비축 기능도 담당한다. JOGMEC은 또한 희토류 비축을 통하여 경제활동이 안정되도록 한다. 세계 희토류 시장 상황을 자세히 관찰하는 역할도 담당한다.

JOGMEC은 인도와 협력해서 새로운 희토류 자원을 탐사하고 희토류 처리시설을 건설하는 사업을 추진하기로 했다. 이 사업에는 첨단기술이 요구되는 해저 광물 탐사도 포함되었다. 사업의 추진은 일본 정부가 일본 기업을 지원하는 형태로 이루어진다. 일본과 인도는 인도희토류공사(Indian Rare Earths Limited, IREL)와 일본의 토요타 츠쇼(Toyota Tsusho Corporation)가 체결한 사업계약을 바탕으로 광범위한 전략적인 협력체계를 출범시켰다. 일본 기업들은 중국 이외의 국가에서 희토류 광물을 개발하는 사업에 관심이 많다. 일본 스미토모상사와 카자흐스탄의 국영자원개발회사 카자톰프롬(Kazatomprom)이 합작회사를 설립해서 경(輕)희토류 광물을 생산하는 사업이 있다. 또한, 토요타 츠쇼와 소지츠(Sojitz)가 협력해서 베트남의 동빠오광산(Dong Pao)의 경(輕)희토류 광물을 생산하는 사업도 있다.

JOGMEC은 2011년에 호주의 희토류 개발회사 라이너스에 투자했다. JOGMEC과 소지츠는 10년 동안 희토류 제품 8,500톤을 도입하기 위해 융자와 지분투자 방식으로 2억5,000만 달러를 제공했다. 일본은 이러한 선제적인 투자를 통해 라이너스의 희토류 개발 사업을 지원했다.

희토류 공급을 수입에 의존하는 상황에서 일본은 어느 한 국가 특히 중국에 의존하지 않도록 하는데 주안점을 두고 있다. 해외의 경쟁력 있는 희토류 개발 사업에 투자하는 것에 더해서 연구 개발, 재활용, 대체재를 중시하고 있다. 이런 노력의 결과로서 다른 나라로부터 수입하는 희토류의 양이 증가했다. 그러나 중국으로부터 수입하는 양도 증가했다. 2008년에 일본이 중국으로부터 수입한 희토류는 3만1,097톤 총 희토류 수입량의 91%를 차지했다. 2010년에는 중국으로부터 2만3,311톤을 수입하여 81.6%를 차지했다. 2014년에는 중국으로부터 수입한 양이 1만 3,303톤으로 59.6%였다. 이는 2013년의 9,084톤에 비하면 상당히 증가한 것이다. 중국의 비중은 감소했지만, 전체적인 수입량이 증가하면서 중국으로부터 수입하는 양도 함께 증가했다. 세계 희토류 시장에서 중국의 손아귀를 벗어나는 것이 쉽지 않음을 보여준다.

미국은 여러모로 희토류 위기에 대처했지만, 특히 지정학적인 경쟁 관계와 경제적인 측면에서 중국에 대응했다. 희토류 위기가 발발했던 당시에는 중국의 의도에 관하여 경고와 강경한 발언이 난무했다. 1990년대 말 이후 미국에서는 세계화가 모든 국가를 부유하게 만들고, 이는 민주화를 촉진하며, 이 결과 평화가 정착될 것이라는 견해가 지배적이었다. 그런데 세계화가 다른 방향으로 작동했다. 중국은 세계화를 통해 부유하게 되었으나 민주화가 진전되지 않았다. 중국은 희토류 금수 조치를 내렸고, 경제를 전략적인 목적으로 이용하고 있다. 이것은 미국이 기대하지 않았던 모습이다. 중국이 국제문제를 자국의 의도대로 해결하기 위해 희토류 자원을 지렛대로 광범위하게 활용하는 것은 미국의 경제와 안보에 위협이 되고 있다.

그러나 EU나 일본과 마찬가지로, 미국은 제한된 범위 내에서 대응했다. 2010년 11월에 힐러리 클린턴 국무장관이 아태지역 7개 국가를 순방하면서 중국의 희토류 금수 조치에 대한 미국의 우려를 표출했다. 클린턴 장관은 희토류 위기는 미국과 동맹국들이 희토류 공급원을 다원화시키라는 경고라고 말했다.

미국은 다른 선진국들과 함께 희토류 자원의 고갈에 대한 해결책을 찾기 위해 노력했다. 연구, 개발, 교육을 통하여 국내 희토류 생산시설 투자를 촉진하고 국제적인 협력을 강화하는 것이었다. 미국은 서구의 다른 국가들과는 달리 국내에 상당한 규모의 희토류 매장량을 보유하고 있다. 따라서 미국은 해외보다는 국내의 희토류 개발을 강조했다. 이에 더하여 미국은 기술혁신의 전통을 바탕으로 민간 및 공공부문의 산업계 연구자들이 대체재의 개발을 추진했다.

희토류가 국방과 깊이 관련되어 있다는 사실이 문제를 심각하게 한다. 그런데 희토류는 많은 처리 과정을 거쳐서 산업체에서 사용할 수 있는 최종제품이 된다. 이 처리 과정은 길고, 힘들고, 많은 시간을 소비하며, 자본 집약적이다. 따라서 희토류 생산체계가 단기간에 구축되는 것은 어렵다.

희토류 자원의 고갈이 국방과 안보에 미치는 피해에 관한 수많은 보고서가 출판된 후에 많은 법안이 미국 의회에 제출되었다. 그러나 의회의 교착상태로 인하여 그 어떤 법안도 입법화되지 못했다. 예로써, 2010년 3월 17일에 마이크 코프만(Mike Coffman) 하원의원(공화당-콜로라도)이 RESTART(Rare Earths Supply-Chain Technology and Resources Transformation) 법안을 의회에 제출했다. 이 법안은 국내에 경쟁력 있는 희토류 생산산업을 재건하고, 희토류 정제처리 시설을 건설하며, 희토류 합금산업과 희토류 자석 생산산업을 발전시키고, 방위산업의 공급체인을 구축하는 것을 주요 목적으로 하고 있었다. 그러나 2011년 11월 28일 이후 입법을 위한 추가적인 조치가 취해지지 않은 채 사장되었다. 리사 머카우스키(Lisa Murkowski) 상원의원(공화당-알래스카)이 이 법안을 상원에 제출했지만 처리되지 못했다.

2010년 9월에 미 하원은 법안 하나를 통과시켰다. 이 법안은 에너지부가 새로운 희토류 기술을 지원하도록 하는 것이었다. 공공부문이 민간부문과 협력하면서 EU와 공조 하에 이 기술지원이 이루어지도록 하는 것이었다. 또한, 이 법안은 희토류 관련 투자를 위해 융자 보증을 제공하는 내용도 포함하고 있었다. 그러나 이 법안은 폐기되었다. 상원을 통과하지 못했기 때문이다.

2011년 3월 8일에는 브래드 밀러(Brad Miller) 하원의원(민주당-노스캐롤라이나)이 에너지 핵심소재갱신법(Energy Critical Elements Renewal Act)을 제안했다. 이는 희토류 소재를 개발하기 위한 것이었다. 1980년에 제정된 국가 소재 광물 정책, 연구개발법(National Materials and Mineral Policy, Research and Development Act)을 수정하기 위한 목적도 있었다.

이 법안 역시 입법에 실패했다.

희토류 위기는 이제 뉴스에서 사라졌다. 그러나 미 의회의 의원들은 미국이 희토류 위기에 대한 장기적인 해결책을 찾지 못하는 것에 관심을 촉구하고 있다. 입법의 관점에서 보면 뚜렷한 성과는 없었다.

2014년에 스티브 스톡맨Steve Stockman 하원의원(공화당-텍사스)은 토륨을 함유하는 희토류 광물 제련협력체를 설립하기 위한 법안을 제안했다. 이 법안은 토륨을 포함하는 희토류 광물의 미처리 정광을 미국 국내에서 제련할 수 있도록 하는 것이었다. 이 법안은 제련협력체의 이사회가 희토류 제련시설, 토륨 저장설비, 그리고 토륨의 용도와 시장을 개발하기 위한 회사를 설립하도록 하고 있었다. 또한, 국방부 장관은 다른 부처와 협력하여 국내 희토류의 광산개발, 가공처리, 기초 희토류 금속 생산, 토륨의 상업화를 촉진하도록 했다. 더 나아가서, 2020년 1월부터 구매 또는 획득하는 모든 무기체계는 미국이나 NATO 회원국이 생산한 희토류 소재, 금속, 자석, 부품만을 사용하도록 했다. NATO 회원국이 아닌 국가가 생산 또는 경유한 희토류 소재는 사용을 금지했다. 원청회사가 가능한 모든 올바른 조치를 취했다는 것을 증명하지 못하면 예외 없이 사용을 금지하도록 했다. 여기에는 공급체인에 직접 투자하는 것을 포함한다. 이 법안은 하원과 상원을 통과하고 대통령이 서명하는 과정을 거쳐야 했다. 결국, 입법화에 실패했다.

2013년의 국가전략 광물생산법은 상원을 통과하지 못했다. 2015년의 국가전략 핵심광물생산법은 10월 22일에 하원을 통과했지만 상원의 턱을 넘지 못했다. 더욱이 백악관이 성명을 발표했다. 그 내용은 희토류 및 전략 광물자원의 개발을 적극적으로 지원하지만, 자원개발이 공공토지의 사용과 환경보호 그리고 대중 참여에 대한 기존의 보호조치에 어긋나는 것을 거부한다는 것이었다. 결론적으로, 미국의 중국산 희토류 의존에 대처하기 위한 반복되는 입법 활동이 실질적인 성과를 거두려면 시간이 더 필요한 것 같다.

미 에너지부는 희토류 위기에 대응하기 위해 2010년에 핵심 소재의 개발에 관한 보고서를 내놓았다. 이 보고서의 목표는 세 가지다. 첫째로 공급위험을 완화하기 위해 세계적인 공급체인을 다원화하는 것이다. 둘째로 대체재와 대체 기술을 개발하는 것이다. 셋째로 효율적인 사용과 재활용을 통해 핵심 소재에 대한 의존도를 낮추는 것이다. 에너지부는 2011년 12월에 최신정보를 반영한 핵심 소재 전략 보고서를 출판했다. 이 보고서에서 에너지부는 희토류 자원의 부족이 녹색에너지 기술에 미치는 영향에 관심이 있었다. 또한, 에너지부는 핵심 소재에 대한 수요가 증가하는 동안 공급이 따라주지 못한 요인을 적시했다. 자본 제약, 긴 투자 회임 기간, 주요국들의 국제교역 정책, 병산품과 부산품의 복잡한 특성, 시장의 소규모와 거래의 불투명성이 그것이다. 이들 요인에 대처하는 조치로서 경제적인 비축과 전략비축을 다른 조치들과 함께 활용할 필요가 있다.

미국은 국내적으로 연구 및 혁신에 관심을 집중시켰다. 이를 통하여 희토류 등 핵심 소재의 부족에 대한 해결책을 찾을 수 있기 때문이다. 핵심소재연구소(Critical Materials Institute)는 핵심 소재 공급원을 다원화하고, 공급 부족 상태에 있는 소재에 대한 대체재를 공급하며, 기존 자원의 이용효율을 높이는 기술의 연구 개발에 집중하고 있다. 해당 기술의 진보와 산업체들이 이 기술을 채택하는 정도에 의하여 연구 개발 사업의 성공 여부를 평가한다.

미국은 1939년에 처음으로 국가방위비축(NDS, National Defense Stockpile)을 시작했다. 이 비축은 국가비상사태에 사용하기 위하여 전략적인 핵심 소재를 보유하고 관리하는 것을 말한다. 여기에 희토류 소재는 포함되지 않았다. 2013년에 국방부는 1억2천만 달러의 중(重)희토류 비축을 건의했다. 전략자원자문위원회는 국방부가 미국 내에 희토류 공급망을 구축하고 육성할 것을 강력히 권고했다. 그러나 미국은 2016년 현재 희토류 비축을 하지 않고 있다.

미국 회계감사원은 2016년 2월에 미 의회에 희토류에 관한 보고서를 제출했다. 이 보고서에서 회계감사원은 희토류 위기가 발발한 지 6년이 지나갔지만 미 국방성은 국가 안보를 위해 필요한 충분한 양의 희토류를 확보할 수 있는 종합적인 체계를 구축하지 않았다고 지적했다. 또한 '핵심적'이 실질적으로 무엇을 의미하는지에 대하여 국방부가 합의를 도출하지 못했다고 지적했다. 국방부는 17개의 희토류 금속 중에서

15개를 핵심적인 소재로 규정했다.

오바마 행정부 역시 희토류 위기에 대응하는데 신속하지 못했다. 희토류 위기가 발생한 지 2년 후 그리고 중국을 WTO에 제소하기로 발표한 지 3일 후에 오바마 대통령은 군 통수권자로서 자원 준비를 위한 대통령령에 서명했다. 이 대통령령은 생산능력과 공급의 확대, 융자, 보조금을 포함하고 있다. 특히 핵심적인 전략 광물을 중요하게 다루고 있다.

국방부 장관과 내무부 장관은 대통령의 권한을 위임받아서 전략적인 핵심 광물의 탐사, 개발, 생산을 촉진할 것을 규정했다. 또한, 국방 물자 조달에 관여하는 정부 기관의 책임자는 대통령의 권한을 위임받아서 국가 안보를 위해 필요한 전략적인 핵심 소재, 핵심 부품, 핵심 기술, 기타 자원에 대한 대체재의 개발을 위해 준비하도록 규정했다.

2012년 3월에 미국은 중국산 태양광 패널에 관세를 부과하는 결정을 내렸다. 이어서 중국 정부의 태양광 산업에 대한 보조금 지급상황을 조사했다. 이 보조금으로 인해 중국산 태양광 패널의 가격이 중국이 패널 제조를 시작한 이후 30% 하락했다. 2011년에 미국은 중국산 태양광 패널을 31억 달러 수입했다. 중국산 패널에 부과하는 관세는 중국 정부가 패널 제조 기업에 제공했다고 판단되는 보조금의 크기에 의해 결정되었다. 차이나 선테크(China Suntech)에 대해 2.9%의 관세가 부과되었고, 창저우 티나(Changzhou Tina)에 4.73%, 중국의 다른 회사들에 3.61%의 관세가 부과되었다. EU도 미국을 따라서 완화된 세율의 관세를 중국 회사들에 부과했다. 미국과 EU는 중국이 세계 재생에너지 시장을 석권하지 못하도록 견제했다. 이 시장에 대한 미국과 EU의 관심이 점점 커지고 있기 때문이다.

중국 측도 잠잠히 있지 않았다. 중국 회사들은 미국 정부도 미국 회사들에 보조금을 지원했다고 주장했다. 중국 정부는 미국의 재생에너지 사업에 대해 조사를 시행하겠다고 선언했다. 중국은 미국의 폴리실리콘에 대해 관세를 부과하기로 했다. 폴리실리콘은 태양광 패널의 주요 소재로서 미국이 중국에 수출하는 것이다.

녹색산업에 집중적으로 투자한 중국에 녹색성장 경쟁에서 뒤진 미국은 녹색 기술개발에 관심을 집중했다. 그러나 정책적인, 지정학적인 논의에서는 희토류 자원이 주요 의제로 부각되었다. 이 자원의 확보 문제는 관련 산업체에 맡겨두었다. 이는 EU와 일본도 마찬가지였다.

미국, EU, 일본이 힘을 합해서 희토류 위기에 대응하면서 공동의 이익을 추구하였다. 이때 광범위한 문제들을 너무 한꺼번에 다루고자 했다. 녹색에너지는 희토류 금속 및 희귀금속이 있어야 한다. 이 소재들은 중국이 공급을 사실상 통제하고 있다. 따라서 시장이 커가면서 공급이 불안정하고 가격이 상승할 수 있다. 이에 대체재의 개발과 폐제품의 재활용이 중요한 논쟁거리가 되었다. 설계변경과 기술혁신을 통해서 희토류 소요량을 절감하는 것도 중요한 과제로 대두되었다.

이러한 과제들을 다루기 위해서 미국 에너지부, 유럽연합집행위원회, 일본 경제통상 산업성이 신에너지 및 산업 기술 개발기구와 함께 워크숍을 공동 개최하였다. 첫 번째 워크숍은 2011년 10월 4~5일 미국 워싱턴에서 열렸다. 주요 주제는 희토류 부족의 정책적 전략적인 함의였다. 두 개의 기술적인 분과 회의가 있었다. 한 곳은 희토류 자원의 개발과 선광 그리고 제정 작업을 지속가능한 방식으로 추진하는 것을 다루었다. 다른 곳은 희토류의 효율적인 사용과 대체재에 관한 것이었다. 이 주제들은 이어지는 회의에서 계속 논의되었다. 회의는 2012년 일본 도쿄, 2013년 벨기에 브뤼셀, 2014년 미국 아이오와주 에임스 연구소에서 각각 개최되었다.

이 3개 국가가 주도하는 워크숍이 핵심 소재의 공급 부족 사태에 공동 대응하기 위한 접근 방법을 활발하게 논의하는 계기가 되었다. 워크숍의 초기에는 언론과 정부의 관심이 상당히 컸다. 그러나 희토류 위기 사태가 진정되면서 뒷전으로 밀려나게 되었다.

중국은 2001년 12월 11일 세계무역기구(WTO)의 회원국이 되었다. 거대한 규모의 인구, 빠르게 성장하는 경제, 자원 배분의 주체인 정부 등의 특성을 가지는 중국은 국제사회에서 부상하는 막강한 세력이 되었다. WTO 회원국 중에는 중국 경제가 시장경제 체제와 잘 융합할 수 있을지 염려한 국가들이 있었다. 중국이 건설적으로 WTO에 참여하지 않을 것을 염려했다. 중국이 지나치게 영향력 증대를 꾀하면서 WTO 체제를 근본적으로 변화시키고자 도모할 것을 걱정하기도 했다. 그러나 중국이 WTO 가입을 통하여 세계 공동체의 일원이 되는 것이 공동체에서 분리되어 변두리에서 고립되는 것보다 좋다는 시각이 우세했다. 중국이 공동체에서 분리될 경우 세계 질서를 위협하고 그 안정성을 훼손할 수 있기 때문이다.

중국은 세계화 과정의 중심으로 이동하면서 WTO 체제를 통하여 수출시장에 접근하는 동시에 무역 거래 상대국의 보호조치에 맞설 수 있는 권리를 확보할 필요가 있었다. WTO는 세계적인 실효성이 있는 체제가 되기 위해 중국이 완전한 회원국이 되는 것이 필요했다.

중국은 국내 경제를 대외적으로 개방해서 국제경쟁에 노출시키고 공공부문과 금융 부문의 개혁을 포함하는 경제혁신을 추진하는 것이 최선이라고 결정했다. 중국의 수출상품들이 무역 상대국의 시장에서 경쟁하기 위해서 상응하는 조치를 취해야 하기 때문이었다. 중국은 1990년대 서방세계가 이룬 기술혁신에 참여하지 않을 수 없는 상황이기도 했다. 또한, 중국은 WTO에 가입함으로써 이 기관의 운영에 참여할 뿐만 아니라 미래 계획을 수립하는 데 영향력을 행사할 수 있을 것으로 기대했다.

중국의 WTO 참여에 대하여 기존의 가입국들은 우려하고 있었다. 중국이 WTO의 규칙을 무시하면서 원활한 운영을 훼방할지도 모르기 때문이었다. 미국과 EU가 가장 큰 염려하고 있었으나 위험을 감수하고 중국의 행동을 감시하는 책무를 담당했다. 이때 두 개의 제도적인 기구인 무역정책 검토 메커니즘과 분쟁 조정기구를 적극적으로 활용했다. 또한, 정식으로 WTO 회원국이 되기 전에 중국이 의전(儀典)에 따라서 비회원국의 광범위한 의무를 이행할 것을 서약하도록 요구했다.

중국의 WTO 참여가 전 세계 무역 거래에 긍정적인 영향을 미칠 것으로 보는 견해가 지배적이었다. 중국이 WTO에 가입한 후 초기 몇 년 동안은 보수적으로 행동하면서 WTO에 대한 이해도를 높였다. 그 후에는 중국이 WTO와 분쟁 조정기구의 활동에 적극적으로 참여했다. 특히 중국은 적절한 때에 관세장벽을 낮추는 결의를 했다.

중국은 분쟁 조정기구를 활용하는 빈도가 증가했는데, 미국과의 분쟁 조정 신청이 많았다. 2007년부터 2012년까지의 기간에 중국은 미국과 7건의 분쟁을 조정 신청했고, 미국은 중국과 13건의 분쟁을 조정 신청했다. 이러한 국제분쟁에 직면하면서 중국은 국제관계에 관여하는 정도를 최소화함으로써 국익을 극대화하고자 한다는 지적을 받았다.

2012년 3월 미국, EU, 일본은 공동으로 중국이 희토류 금속과 텅스텐 그리고 몰리브덴의 수출을 통제하는 문제와 관련하여 WTO에 제소했다. 중국의 수출통제 조치는 WTO의 규정을 위반한다는 혐의를 세 가지 제기했다. 첫째로 수출관세의 부과, 수출 할당량 등 양적 규제의 부과, 수출 면허와 이전의 수출 경험 그리고 최소한의 자본 요건 및 외국인에 불리한 요건을 바탕으로 한 규제의 부과다. 둘째로 수출가격의 최저수준 유지다. 이를 위해 수출계약과 가격을 심의하고 승인한다. 셋째로 명문화되지 않은 조치를 통하여 제반 규제를 부과하고 관리하는 것이다.

중국의 희토류 수출규제로 인하여 유럽과 전 세계의 생산자와 소비자들이 피해를 보고 있다고 주장했다. 특히 첨단기술과 녹색 사업에 피해가 크다고 말했다. 이에 대해 중국은 환경오염에 대한 염려로 인하여 희토류 자원의 개발을 축소시키고 있다고 주장했다. 중국 정부가 희토류 자원의 개발을 통제·관리하는 것은 환경보호와 장기적으로 지속가능한 개발을 위해서라고 선언했다.

그러나 중국의 주장은 설득력이 부족했다. 중국은 미국, EU, 일본이 공동으로 WTO에 제기한 소송에서 패배했다. 2014년 3월 26일 중국에 불리한 판결이 나왔다. 같은 해 8월 7일에는 중국이 항소심에서 패했다. 이에 중국은 2015년 5월에 WTO의 규정을 지킬 것이라고 선언했다. 중국은 이러한 분쟁 과정을 거치면서 WTO의 규정을 준수하는 동시에 이 규정을 활용해서 국익을 보호하고 증진하는 방법을 터득했다. 중국은 희토류의 수출을 통제하는 정책에서 희토류의 생산을 통제하는 정책으로 전환할 수 있다.

중국의 전략가 손무(孫武)는 최고 승리는 싸우는 전쟁마다 이기는 것이 아니라 싸우지 않고 이기는 것이라고 했다. 싸울 수밖에 없다면 미리 이기고 싸우는 것이다. 어쩔 수 없이 싸워야 한다면 미리 전략적으로 유리한 상황을 만들어서 승리가 확정된 상황을 만드는 것이다. 이는 중국이 세계 희귀금속 시장에서 확보한 우월적인 지위를 고수하기 위해 총력을 기울일 것임을 시사한다.

중국의 희토류 수출금지 정책에 의해 영향을 받은 국가들의 대응은 파편(破片)적이고 전략적이지도 효과적이지도 않았다. 중국은 단일대오의 거대한 조직체로서 희토류 금속의 세계적인 공급체인을 석권하면서 거의 독점적인 영향력을 행사한다. 중국은 자원보유국들이 추진하는 희토류 자원개발사업에 대한 통제력을 확보함으로써 첨단기술 경쟁에서 우위를 차지하고자 한다. 중국은 재생에너지의 생산과 사용에서도 선도적인 지위를 누리고 있다.

중국이 촉발한 희토류 위기 사태에 대응하여 서방세계의 국가들은 과학 기술과 외교 분야에서 어느 정도의 협력을 이루었다. 그러나 희토류 산업에서 중국을 대체할 실효성 있는 조치를 도출해 내지는 못했다. 이는 서방 국가들이 자유시장 체제하에서 공급 불안 사태가 발발했을 때에 일차적으로 해당 민간기업들이 대응하도록 하고 정부가 시장에 개입해서 민간기업들을 통제하는 것을 최대한 지양하는 경향 때문이었다. 자국의 기업들이 공장을 중국으로 이전하거나, 값이 싼 중국산 소재를 사용하는 것을 정부가 간섭하거나 통제하지 않았다. 희토류 공급 위기와 같은 세계적인 문제의 해결을 위해 세계화와 자유시장 그리고 국제협력을 강조한 서방 국가들은 중국에 관한 비현실적인 인식을 하게 되었다.

중국은 국가 이익에 부합하는 핵심적인 자원을 확보하기 위한 계획을 조심스럽게 수립해서 흔들림 없이 추진했다. 중국은 희귀금속의 공급 체인상에서 독점력을 행사할 수 있도록 시장 여건을 주의 깊게 조성해 놓았다.

희토류 금속 15종과 희귀금속을 포함한 핵심 소재 광물 51종 가운데 중국의 세계 시장 점유율이 1위(2016~2020년 기준)인 광물은 33종에 이른다. 특히 중(重) 희토류인 테르븀·디스프로슘·에르븀·루테튬 등 10종은 중국이 100%를 장악하고 있다. 경(輕) 희토류인 네오디뮴, 란타늄, 세륨 등 5종도 세계 시장의 85%를 중국 차지하고 있다. 사실상 중국이 세계 희토류 생산을 장악하고 있다. 희토류는 전기차 구동 모터, 풍력 터빈 등에 들어가는 영구자석을 비롯해 석유화학 촉매와 렌즈 가공, 의료용 등에 사용된다.

이제 중국은 자신감을 느끼게 되었다. 중국은 서방 국가들이 희귀금속의 공급원을 중국 이외의 다른 국가에서 찾도록 대놓고 공개적으로 요구하기에 이르렀다.

반도체 등 첨단산업 분야에서 공급망을 중국과 분리하는 것이 불가능하다는 주장이 나왔다. 존 뉴퍼 미국 반도체산업협회장은 2023년 6월 전략국제문제연구소(CSIS) 포럼에서 디커플링(decoupling)은 보호무역주의자들의 동화 같은 이야기이며 반도체 산업에서는 일어나지 않을 것이라고 말했다. 세계 1위 반도체 노광장비 업체인 네덜란드 ASML의 크리스토프 푸케 부사장도 닛케이아시아와 인터뷰에서 반도체 공급망에서 중국을 분리하는 것은 매우 어렵고 비용이 많이 드는 일이라면서 "우리는 디커플링이 가능하다고 생각하지 않는다"고 말했다.

미국은 트럼프 행정부에 이어서 바이든 행정부에서도 중국과의 디커플링을 추진했지만, 이는 오히려 중국과 완전한 분리가 불가능한 현실을 부각시켰다. G7 회원국들이 대만해협과 동·남중국해 문제에서는 한목소리를 내지만 경제 문제에서는 단일대오를 갖추기 어렵다. 매우 불안정한 국제관계에서 중국이 이 독점력을 어떻게 사용할지 걱정스럽다. 경쟁력이 강했던 독일의 비행선(airship) 산업을 주저앉힌 것은 미국의 헬륨가스 공급 중단이었다.

## 04
## 중국의 희토류 정복 완료

희토류 원소는 란탄계 15개 원소와 스칸듐, 이트륨을 합한 17개 원소를 총칭하는 말이다. 15개의 란탄계 희토류는 원자량을 기준으로 8개의 경(輕)희토류(란타늄, 세륨, 프라세오디뮴, 네오디뮴, 프로메튬, 사마륨, 유로퓸, 가돌리늄)와 7개의 중(重)희토류(테르븀, 디스프로슘, 홀뮴,

에르븀, 툴륨, 이터븀, 루테튬)로 분류된다.

희토류 금속은 태양광 패널, 풍력 터빈 등 재생에너지 기술에 필수 불가결한 소재로 사용되고 있다. 그뿐만 아니라 각종 소비자 가전제품, 상업용 제품, 산업용 기기, 전자 장비, 군사 장비 등 우리의 일상생활을 지탱하는 각 부문에서 필수 소재로 사용된다. 국가 경제와 안보에 없어서는 안 되는 것이다.

1960년대부터 1980년대까지 미국이 희토류 광물자원의 생산에 있어서 주도적인 국가였다. 그 후로는 중국이 미국을 대신하여 세계 희토류 광물의 채굴 및 처리에 있어서 선도적인 국가가 되었다. 이는 중국의 임금수준이 낮고 환경 및 안전 규제가 별로 심하지 않았기 때문이다.

15개의 희토류 광물을 포함하는 핵심 소재 광물 51개 중에서 중국의 생산량이 세계 1위(2016~2020년 기준)인 광물은 33개에 달한다. 특히 중(重)희토류인 테르븀·디스프로슘·에르븀·루테튬 등 10종은 중국이 100% 장악하고 있다. 네오디뮴을 비롯해 란타늄, 세륨 등 경(輕)희토류 5종도 세계 시장의 85%를 중국이 차지하고 있다. 사실상 중국이 세계 희토류 생산을 석권하고 있다.

1990년부터 희토류 공급이 국제적인 논쟁거리가 되기 시작했다. 중국이 희토류의 생산과 수출을 통제했기 때문이다. 중국 정부는 희토류를 수출하는 회사의 수를 제한했다. 1993년에 중국이 세계 희토류 생산에서 차지하는 비중은 38%였고, 미국이 33%, 오스트레일리아 12%, 인도와 말레이시아가 각각 5%씩 차지했다. 중국의 비중은 점점 증가해서 2008년에는 90%, 2011년에는 97%가 되었다. 사실상 세계 희토류 시장에서 독점적인 지위를 확보했다.

중국은 2010년에 희토류 수출량을 감축하고자 하는 의도를 조용히 발표했다. 이 무렵에는 선진국들의 희토류 사용량이 폭발적으로 증가했고, 따라서 중국의 희토류 수출에 절대적으로 의존하게 되었다. 미국, EU, 일본은 중국의 희토류 수출 감축을 염려했지만 마땅한 대응 방안을 마련하지는 못했다.

2010년에 중국이 일본에 희토류 수출을 통제하는 조치를 취하면서 희토류 광물에 대한 탐사 활동이 크게 활발해졌다. 그러나 중국 외의 다른 국가들이 희토류 광물을 생산하는 양은 매우 미미했다. 설령 다른 국가가 희토류 광물을 생산한다고 할지라도, 이 광물을 중국의 가공공장으로 보내서 정련·제련과정을 거쳐야 한다. 이 과정을 통해서 희토류 산화물을 만들고 이어서 사용 가능한 금속과 합금이 나온다. 이 금속과 합금이 최종제품을 만드는 부품 소재가 되는 것이다. 이 가공·처리 시설이 중국 이외에 다른 국가에는 별로 없다.

중국은 희토류 광물 생산과 가공·처리에 있어서 독점적인 지위를 확보하고 있다. 2010년 중국의 일본에 대한 희토류 금수 조치가 해소된 이후에, 서방 국가들은 희토류가 국가 경제와 안보에 얼마나 중요한 핵심 소재인지 그리고 희토류의 공급 교란에 얼마나 취약한지 고민하게 되었다.

중국은 강력한 희토류 공급체인을 구축하겠다는 결의를 바탕으로 장기간에 걸쳐서 흔들림 없이 노력해 왔다. 1949년에 중국 공산당 정권이 수립되었고, 이듬해인 1950년에 중국 내몽골 자치구의 가장 큰 도시인 바오터우시에서 바오터우 철강회사가 생산을 시작했다. 바오터우시가 중국의 광물자원 개발산업의 아이콘이 되었다. 1957년에는 바오터우시에 있는 바이윈어보 광구에 희토류 정광 생산 설비를 건설하였다. 이것이 오늘날 중국이 세계 희토류 시장을 석권하는 토대가 되었다. 이후 희토류 광물의 생산, 희토류의 특성, 수요개발에 관한 연구는 중국 공산당 지도층의 관심을 끌었다. 희토류 산업이 중국 경제발전에 큰 도움이 되었기 때문이다.

1980년에 희토류 금속광물의 생산에 관하여 획기적인 이정표가 되는 조치가 내려졌다. 국제원자력기구(IAEA)와 미국 원자력규제위원회(NRC)가 공동으로 규제를 만든 것이다. 그 내용은 방사능 암석 폐기물을 원료물질(原料物質, source material)로 규정하고, 원료물질을 취급하거나 수송하는 것을 금지하는 것이었다. 이 규제로 인하여 우라늄, 토륨, 인산염과 같은 광물을 개발하는 과정에서 발생하는 방사능 폐석에 포함된 희토류 광물을 회수할 수 없게 되었다. 이 규제는 중국 이외의 서방 국가들에게 적용되는 것이었다.

서방의 자원개발 회사들은 희토류 광물을 포함하고 있는 방사능 폐석을 수송하여 처리 및 가공하는 것이 재정적인 부담과 환경적인 책임이 너무 커서 극히 꺼리는 일이 되었다. 이 결과, 많은 양의 희토류 광물이 폐기처분 되었다.

IAEA와 NRC가 1980년에 공동으로 시행한 규제는 중국이 세계 희토류 시장을 주도할 수 있도록 탄탄한 대로를 만들어 준 셈이다. 1983년에 중국은 최초의 국립 희토류연구소를 설립했다. 중국은 서방 국가들이 속수무책으로 희토류 광물에 대하여 손을 놓고 있는 것을 환호했다. 1991년에 중국은 두 번째 국립 희토류연구소를 설립했다. 1992년에는 덩샤오핑 주석이 희토류를 중국 산업정책의 핵심으로 삼고, 중동이 석유를 가지고 있다면 중국은 희토류를 가지고 있다고 선언했다.

덩샤오핑의 희토류 선언이 나왔을 때 중국은 이미 40년의 희토류 성공 경험을 쌓았다. 이에 더해 IAEA/NRC 규제로 인한 10년 동안의 혜택도 누렸다. 중국의 희토류 산업은 눈덩이처럼 언덕을 빠르게 굴러 내려오면서 걷잡을 수 없이 커졌고 지구온난화에 눈사태를 일으킬 수 있는 지경에 이르렀다.

서방세계로부터 중국으로 대규모 기술이전이 이루어졌다. 서방의 기업과 공장 설비들도 중국으로 옮겨갔다. 특히 중국은 1995년에 비철 금속 수입공사를 설립하였다. 중국은 이 회사를 통하여 GM의 자회사인 마그네퀜치(Magnequench)를 인수하였다. 마그네퀜치는 미국의 희토류 부품개발 선두 주자로서 당시 세계에서 가장 중요한 희토류 자석 제조회사였다.

중국은 장쩌민 주석이 이끄는 정부가 희토류와 다른 전략 광물자원에 관한 연구개발사업에 박차를 가하는 동안에 미국 클린턴 행정부는 1996년에 광무국(U.S. Bureau of Mines)을 폐쇄하기에 바빴다. 광무국은 1910년부터 광물자원의 개발 및 이용에 관한 연구개발사업의 선도적인 역할을 담당했다. 1998년에는 중국이 미국 인디애나에 있는 마그네퀜치의 주요 설비를 폐쇄했다. 이 무렵 마그네퀜치는 미사일 등 첨단무기의 핵심 부품인 희토류 자석을 생산하는 미국 유일의 회사였다.

1998년까지 미국의 유일한 희토류 광물 개발회사인 몰리코프가 캘리포니아 남부에 있는 마운틴 패스 광산에서 희토류 광물 개발 사업을 중단했다. 몰리코프가 이 광산에서 30만 갤런의 저농도 폐수를 모하비 사막에 유출했기 때문이다. 이 폐수를 정화하는데 1억8,500만 달러 이상이 필요했다. 이런 와중에 중국은 1999년에 세 번째 국립 희토류연구소를 몽골에 설립했다. 이 연구소는 기능성 재료공학 연구에 집중했다.

21세기가 시작하면서 중국의 희토류 경쟁력 강화를 위한 일련의 일들이 벌어졌다. 2001년에는 중국의 네 번째 국립 희토류 공학연구소가 설립되었다. 이 연구소는 금속제련을 집중적으로 연구하는 곳으로서 다른 세 개의 연구소를 보완하는 역할을 담당했다. 2003년에는 인디애나에 남아있던 마그네퀜치의 희토류 분말 제조설비를 모두 중국으로 이전시켰다. 이로 인해 애플은 2년 후에 아이폰을 중국에서 생산하기 시작했다.

중국은 2005년에 몰리코프를 흡수하기 위해 모회사인 UNOCAL을 경쟁입찰을 통해 매입하고자 했으나 실패했다. 그러나 중국 지도층은 캘리포니아에 있는 막대한 규모의 희토류 매장량에 관한 관심을 끊지 않았다. 미국 자원개발회사들은 이 희토류 매장량에 관하여 관심이 없었다.

2007년에 중국은 더블류알그레이스(W.R. Grace)에 대하여 희토류 수출을 중단했다. 이 회사는 미국 메릴랜드주 콜롬비아에 있는 대형 화학 회사로서 촉매와 서비스를 정유회사에 공급하고, 촉매를 플라스틱 제조 회사에 판매하며, 특수 화학물질을 산업용으로 광범위하게 제공한다. 희토류를 공급받기 위해 이 회사는 시설 일부를 중국으로 이전했다.

중국은 2007년에 희토류 수출 할당제를 W.R. Grace와 같은 세계적인 회사들에게 시행했다. 이는 중국에 공장을 가지고 있는 회사들만이 중국으로부터 희토류를 공급받을 수 있다는 신호를 보내기 위한 것이었다. 이어서 중국은 외국의 희토류 광산과 미개발 희토류 광구에 대한 지분을 획득하기 시작했다. 세계 희토류의 독점적인 공급자 지위를 확보하기 위함이었다. 이 시장력을 바탕으로 2010년에 일본에 대하여 희토류 금수 조치를 단행했다.

2010년~2015년 기간에 세계 희토류 시장에서 거품이 터졌다. 중국이 희토류의 공급과 가격을 통제하고 있었다. 수백 개의 희토류 광물 탐사회사들이 파산했는데, 그중에는 미국 최후의 희토류 개발회사 몰리코프도 있었다. 지엠(GM), 포드(Ford), 지멘스(Siemens), 제네럴일렉트릭(GE)과 같이 희토류 소재가 절대적으로 필요한 많은 대형 회사들은 희토류 사업 부문을 중국으로 옮겼다. 이 회사들이 수십 년 동안 획득한 지적재산권도 함께였다. 재생에너지 회사와 배터리 제조회사들도 희토류 소재가 필수적으로 필요했기 때문에 설비를 중국으로 이전하는 대열에 합류했다.

중국은 희토류 소재의 장악력을 바탕으로 세계 재생에너지 산업의 선두를 달리고 있다. 세계 전기자동차의 대부분은 중국의 독점적인 수직 통합적 희토류 공급체인을 바탕으로 생산되고 있다. 중국은 태양광 패널과 풍력 터빈 시장도 석권하고 있다. 이에 더하여 차세대 원자력 기술도 선도하고 있다.

중국은 희토류 광물을 채굴하고, 제련하고, 수출하는 전 부문에 대한 규제를 강화했다. 특히, 대형 공기업의 희토류 생산을 통합 관리하면서 불법적으로 희토류 광물을 채굴하여 수출하는 것을 봉쇄했다. 중국 정부는 희토류 자원의 개발을 합리적으로 관리해서 고갈을 늦추고, 국내 소비자들에 대한 공급량과 가격을 적정수준으로 유지하며, 수출을 통한 수익성을 개선하고, 환경오염을 줄이는 것을 목표로 삼고 있다고 선언했다.

그러나 중국 정부의 속내는 외국의 첨단기술 회사들과 녹색 기술회사들이 생산시설을 중국으로 이전하도록 유도하는 것이었다. 중국으로 설비를 이전할 경우 희토류의 안정적인 공급을 보장했다. 중국의 첨단기술 회사들과 녹색에너지 회사들에게는 특혜를 제공해서 세계 시장에서 경쟁력을 강화하도록 지원했다. 중국의 희토류 정책은 WTO의 규정을 위반하는 것이었다.

몰리코프는 2008년에 마운틴 패스 희토류 광산을 다시 개발하기 시작해서 16억 달러를 투자해서 경(輕) 희토류 처리시설을 확장했다. 그러나 2015년에 이 회사는 파산했고 2016년에 광산이 폐쇄되었다. 가격이 낮은 중국산 희토류 소재와 경쟁할 수 없었기 때문이다. 게다가 희토류 처리기술이 문제가 있었다. 2017년 7월에 엠피머티리얼즈(MP Materials)가 마운틴 패스를 인수하였다. 엠피머티리얼즈는 중국의 희토류 회사인 성허자원(Shenghe Rare Earth Company)이 무의결권주식을 보유한 회사이다.

엠피머티리얼즈의 2017년 마운틴 패스 인수는 미국 내에서 상당한 우려를 불러일으켰다. 「풍요로운 미국을 위한 연대(Coalition for a Prosperous America)」는 미국 정부에 이 인수 작업이 성사되지 않도록 막아달라고 요청했다. 마운틴 패스는 미국에서 개발 수익성이 있는 유일한 희토류 광산이기 때문이다. 그러나 이 요구는 아무 소용이 없었다. 미국은 희토류 소재의 공급체인에 심각한 문제가 있는 것을 고려할 때, 핵심 광물자원의 공급에 관하여 궁지에 몰린 것으로 보인다. 미국은 희토류 산업에 있어서 중국의 손아귀에서 벗어나는 것이 결코 쉬운 일이 아니다.

세계 희토류 시장에서 중국의 독점적인 지위는 놀랄 일이 아니다. 중국이 희토류 산업의 혁신을 이끈 선구자였고 희토류의 역사를 썼기 때문이다. 중국은 희토류 광물과 희토류 금속의 생산과 수출에 있어서 주도적인 국가다. 중국의 희토류 광물 생산은 내몽골의 바오터우에 있는 바얀오보(Bayan Obo) 광산이 45%를 담당하고 있다. 중국 중부와 남부지역의 광산들도 희토류 광물을 생산하고 있다.

중국에서 정부의 공식적인 허가를 받은 희토류 광산의 생산량은 2016년 105,000톤이며 세계 생산량의 85%를 차지했다. 중국에는 공식적으로 정부의 허가를 받은 광산 이외에 수작업으로 희토류 광물을 채굴하는 수많은 영세 광산들이 있다. 이 광산들은 공식적인 통계에 잡히지 않으면서 희토류 암시장을 형성하고 있다.

2016년 중국의 희토류 암시장 규모는 정부의 공식적인 생산량 10만 5,000톤보다 150% 많은 15만7,000톤으로 추정되었다. 결국, 중국의 희토류 총생산량은 26만 톤으로 세계 생산량의 95%를 차지했다. 이에 중국 정부는 수백 개의 희토류 채굴 및 처리시설을 6개의 대형 회사로 통합하도록 지시했다. 이는 중앙정부의 감시와 통제가 쉽게 하기 위함이었다.

중국의 희토류 연간 생산량에 대한 서방측의 추정은 일관되게 150%

과소하게 나타났다. 이 알려지지 않은 생산량이 세계 희토류 시장에서 가격하락을 초래하는 중요한 요인이다. 중국은 희토류 가격을 낮게 유지하여 미국이나 다른 국가들이 희토류 개발 사업에 투자하지 못하도록 함으로써 중국의 희토류 시장 장악력을 유지하고자 한다.

2017년 불법적인 희토류 생산량은 2016년보다 증가했다. 그래서 2018년 중국 산업부는 중국의 희토류 광물생산 할당량 즉 허용량을 2017년 대비 40% 증대시켜서 불법적인 생산량을 수용하고자 했다. 불법적인 희토류 광산이 적발될 경우, 세금과 벌금을 납부하고 환경규제를 준수하면 장인(匠人)광산이라고 부르며 광물 개발 사업을 허용했다.

세계의 희토류 수요가 증가하는 것과 함께 중국의 희토류 수요도 급격하게 증가하고 있다. 중국은 세계 희토류 생산량의 70%를 소비한다. 중산층이 증가하면서 청정에너지 수요가 상승하기 때문이다. 그러나 희토류 대부분은 LED 조명기기, 아이폰, Dell PC의 소재로 사용된다. 이 제품들은 전 세계의 소비자들이 구매한다. 중국은 몇몇 희토류를 수입해서 비축하고 있다. 중국 희토류 광물의 고갈을 늦추기 위해서다. 중국은 세계 희토류 매장량의 30%를 보유하고 있어서 희토류 광물 채굴 할당량을 증대시킬 것이 아니라 감소시킬 필요가 있다. 아무튼, 세계 희토류 시장에서 중국의 선도적인 지위는 부러운 것이다.

중국은 캐나다, 오스트레일리아, 그린란드, 부룬디 등 해외의 주요 희토류 광물 개발 사업을 적극적으로 활용하고 있다. 이 개발 사업들은 중국을 중요한 고객으로 삼고 있다. 희토류 광물을 중국에 있는 제련시설을 통해 가공 처리해야 하기 때문이다. 중국의 지도자들은 지난 수십 년 동안 이 제련 기술을 개발해왔다.

중국의 희토류 독점력은 중국이 구축한 유일한 부가가치 공급체인에 기인한다. 이 공급체인은 개발된 희토류 광물을 가공 처리하는 제련시설을 거쳐서 금속과 합금으로 만들고, 이를 사용하여 고강도 희토류 자석 등 각종 희토류 최종제품을 생산하는 단계로 구성되어 있다. 이 독특한 부가가치 체인을 바탕으로 덩샤오핑이 "중동은 석유를 가지고 있고 중국은 희토류를 가지고 있다"고 대담하게 말했다.

중국은 꾸준하게 세계 희토류 시장의 점유율을 높여왔고 이제 95%에 이르렀다. 중국은 이러한 우월적인 지위를 이용하여 희토류 공급량과 가격을 조절할 수 있고 경쟁자를 파산으로 몰아갈 수 있다. 이는 중국이 희토류를 정치적, 경제적, 군사적인 목적을 달성하기 위한 강력한 수단으로 사용할 수 있음을 의미한다.

희토류 대체재를 개발하기 위한 서방 국가들의 과학·기술적인 노력은 별로 성공적이지 못하다. 중국의 독점적인 지위를 강화시킬 뿐이다. 미국의 대학들은 재료공학, 금속공학, 자원 공학의 학부나 대학원에서 희토류 대체재 연구를 위한 교과 과정을 적극적으로 제시하지 않는다. 졸업생들이 미국이 아닌 다른 국가에서 직업을 찾고 있다. 학술회의는 중국의 폐쇄적인 언론과 교육정책이 압도하면서 세계가 중요시하는 이슈를 공개적으로 다루지 못한다.

서방 국가들의 규제 선호 사상이 의도치 않게 세계 희토류 시장에서 중국이 독점적인 지위를 확보하도록 도와줬다는 사실을 잊지 말아야 한다.

1970년대 말에는 미국이 세계 희토류 소재 생산의 선도적인 국가였다. 그런데 1980년에 국제원자력기구(IAEA)와 미국 원자력규제위원회(NRC)가 방사능 토륨이나 우라늄을 0.5% 이상 포함하는 광산 폐석을 원료물질(原料物質, source material)로 규정하기로 합의했다. IAEA/NRC 규제는 토륨이나 우라늄을 0.5% 이상 포함하는 가공된 물질이나 정제된 물질을 원료물질로 정의하고 수송하거나 처리하는 것을 엄격히 제한했다.

1980년의 IAEA 원료물질 규제는 본래 세계의 우라늄 개발과 처리시설을 대상으로 하는 것이었다. 거의 모든 국가, 특히 모든 자원개발 국가들이 IAEA 회원국이었기 때문에 이 규제는 강제력이 있었다. 그런데 미국은 NRC가 10CFR40(Title 10 Code of Federal Regulations 40)를 시행하여, IAEA 규정을 바탕으로, 핵물질에 관한 안전조치를 한층 강화했다. 그리하여 우라늄 광산에서 나오는 폐석뿐만 아니라 미국의 모든 광산 폐석과 처리 과정을 규제하게 되었다.

희토류 광물을 포함하는 광석은 대개 토륨이나 우라늄도 함께 포함한다. 따라서 이들 함량이 0.5%를 초과하는 경우 희토류 광물을 분리하여 생산하는 작업을 수행할 수 없다. 인산염 폐석도 토륨을 포함하고 있으므로 그 함량이 0.5%를 넘는 경우 희토류 광물을 분리해내는 작업을 할 수 없다. IAEA/NRC 규제로 인해 중(重)희토류 생산은 원료물질 규정에 가로막혀서 미국 내 공급 체인에서 사라지게 되었다.

1980년 IAEA/NRC 규제의 역사적 배경에는 3건의 원자력 발전소 사고가 있었다. 1977년에 체코슬로바키아의 야슬롭스케 보후니체(Jaslovské Bohunice) 원자력 발전소에서 연료봉이 훼손되어 방사능의 외부 누출이 있었다. 1979년에는 미국의 스리마일 아일랜드 원자력 발전소에서 원자로가 손상을 입고 약간의 방사능 외부 유출이 있었다. 1980년에는 프랑스의 생로랑데조(Saint Laurent des Eaux) 원자력 발전소에서 연료가 녹아내렸고 방사능 유출은 없었다.

1970년대의 거센 환경운동에 동참하는 영화가 1979년에 나왔다. '중국 신드롬'이라는 영화였다. 원자력 발전소의 재앙을 다룬 영화로써 원자로 핵심부가 녹아내리고 방사능이 누출되는 장면이 포함되어 있다. 이 영화는 미국 펜실베이니아주의 스리마일 아일랜드 원자력 발전소 사고가 일어나기 12일 전에 나왔다. 이 영화에서 적나라하게 묘사된 극한의 위험한 장면들은 원자력 발전과 관련된 것은 무엇이든지 두려워하게 되는 공포를 미국인들 가슴에 심어주었다. 스리마일 아일랜드 원전 사고에 대한 미국인들의 집단적인 기억은 사실에 입각한 것이 아니라 영화 장면을 바탕으로 한 허구적인 것이다.

1980년의 IAEA/NRC 규제에 대하여 뚜렷한 반대는 없었다. 세계적으로 이 규제를 준수하기 시작했다. 미국에서는 희토류 생산업자와 소비자들은 미래에 발생 가능한 문제들을 정부나 의회에 통보하지 않았다. 수십 년 동안 아무런 규제도 받지 않고 토륨을 처리한 것과 관련하여 법적, 환경적, 보건 위생적인 잠재적 책임에 대한 염려 때문이었다. 이 새로운 규제를 준수하기 위해 광산회사들은 희토류가 포함된 광산 폐석을 땅에 묻었다. 어떤 채광업자들은 다양한 처리 과정을 고안해서 희토류를 포함하는 폐석의 토륨 농도를 0.5% 이하로 낮췄다.

현재 플로리다 인산염 광산에서는 희토류 광물을 회수할 수 있음에도 불구하고, 이 광물이 포함된 폐석을 비용을 들여서 땅에 묻는 일이 계속되고 있다. 마운틴 패스의 경(輕)희토류 광물을 포함하는 폐석의 토륨 함량은 0.5% 이하이기 때문에 새로운 규제를 받지 않았다. 그러나 마운틴 패스는 토륨 농축액 30만 갤런을 인근의 사막에 유출해서 1990년대 말에 폐쇄되었다.

반면에 중국은 매우 좋은 조건을 갖추었다. 중국은 1980년에 IAEA 회원국이 아니었다. 따라서 새로운 원료물질 규제를 받지 않았다. IAEA의 원료물질 규제는 중국의 많은 희토류 광산에는 적용되지 않았다. 중국의 희토류 광물은 철광석 광산의 부산물로 생산된다. 토륨 함량이 0.25% 이하이어서 그 새로운 규제를 받지 않는다.

중국은 1984년에 IAEA 회원국이 되었다. 이때에는 중국이 세계무대에서 정치적으로 얻을 것만 있고 잃을 것은 없었다. 중국의 희토류 산업은 새로운 원료물질 규제를 면제받았기 때문이다. 지질학적인 행운과 1980년의 IAEA/NRC 원료물질 규제가 중국이 세계 희토류 시장에서 독점적인 지위를 확보하는데 결정적으로 이바지했다.

희토류 광물개발과 희토류 소재 공급체인이 빠르게 중국으로 이전되었다. 그러나 이 무렵 희토류 소재 기업들은 별로 염려하지 않았다. 희토류 제련 기술과 희토류 자석이 전자제품에 사용되는 정도가 매우 초기 단계에 있었기 때문이다. 미국의 몇몇 전문가들은 희토류의 신기원을 이룰 잠재력을 인식하고 있었으나, 그때는 이미 중국이 희토류 시장을 장악하고 있었다. 중국의 희토류 독점은 서구식 사고방식의 결정적으로 잘못된 적용과 지나친 환경규제가 없었다면 가능하지 않았을 것이다.

전문가들은 미국이 희토류 공급체인을 다시 구축하는 데 15년이 소요될 것으로 추정한다. 채굴된 희토류 산화물을 희토류 금속과 부품으로 만드는 것은 미국 밖에서 가능하며, 따라서 공급체인의 심각한 문제를 보여주고 있다. 미국의 어떤 광산도 중국보다 낮은 비용으로 희토류 광물을 생산할 수는 없다. 유일한 예외가 와이오밍 동북부의 베어 로지(Bear Lodge) 광산이다. 이 광산이 희토류 광물 개발을 시작하면 고품위 매장량과 함께 희토류 가공 특허 기술이 연합해서 중국의 희토류와 경쟁할 수 있을 것이다.

　미국의 희토류 개발산업을 재건하는 것은 단기간의 문제가 아니다. 많은 규제로 인하여 허가받는 데 소요되는 노력과 시간이 과도하고 인프라를 구축하는 데에도 많은 자본과 시간이 요구되기 때문이다. 풍부한 매장량을 가진 미국 희토류 개발회사들이 중국 회사들과 경쟁을 했으나 파산했다. 희토류 광물을 제련하고 가공하여 쓸모 있는 희토류 부품으로 만드는 공급체인이 미국에는 갖추어져 있지 않다. 중국은 이 공급체인을 구축함으로써 세계 희토류 시장을 석권할 수 있게 되었다.

　미국 정부와 의회 지도자들은 미국이 중국에 과도하게 희토류 소재를 의존하고 있는 문제를 어떻게 대처해야 하는지에 대해 심각한 고민에 빠졌다. 광산에서부터 완제품 소비자를 아우르는 희토류 산업을 구축하여 첨단기술 산업의 필요를 충족시키는 노력은 중국의 훼방에 직면할 것이다. 중국은 희토류 공급체인과 가격을 적극적으로 활용하여 경쟁자를 시장에서 퇴출시키고자 할 것이다.

　미국이 희토류 산업을 성공적으로 재건하기 위해 극복해야 할 중요한 도전이 있다. 먼저 희토류 광물 개발회사가 중국 정부의 지원을 받는 기업들과 경쟁해야 한다. 이 기업들은 협력체를 구축해서 사업추진에 따른 투자위험을 공유한다. 따라서 단일 민간회사가 경제적인 수익성을 지속해서 확보하는 것이 매우 어렵다. 둘째로 의회와 행성부가 민간부문과의 긴밀한 협력하에서 풍부한 희토류 자원을 활용하는 체제를 구축하지 못했다. 오히려 희토류 자원을 독성 폐기물로 취급해서 큰 비용과 법적인 책임을 부과했다. 셋째로 희토류 광물을 유용한 희토류 소재로 전환하는 공급체인이 중국 외에는 없다.

중국이 희토류 가치사슬을 견고하게 구축한 것을 비난할 일은 아니다. 수십 년 동안 흔들림 없이 노력한 결과다. 미국을 비롯한 서방 국가들이 단기적인 시각에서 일관성 없는 자원정책을 추진한 덕분에 중국은 오늘의 희토류 산업을 일구어낼 수 있었다. 서방은 중국에 전략적인 핵심 소재를 과도하게 의존하게 되었다.

# V.
# 재생에너지 지정학

재생에너지로의 전환은
재생에너지 기술이 요구하는
희토류 소재의 확보를 위한
국가 간의 치열한 경쟁을
초래할 것이다.
특히 중국이 세계 희토류 시장을
석권하고 있는 것이
심각한 장애가 되고 있다.

## 01
## 재생에너지에 대한 염려스러운 기대

일차에너지의 공급원을 충분히 확보한 국가는 자국의 경제발전, 군사력, 국가 안보를 성공적으로 추구할 수 있다. 에너지 자원과 이를 이용하는 기술의 보유 여부가 국제관계에서 큰 영향을 미치는 요인이 된다.

에너지 전환은 지정학적인 변화를 초래한다. 작금에 벌어지고 있는 저탄소 에너지로의 전환은 21세기 지정학의 모습을 크게 바꿀 것이다. 지난 세기에는 석유를 놓고 많은 전쟁이 벌어졌다면 금세기에는 재생에너지 소재 광물을 놓고 분쟁이 발발할 것이다.

세계는 지금 지정학적으로 혼란스러운 시대로 접어들고 있다. 많은 지혜, 인내심, 외교력, 범세계적인 협력이 요구된다.

재생에너지의 공급은 그 양이 풍부하지만 단속적(斷續的)이고, 대개 전기로 공급된다. 발전(發電) 설비는 많은 곳에 분산되어 있으며, 발전설비의 제조에 희토류 자원이 필수 소재로 들어간다. 장거리 송전(送電)에 따른 손실이 매우 크다.

재생에너지의 이러한 특성으로 인하여 장래에 국가 간의 에너지 관계에서 예상되는 것이 있다. 우선, 현재 화석 에너지의 과점적인 공급구조에서 경쟁적인 재생에너지 공급구조로 전환될 것이다. 대부분 국가들이 재생에너지 공급능력을 보유하고 있으므로 각국은 에너지를 생산할 것인가 또는 수입할 것인가를 결정하게 되고, 전적으로 해외에 에너지 공급을 의존하는 국가는 없게 된다. 재생에너지가 풍부한 지리적인 여건을 확보하는 동시에 재생에너지의 단속성으로 인하여 에너지 부족분을 적기에 보충해 줄 수 있는 에너지 공급원의 확보가 새로운 관심사가 될 것이다.

다음으로, 에너지 공급자의 수가 증가하는 동시에 분산된 에너지 공급구조로 인하여 새로운 사업모델이 등장하고, 특히 지역 공급자의 시장력이 강화될 것이다. 또한, 희토류 자원의 확보를 위한 경쟁이 치열할 것이다. 재생에너지가 전기로 공급되기 때문에 에너지 공급시스템이 전기화(電氣化)될 것이다. 더욱이 장거리 송전에 따른 손실이 매우 크고 끊김 없는 전기 공급이 절대적으로 필요하므로 에너지 시장이 지역화(regionalization)될 것이다.

에너지는 오랫동안 세계의 지정학에 결정적인 영향을 끼치면서 강대국의 부상, 동맹 결성, 전쟁 발발의 주요 원인이 되었다. 근대 세계 역사에 있어서 국제 질서는 에너지 자원의 바탕 위에서 형성되었다. 19세기 영국제국을 지탱한 것은 석탄이었다. 20세기 미국 중심의 세계 질서는 석유를 바탕으로 하는 것이었다. 21세기에는 중국이 재생에너지의 중심 국가가 될 것으로 예상된다.

제1차 세계대전 이후 세계 에너지 지정학의 중심에 석유가 있었다. 영국 해군 장관 윈스턴 처칠이 해군 함정의 연료를 석탄에서 석유로 전환한 것은 석유 시대의 도래를 알리는 신호탄이었다. 이 연료 전환은 영국 함정이 독일 함정보다 빠른 속도로 항해하도록 하기 위함이었다. 당시 석탄은 안정적인 공급이 가능한 영국산이었고 석유는 공급이 불안한 이란산이었다. 이로써 중동이 세계 지정학의 중심이 되었고 석유는 국가 안보의 핵심 이슈로 떠올랐다.

20세기 초부터 석유 자원의 확보가 여러 전쟁들의 주요 원인이었다. 예컨데 1967~1970년의 나이지리아 내전인 비아프라 전쟁(Biafran War), 1980~1988년의 이란과 이라크 간의 전쟁, 1990~1991년의 걸프 전쟁, 2003~2011년의 이라크 전쟁, 2004년 이후 지속되고 있는 나이지리아의 니제르 삼각주 분쟁이 있다.

20세기 후반에도 석유 수출국들과 수입국 간에 긴장이 고조되었다. 1960년 9월에 대표적인 5개 산유국인 사우디아라비아, 이라크, 이란, 쿠웨이트, 베네수엘라가 이라크 바그다드에서 석유수출국기구(OPEC)를 만들었다. OPEC의 설립 목적은 회원국들이 산유량과 석유 수출정책을 조정하여 유가를 인하하지 않도록 하는 것이었다. 1970년대에는 OPEC의 몇몇 회원국들이 석유 자원을 국유화하여 석유개발 주권을 확보하는 것을 목적으로 삼았다.

OPEC의 지정학적 역할은 욤 키푸르 전쟁으로 알려진 1973년 10월

이스라엘과 아랍 국가들과의 전쟁이 발발하면서 분명해졌다. OPEC의 아랍 회원국들은 이스라엘을 지원한 미국, 네덜란드, 포르투갈, 남아프리카에 대하여 석유 금수 조치를 내렸다. OPEC은 산유량 감축과 함께 이 국가들에 대한 금수 조치를 단행했다. 이 결과 급격한 유가 상승, 석유 부족, 물가 상승이 초래되었다. OPEC이 유가를 지속적으로 상승시키면서 지정학적인 힘이 강력해졌다.

1973년의 석유 위기를 겪은 후에 1974년 11월 미 국무장관 키신저의 제안으로 국제에너지기구(IEA)가 설립되었다. 이는 서방의 석유 수입국들이 석유공급이 심각한 교란 상황에 빠졌을 때 공동으로 대응하는 것을 목표하고 있다. 이에 따라서 모든 IEA 회원국들은 전년도 석유 순 수입량의 90일분에 해당하는 전략 석유비축을 보유하도록 했다.

두 번째 석유 위기는 1979년에 발발했다. 이란혁명이 원인이었다. 이어진 1980~1988년 이란-이라크 전쟁으로 인하여 중동지역이 큰 혼란에 빠졌다. 1981년에 국제유가는 배럴당 32달러가 되었다. 이는 1973년 석유위기 이전보다 10배가 상승한 것이었다.

중동지역에서 지정학적인 상황 전개에 따라서 유가 급등 사태는 이어졌다. 1990년에 이라크가 쿠웨이트를 침공하면서 유가가 급격히 상승했다. 수개월 동안에 유가가 두 배로 상승했고 1990년대 초의 경기침체를 초래했다.

에너지 지정학은 석유만의 문제가 아니다. 천연가스, 원자력, 재생에너지에도 해당한다. 유럽에서는 천연가스가 지정학적인 특성을 강하게 발휘하고 있다. 유럽의 천연가스 시장은 1960년대 이후 발전했다. 러시아와 노르웨이 같은 천연가스 수출국과 유럽의 가스 소비국들을 연결하는 대규모 가스관을 바탕으로 하였다. 유럽 국가들이 소수의 가스 수출국에 과도하게 의존하게 되었다. 특히 러시아가 유럽 천연가스 공급량의 3분의 1을 차지했다.

유럽 천연가스 시장에서 큰 비중을 차지하는 러시아는 수십 년 동안 에너지 안보 문제를 일으키지 않았다. 냉전시대인 1970년대와 1980년대에 유럽은 러시아의 시베리아 가스전과 유럽을 연결하는 장거리 가스관 건설 사업을 적극적으로 추진했다. 당시 미국 레이건 행정부는 이 가스관 건설 사업을 강력하게 반대하면서 이 건설 사업에 참여하는 독일과 프랑스 회사들에 제재를 가했다.

유럽 국가들이 러시아 천연가스에 과도하게 의존하는 것이 지정학적인 위협으로 처음으로 인식되기 시작한 것은 2006년 1월이었고 그 후에는 2009년 1월이었다. 러시아와 우크라이나 간의 천연가스 가격분쟁으로 인하여 우크라이나를 거쳐 유럽으로 수송되는 러시아 천연가스가 멈춰 섰기 때문이다. 이로 인해 유럽의 남서부 국가들이 경제적으로 큰 피해를 보았다. 이 국가들은 발전용과 가정의 난방용으로 러시아 천연가스를 주로 사용했다. 천연가스 위기를 당해서 유럽은 러시아 천연가스 의존도를 줄이는 에너지 안보 전략을 채택했다. 2014년 중반의 우크라이나 위기를 맞아서, 유럽은 유럽연합이 주도하는 '에너지 연합(EU, Energy Union)' 기치 아래 러시아 가스 의존도 감축을 위한 노력을 다시 시작했다.

2021년 10월에 러시아가 천연가스를 무기화할 것이라는 우려가 현실로 나타났다. 에너지 대란을 겪는 유럽에 천연가스를 충분히 공급하겠다는 푸틴 대통령의 공언과 달리 러시아가 공급량을 동결했기 때문이다. 지난 1년 사이 천연가스 가격이 5배 상승한 상황에서 러시아의 공급량이 오히려 감소했다. 이에 유럽의 천연가스 가격이 급등했다. 유럽 천연가스 수요의 40%를 러시아가 담당했다. 러시아산 천연가스 의존도가 높은 유럽은 시간이 갈수록 러시아에 끌려다닐 수밖에 없을 것이라는 우려가 대두되었다.

원자력은 안보 및 지정학적인 측면에서 관심을 유발하는 에너지원이다. 원자력 발전설비의 안전과 핵폐기물의 관리는 안보의 중요한 이슈이다. 원자력 발전소의 안전은 1986년의 체르노빌 원전 사고와 2011년의 후쿠시마 원전 사고로 인하여 세계적인 관심사가 되었다. 이는 에너지 정책의 급격한 변화를 초래했다. 이를 테면, 체르노빌 사고 후에 이탈리아는 원자력 발전에 관한 국민투표를 시행하여 운영 중인 모든 원전을 폐쇄하기로 했다. 후쿠시마 사고 후에 독일에서는 강력한 반핵운동으로 말미암아 앙겔라 메르켈 총리는 2022년까지 원전을 완전히 폐쇄하기로 선언했다.

원자력의 지정학적인 주요 위험은 핵연료의 농축 문제이다. 핵연료를 사용하여 핵폭탄을 제조할 수 있다. 우라늄을 농축하거나 고준위 사용 후 핵연료에서 플루토늄을 추출하는 재처리과정을 통해서다. 따라서 원자력의 상업적인 사용과 군사적인 사용은 매우 밀접한 관계에 있다. 원자력의 평화적인 사용을 촉진하기 위해 UN 산하에 국제원자력기구(IAEA)를 1957년에 설립했다. 냉전 시기였던 1968년에 UN은 핵확산방지조약을 승인했다. 이 조약의 목적은 핵보유국의 군비축소를 유도하고 핵 비보유국이 핵무기를 개발하는 것을 방지하는 것이다.

반세기 이상 석유와 가스 그리고 원자력이 에너지 지정학의 중심에 있었다. 기후위기에 대응하기 위해 탈탄소화를 추진하면서 재생에너지로의 전환이 전개되고 있다. 재생에너지가 중심이 된 에너지 지정학은 어떤 모습일지 예상하고, 새로운 모습의 에너지 지정학에 대비하는 것은 매우 중요한 과제이다.

2015년 12월 프랑스 파리에서 개최된 제21차 유엔기후변화협약 당사국총회(COP21)에서 195개 국가들이 채택한 파리 협정은 기후위기에 대응하기 위한 중요한 조치이다. 처음으로 선진국들과 개도국들이 지구의 평균온도 상승분이 산업화 이전 대비 2℃ 이하가 되도록 할 것을 결의했다. 파리 협정은 이미 시행되고 있는 탈 탄소 기술을 지지했다. 특히 태양광 및 풍력 에너지 기술의 경쟁력이 강화되었다. 탈 탄소 정책과 저탄소 에너지 기술의 발전은 세계 에너지 지정학에 큰 영향을 미친다. 저탄소 에너지로의 전환은 기존의 에너지 시스템을 교란하고 지구온난화에 큰 영향을 주며 국제적인 정치적 역학관계를 변화시킨다.

재생에너지 비중이 증가하면서 해외로부터 석유 및 가스 수입량이 감소할 경우, 에너지 수입국에게는 긍정적인 효과가 기대된다. 에너지 수입 비용이 하락하고 지정학적인 위험이 낮아지기 때문이다. 재생에너지, 배터리, 전기차의 기술혁신을 주도하는 국가는 에너지 전환을 통하여 고용 창출과 경제성장과 같은 경제적인 이익을 누릴 수 있다.

재생에너지로의 전환은 지정학적으로 새로운 문제들을 제기한다. 첫째로 석유산업이 국가 경제에서 절대적인 비중을 차지하는 중동과 북아프리카의 산유국들이 큰 도전을 맞게 된다. 에너지 전환이 예상보다 신속하게 진행되고 산유국들이 준비되지 않은 상태로 머물러 있으면 사회경제적으로 지정학적으로 심각한 상태에 빠질 수 있다.

둘째로 재생에너지의 사용이 보편화되면서 에너지의 전기화가 증가하고 국경을 넘나드는 전기거래가 늘어날 것이다. 태양광과 풍력의 비중이 증가하면서 날씨의 변동성을 극복할 수 있는 탄력적인 전력 시스템이 요구된다. 즉 발전량 부족 시에 즉각 투입할 수 있는 예비 발전설비와 함께 디지털화한 스마트 전력망이 필요하다. 예비 발전시설은 화석연료 특히 천연가스를 연료로 한다. 전력망의 디지털화는 안보 문제를 일으킬 수 있다. 적대적인 국가나 테러 단체가 전력망에 침투하여 교란을 일으켜서 경제적·사회적인 피해를 발생시킬 수 있다.

셋째로 태양광 패널과 풍력 터빈이 신속히 보급되면서 이 기술들의 장비 부품을 만드는 소재 원료가 되는 광물의 안정적인 공급이 중요한 이슈로 대두될 것이다. 2008년에 중국이 희토류 광물의 수출을 제한하면서 세계 희토류 시장이 혼란에 빠졌고 희토류 가격이 급등했다. 1978년에는 자이레의 내란으로 인해 코발트 수출이 급감했고 국제가격이 폭등했다. 에너지 전환을 가능케 하는 주요 광물의 보유국들이 중동 산유국을 대신하여 에너지 지정학의 중심에 서 있을 것이다.

재생에너지는 세계에 널리 분산되어 있고 단속적(斷續的)이며, 관련 설비의 제조에 희토류 광물이 필수 소재로 사용되고, 에너지는 전기의 형태로 수송되고, 장거리 수송에 따른 손실이 매우 크며, 에너지의 공급과 수요가 엄격한 관리하에 있다. 반면에 화석연료는 특정 지역에 부존되어 있으며, 집중된 대규모 설비에서 생산 및 가공되고, 액체와 고체 그리고 기체로 저장하는 것이 쉬우며, 전 세계적으로 수송하는 비용이 저렴하다.

재생에너지로의 전환은 현재의 과점적인 에너지 산업구조를 경쟁적인 구조로 바꿀 것이다. 대부분 국가들이 어떤 종류이건 재생에너지를 보유하고 있으므로, 각국은 에너지를 국내에서 생산할 것인지 또는 수입할 것인지를 결정하게 된다. 에너지 공급을 전적으로 해외에 의존하는 국가는 없게 된다. 재생에너지 시장은 에너지 공급의 단속성

(斷續性)과 높은 송전손실(送電損失)로 인하여 지리적으로 한정될 것이다. 특히 기후 등으로 인해 에너지의 국내 공급이 부족한 시점에 즉시 해외로부터 충분한 양의 에너지를 수입할 수 있는지가 중요한 관심사가 된다.

재생에너지 시장은 분산된 다양한 많은 생산자로 구성되기 때문에 새로운 사업모델이 가능하고 현지 정부의 권한이 강화된다. 특히 재생에너지 기술의 핵심 소재가 되는 희토류 광물을 안정적으로 확보함으로써 산업의 주도권을 장악하고자 하는 국가 간의 경쟁이 치열할 것이다. 실제로 미국, 독일, 중국은 재생에너지 산업의 심각한 애로 요인이 될 수 있는 희토류 소재의 확보를 위해 전력투구하고 있다.

미국과 중국 그리고 EU와 러시아 간의 세력다툼과 정보통신 및 배터리의 기술혁신이 에너지 전환의 방향과 속도에 어떤 영향을 미칠지, 에너지 시스템의 성격에 어떤 변화를 초래할지 매우 불확실하다. 화석연료가 세계 에너지 시장에서 쉽게 사라지지는 않을 것이다. 오히려 금세기 상당한 기간 세계 에너지 믹스에서 화석연료의 비중은 증가할 것이다. 재생에너지의 공급이 세계의 에너지 수요를 충족시키기에 충분할지 매우 의심스럽다. 재생에너지의 지역적인 제한성과 필수 소재 공급 채널의 불안정성 때문이다. 따라서 향후 수십 년간 세계 에너지 지정학은 화석연료의 지배적인 영향력 아래에 있을 것이다.

## 02
## 재생에너지의 지리적·기술적 특성

에너지 공급의 주요 고려점은 가격 경쟁력, 공급의 안정성, 환경과 기후에 미치는 영향이다.

재생에너지는 곳곳에 편재해 있고, 비고갈성이며, 환경공해를 유발하지 않고, 폐기물을 발생시키지 않는 것으로 여겨진다. 또한, 온실가스를 방출하지 않는 것으로 알려져 있다. 에너지 공급의 세 가지 주요 고려점을 바탕으로 볼 때 재생에너지는 바람직한 에너지원으로 여겨질 수 있다.

그러나 재생에너지로 전환하는 과정은 매우 더디고 불확실하다. 정부의 지원정책에도 불구하고 재생에너지의 비중은 낮은 수준에 머물러 있다. 이는 새로운 재생에너지 기술보다는 기존의 화석 에너지 기술을 선호하는 '기술의 족쇄' 효과 때문이다.

기술의 족쇄 효과는 새로운 기술의 개발과 전파는 새로운 기술의 개발과 그 기술개발의 토양이 된 경제적, 사회적, 문화적인 체제 사이에 상관관계가 있다는 아이디어를 바탕으로 한다. 새로운 기술이 채택되고 전파되는 것은 그 기술이 개발된 경로에 의존한다는 것이다.

이 경로 의존성은 시장의 초기 특성, 정부의 규제와 제도적인 요인,

소비자의 기대에 따라 형성된다. 더 좋은 새로운 대체 기술이 나와도 기존의 기술을 선호한다는 것이다. 채택의 경제로 인하여 이미 채택되어 오랜 기간 시장을 석권하고 있는 기술이 새로운 기술보다 우위에 있다.

기술은 경제, 사회, 문화적인 체제에 동화하면서 시간의 경과와 함께 뿌리를 깊이 내리고 채택의 경제를 누리게 된다. 이 기술 체제를 벗어나는 것은 매우 어렵고 큰 비용이 요구된다. 따라서 확립된 기술 체제는 경쟁적인 대체 기술을 만나도 흔들리지 않고 오랫동안 지속된다. 이것이 경로 의존성이며 기술 족쇄의 본질이다. 기술 족쇄는 기술 패러다임과 채택의 경제로 설명된다.

기술 패러다임은 기술발전의 특성과 방향은 기술개발 주체의 인식 체계에 의해 큰 영향을 받는다는 아이디어를 바탕으로 하고 있다. 회사와 기술연구소 등 기술 공동체 구성원들의 생각과 행동의 한계를 규정하는 원칙이 존재한다는 것이다. 기술적인 문제의 특성과 해결책에 관한 공동체 구성원들이 공유하고 있는 아이디어가 그것이다. 기술 패러다임은 충족시켜야 할 필요, 이를 위해 사용할 수 있는 과학적인 원리, 이를 바탕으로 한 실천적인 기술을 포함한다.

새로운 기술이 채택되어 전파되기 위해서는 그 기술을 뒷받침하는 과학 기술 지식체계가 기존의 기술 패러다임을 바꿀 수 있는 강력한 힘을 가지고 있어야 한다. 그러기 위해서는 기존에 확립된 기술 체제에 부합되어야 한다. 기술 체제는 기술 진보의 한계와 기술발전의 선호하는 방향을 규정하기 위해 사용된다. 기술발전이 가능한지 또는 적어도 시도해 볼 만한 가치가 있는 것인지를 규정한다.

기술 패러다임 또는 기술 체제가 구축되면서 특정한 기술을 발전시키고자 하는 노력은 과거의 성과, 아이디어, 지식을 바탕으로 하여 구체적으로 잘 정의된 방향으로 집중하게 된다. 이것은 강력하게 배타적인 성향을 띠게 되어서 기존에 견고하게 형성된 기술 패러다임을 벗어나는 기술의 가능성과 해결책을 배척하게 된다. 따라서 기술변화는 기술 공동체를 지배하는 매우 제한된 논리를 바탕으로 한다. 결국, 기술 패러다임은 또는 기술 체제는 기술 부분과 경제 부문의 주체들이 공유하면서 이를 바탕으로 기술발전이 이루어진다.

채택의 경제는 긍정적인 영향을 주고받는 메커니즘이다. 이 긍정적인 메커니즘은 새롭게 채택되는 기술의 매력도를 높인다. 여러 개의 기술이 시장 점유율을 높이기 위해 경쟁할 때에 시장에서 먼저 채택되는 기술이 긍정적인 메커니즘을 통해서 그 시장을 석권한다.

시장에 의해 우선적으로 채택 받는 기술은 눈덩이 효과를 누릴 수 있다. 시장이 우선적으로 선호하는 기술은 시장의 요구에 맞춰서 개선할 기회를 경쟁 기술보다 먼저 가지고, 더욱더 많은 시장 참여자들이 선호하여 채택하고, 따라서 앞서 나아가게 된다. 초기에 선택받지 못한 기술은 시장 접근이 어렵고 앞서서 발전해 나아가는 기술과 경쟁할 수 없다.

채택의 경제는 규모의 경제, 학습 경제, 적응적 기대, 네트워크 외부

효과에 의해 초래된다. 규모의 경제와 학습 경제는 누적 생산량이 증가하면서 단위 비용이 감소하는 데 따른 것이다. 적응적 기대는 기술을 채택하여 사용하는 시장 참여자들이 증가하면서 그 기술의 성과, 신뢰, 지속성에 대한 불확실성이 감소하는 것이다. 네트워크 외부효과는 특정한 기술을 사용하는 사람이 같은 기술을 사용하는 다른 사람이 제공하는 이익을 누리는 것이다. 하나의 기술은 많은 기술과 이를 지원하는 인프라가 서로 연결된 광범위한 네트워크의 일부이기 때문에 네트워크 외부효과가 중요하다. 여기서 인프라는 기술적, 경제적, 제도적인 연결구조로서 기존의 기술들이 서로 협력할 수 있도록 해주는 것이다.

기술적인 네트워크의 장점은 그 네트워크가 잠재적인 고객에게 매력적으로 접근할수록 기존의 고객이 누리는 이익이 증가하는 것이다. 예를 들어, 한 개인이 핸드폰을 사용하면서 누리는 생활의 편의는 통신망에 연결되는 사람의 수가 증가할수록 증가한다.

네트워크 외부효과는 신기술에 대하여 진입장벽으로 작용한다. 신기술은 기존의 기술 패러다임에 속하지 않기 때문이다. 기술적인 상호의존 구조 아래서 새로운 기술을 도입하기 위해서는 관련되는 기술 체제를 바꿔야 한다. 이 변화는 기존 기술 체제의 물리적인 요소들, 작동 절차, 행동 패턴을 변경하는 데 따른 상당한 비용과 혼란을 초래한다. 따라서 영향을 받는 기업, 정부, 소비자들은 기존 기술 체제의 일부가 아닌 새로운 기술을 도입하는 것을 반대한다. 결과적으로, 새로운 기술이 이러한 비용과 혼란을 상쇄하고도 남는 매우 큰 이익을 초래하지 않는 한 사용자들은 기존의 익숙한 기술을 계속해서 사용하고자 한다.

결국, 기술 족쇄는 기술 패러다임과 채택의 경제에 의해서 형성된다. 기술 패러다임은 기술과 습관 그리고 자연과 기술발전에 대한 시각을 공유하는 것을 바탕으로 한다. 채택의 경제는 기존의 선택을 강화하는 보상구조 때문에 초래되는 것이다.

---

세계적인 기후위기를 완화시키기 위해 온실가스 방출량을 급격히 낮출 필요가 있다. 현재의 화석연료 경제에서 저탄소 경제로 전환할 필요성이 강력하게 대두되는 이유다.

'탄소 족쇄'가 저탄소 경제로의 전환을 발목 잡고 있다. 현재의 에너지 시스템은 화석연료에 갇혀 있다. 지구온난화를 받치고 있는 에너지 시장은 $CO_2$를 대량 방출하는 기술이 석권하고 있다. 기술적으로, 제도적으로 화석연료 족쇄에 묶여 있어서 재생에너지가 대규모로 보급되지 못하고 있다.

탄소 족쇄는 애초에 화석연료가 풍부했고 온실가스가 기후에 미치는 영향에 관한 지식이 충분치 못해서 형성되었다. 화석연료 사용의 부정적인 영향을 인식한 후에도 재생에너지로의 전환이 어려운 것은 수십 년 동안 화석연료가 규모의 경제와 학습효과를 통해 지구온난화 발전에 크게 이바지했기 때문이다. 화석연료 기술을 떠받치고 있는 주체와 제도가 현재의 에너지 기술 패러다임에 속하지 않는 아웃사이더 기술의 보급을 가로막고 있다.

기술과 제도가 선택된 경로를 따라서 체계적으로 상호 작용하면서 함께 진화하는 과정을 통하여 강력한 연합체를 구축한다. 이 경로에는 기술적인 인프라, 조직, 제도 간에 발전적인 상호작용이 있다. 이를 통하여 물리적, 사회적으로 상호 의존적인 네트워크 집합체, 즉 기술 체제를 구축한다. 이는 경로 의존적이다.

경로 의존성은 과거의 사건이 현재의 의사결정에 영향을 미치는 것이다. 경로 의존성은 산업이나 기술 체제에서 나타날 뿐만 아니라 개별 기업에서도 나타난다. 화석연료 산업에서 과거의 투자가 현재의 의사 결정권자의 인식에 영향을 미쳐서 친숙하지 않은 재생에너지보다는 익숙한 화석 에너지에서 더 많은 투자 기회를 찾는다.

재생에너지 회사들이 투자를 결정할 때 기대수익과 잠재적인 위험을 비교 평가한다. 정부의 정책은 수익과 위험 모두에 영향을 미친다. 따라서 재생에너지 산업의 투자를 결정하는 요인은 수익, 위험, 정책이다.

---

풍부하지만 넓은 지역에 퍼져있는 재생에너지는 국내에서 생산함으로써 에너지의 수입의존도를 낮추고 무역수지를 개선해 준다. 정부는 에너지원을 국내에서 생산할 것인가 또는 수입할 것인가를 결정한다. 즉, 정부는 에너지원의 안정적인 공급과 저렴한 공급 사이에서 균형을

찾고자 노력한다. 재생에너지를 생산하는 국가들이 증가하면서 신뢰할 수 있는 국가들을 에너지 거래 상대국으로 선택하게 된다.

대부분 재생에너지는 전기를 통하여 소비자에게 전달된다. 송전 거리가 멀어질수록 전기 손실률이 심하게 증가한다. 따라서 전기를 통한 에너지 거래는 전 세계를 대상으로 하지 않고 일정한 지역 내에서 이루어진다. 전력망 연합체가 형성된다. 이는 에너지 공급 국가의 정치적인 불안이나 에너지 수송상의 장애 요인이 에너지 공급 불안으로 이어지는 경우는 별로 없음을 의미한다. 전 세계적으로 거래되는 석유 시장의 경우 중동지역의 정치적인 불안이나 호르무즈해협에서의 군사적인 충돌은 세계 석유 시장을 요동치게 하는 중요한 원인이 된다. 역내 국가들이 공동으로 송전망을 관리하는 지역공동체가 전 세계를 아우르는 공급체인을 대체한다.

재생에너지로의 전환은 재생에너지 기술이 요구하는 희토류 소재의 확보를 위한 국가 간의 치열한 경쟁을 초래할 것이다. 특히 중국이 세계 희토류 시장을 석권하고 있는 것이 심각한 장애가 되고 있다. 또한, 화석연료 생산국들은 자금을 회수하지 못하고 동결되는 좌초자산과 이로 인한 정치·사회적인 불안에 대하여 염려하게 된다.

태양광, 풍력의 단속적(斷續的)인 특성이 또 다른 염려를 불러온다. 모든 국가가 저렴한 저장장치를 가지고 있는 것은 아니다. 따라서 소비자들은 에너지가 절실히 필요할 때 사용하지 못하는 상황을 크게 염려한다. 전력을 잘 통제해서 국내 소비자들에게 에너지를 안정적으로 공급할 수 있도록 전력망을 관리하는 것이 정책담당자들이 전략적으로 중요시하는 관심사다. 재생에너지로 전환하는 것은 소비자에게 이익을 제공하기 위함이지만, 그 전환과정에서 국가들이 인프라를 조정하고 거래 상대를 바꾸면서 많은 불확실성이 야기된다.

재생에너지의 대규모 개발 및 보급, 에너지 시스템의 전기화, 화석연료의 비중 감소가 주요 특징으로 나타나는 세계에서 새로운 에너지 리더로 중국이 부상하고 있다. 중국은 태양광 패널, 풍력 터빈의 세계 최대 생산국이자 수출국이다. 재생에너지 기술이 요구하는 희귀금속에 대한 의존도가 새로운 에너지 안보 이슈로 대두되고 있다. 희귀금속의 주요 공급국으로서 중국과 함께 콩고민주공화국 등 정치적으로 불안정한 국가들이 주목받는 이유다.

국민 여론과 임박한 선거와 같은 재생에너지 시장 외부의 요인이 중요한 역할을 한다. 2011년의 일본 후쿠시마 원자력 발전소 사고가 독일 국민의 큰 관심을 끌었다. 당시 독일은 많은 원자력 발전소를 가지고 있었다. 악화된 국민 여론과 다가오는 선거에 직면한 당시 독일 총리 메르켈은 2022년까지 원자력 발전을 종식시키겠다고 선언했다.

에너지 선택과 정치적인 선택은 서로 긴밀하게 연결되어 있다. 에너지 부문은 지정학적, 지경학적, 지리 전략적, 산업적, 기술적, 사회적, 그리고 정부 규제의 영향력이 겹치는 합류 지점에 위치해 있다. 또한, 에너지 이슈는 세계 인구증가와 긴밀히 연결되어 있다. 인구증가에 맞춰서 에너지의 생산, 수송, 분배가 역동적으로 변화한다. 2050년에 세계 인구는 90억 명에 이를 것으로 예상된다. 이 중 20억 명은 안정적인 에너지 공급을 받지 못할 것으로 추정된다. 세계의 에너지 소비는 인구보다 빠른 속도로 증가하고 있다. 에너지 문제를 지정학적, 지경학적, 지리 전략적인 차원에서 어떻게 이해하고 대처해야 하는가가 현안 과제로 대두되고 있다.

희토류 소재는 재생에너지 기술을 지지하는 전략적인 자원으로서 대체재의 개발이 매우 어렵다. 희토류 광물의 주요 생산국은 중국, 러시아, 콩고민주공화국, 브라질이다. EU는 2030년까지 희토류 광물로 만드는 41개의 원재료를 정보통신 기술의 핵심 소재로 규정했다. 이들 소재는 95%를 수입에 의존하고 있으며, 재활용이 매우 제한적이고, 대체재도 별로 없다. 이들 소재의 공급체인 상에 교란이 발생할 때 심각한 결과가 초래된다.

세계의 희토류 수요는 1년에 13만4,000톤, 연간 생산량은 12만4,000톤으로 추정된다. 희토류 광물 공급체인의 교란과 광물에 포함된 토륨의 방사능 방출이 주요 위험요인이다. 세계 희토류 매장량의 3분의 1을 보유하면서 세계 생산량의 95~97%를 차지하는 중국이 전략적인 주요 위험요인이 되고 있다. 따라서 중국에 대한 의존도를 줄이기 위해서 대체 공급원을 확보하고, 희토류 광물의 새로운 생산기술을 개발하며, 재활용 시스템을 구축하는 것이 긴요하다. 서방세계가 기술혁명을 성공적으로 이끌면서 원료물질을 과소평가하는 성향이 있다. 기술이 인간을 유익하게 하는 것은 물질을 통해서다.

## 03
## 희귀금속의 위기금속화

재생에너지로의 전환을 촉진하는 두 가지 중요한 국제적인 협약이 있다. 우선 2015년 9월에 유엔총회에서 193개국이 채택한 '지속가능한 발전목표(SDGs, Sustainable Development Goals)'가 있다. 이는 2030년까지 달성하기로 합의한 17개의 목표를 포함하고 있다. 21세기에 가장 시급한 문제인 빈곤, 기아, 불평등, 질병, 기후변화, 환경파괴 등을 해결함으로써 모든 인류에게 공평한 기회를 제공하고 안전하고 풍요로운 삶을 영위하도록 하는 것을 목표로 한다. 특히, 7번째 목표는 깨끗한 에너지를 사용할 것을 요구하는 것이다. 13번째 목표는 유엔 회원국들이 기후변화에 대응하기 위해 긴급조치를 취하기로 결의한 것이다. 다음으로 2015년 12월 세계 195개국이 채택한 파리협약(Paris Agreement)이 있다. 파리협약은 지구 온도의 상승 폭을 산업화 이전 대비 2100년 기준 2℃ 이내로 제한하고, 더 나아가 1.5℃ 이내로 제한하기 위해 노력한다는 것을 주요 내용으로 한다.

에너지 전환이 진전되면서 재생에너지 기술을 채택하는 국가와 기업들이 증가했다. 중국 정부는 2020년까지 재생에너지에 3,600억 달러를 투자해서 1,300만 개의 일자리를 창출하겠다고 선언했다. 코스타리카는 2015~2019년의 기간 동안 95% 이상의 전기를 재생에너지로 생산했다. 유럽의 4대 보험회사들은 석탄에 대한 보험의 범위를 제한했다. 자동차 제조회사 볼보는 2019년까지 새로운 자동차 일부를 전기차로 생산할 것을 2018년에 발표했다. 변화의 속도가 매우 현격해서 2050년까지 세계 발전량의 50%를 풍력과 태양광이 차지할 것이라고 블룸버그 신에너지 전망(Bloomberg New Energy Outlook, BNEO)이 예측했다.

재생에너지 기술에 대한 수요가 커지면서 관련되는 설비제조 및 인프라 구축을 위해 필요한 소재와 광물에 대한 수요가 크게 상승할 것으로 전망된다. 태양광 패널, 풍력 터빈, 전기 자동차, 배터리 제조를 위해 필요한 광물인 동, 철, 연, 몰리브덴, 니켈, 아연, 코발트, 리튬, 희토류 금속에 대한 수요가 급속하게 증가할 것이다.

이 광물 자원들을 풍부하게 보유하고 있는 국가들은 민주적인 지배체제를 갖추고 있는 경우 자원개발 사업을 국제적으로 인정받는 방식으로 관리함으로써 경제적, 사회적으로 큰 발전을 이룰 수 있다. 그러나 국제적으로 공인된 책임 있는 방식으로 자원개발 사업을 추진하지 못하면 갈등과 취약성을 드러낸다.

정치적으로 불안정하고 자원개발 산업의 지배구조가 취약한 국가에서는 광물자원의 개발이 폭력, 갈등, 인권유린과 연결될 수 있다. 예로써 콩고민주공화국에서 코발트 개발은 흔히 폭동으로 이어졌기 때문에 '피의 다이아몬드'로 불렸다. 태양광 패널과 에너지 저장장치의 제조에 핵심 소재가 되는 니켈의 개발이 과테말라에서는 살인, 성폭력, 강제 이주로 이어졌다.

대기 중에 방출되어 축적된 온실가스는 지구 기후에 심각한 영향을 주고 있다. 상승하는 지구 온도, 점점 변덕스러워지는 강우량, 상승하는 해수면, 잦아지는 가뭄과 홍수는 기후변화가 사람과 생태계에 미치는 영향의 몇몇 예에 불과하다. 현재의 기후 모델은 지구 평균온도의 상승, 인류가 거주하는 지역에서의 뜨거운 날씨, 몇몇 지역에서의 집중적인 강우량, 다른 지역에서의 가뭄을 예측하고 있다.

2015년 12월에 세계 195개국이 체결한 파리협약은 장기 목표로 산업화 이전 대비 지구 기온의 상승 폭을 2100년 기준 2℃보다 낮게 유지하고, 더 나아가 1.5℃ 이하로 제한하기 위해 노력한다는 것을 주요 내용으로 한다. 이를 위해 저탄소 경제로의 전환이 추진되고 있다. 녹색에너지 기술을 통하여 기존 산업의 탈탄소화를 추구하고 있다.

녹색에너지에 대한 투자가 세계적으로 증가하고 있다. 구글, 아마존 같은 기업들은 재생에너지를 적극적으로 사용할 것을 선언했다. 2017년에 이 기업들은 자사의 에너지 수요를 태양광 에너지와 풍력 에너지로 충당했다. 2016년에는 배터리와 같은 에너지 저장기술의 사용이 50% 이상 증가했다. 테슬라, 볼보, BMW 같은 자동차 회사들은 전기자동차 생산을 힘썼다.

태양광 패널, 풍력 터빈, 전기자동차, 에너지 저장용 배터리의 수요는 지난 10년 동안 상당히 증가했다. 이 재생에너지에 대한 수요는 앞으로 급속히 상승할 것이다. 재생에너지의 수요가 증가하면서 관련 설비의 제조와 인프라 구축을 위해 필요한 광물들에 대한 수요도 함께 증가한다.

재생에너지 설비 중에서 태양광 패널의 수요가 2016년에 가장 빠른 속도로 증가했다. 저탄소 경제체제에서 태양광 기술들이 세계 에너지 시장에서 차지하는 비중은 2050년까지 경우에 따라서 최소 2%에서 최대 25%에 이를 것으로 예상된다. 태양광 패널의 제조를 위해 필요한 핵심 광물은 갈륨, 게르마늄, 인듐, 철, 니켈, 셀레늄, 텔루르, 주석이다.

풍력 에너지 기술도 보급이 확대되고 있다. 유럽에서 풍력발전이 2018년에 새로운 발전설비의 44%를 차지했다. 풍력 터빈의 제조에 필요한 주요 광물은 보크사이트와 알루미나, 크롬, 코발트, 동, 철, 망간, 연, 아연, 몰리브덴, 희토류 금속이다.

전기자동차의 수요도 증가하고 있으며, 특히 중국의 전기자동차 수요 증가가 괄목할만하다. 블룸버그 신에너지 재정(Bloomberg New Energy Finance, BNEF)은 2040년까지 자동차 판매량의 57%가 전기자동차가 될 것으로 추정했다. 리튬이온 배터리가 높은 에너지 밀도로 인해 전기자동차 배터리 시장을 석권하고 있다. 전기자동차와 에너지 저장 배터리에 대한 수요가 증가하면서 리튬, 코발트, 망간, 희토류 금속에 대한 수요도 함께 증가하고 있다. 이 광물들의 가격 역시 상승하고 있다. 망간 가격은 2015~2017년의 기간에 2배로 상승했다. 증가하는 리튬 수요를 충족시키기 위해 2025년까지 매년 한 개의 새로운 리튬 광산을 개발해야 한다.

녹색에너지 기술의 실현을 위해 필요한 다양한 광물자원을 채굴하고, 제련하고, 소재와 장비로 만드는 과정의 각 단계에서 사업 활동을 영위하는 당사자들은 저탄소 경제로의 전환을 가능케 하는 매우 중요한 위치에 있다. 광물 탐사사업은 증가하는 광물 수요에 대응하여 매우 증가할 것으로 전망된다. 탐사사업이 이를 따라잡기에 역부족이고 금속 가격이 급격히 상승하고 있다. 개발 수익성을 갖춘 광물자원의 매장량을 발견한 후에 실제로 생산을 시작하기까지 10~15년이 요구된다.

광물자원의 재활용은 공급 부족 문제를 완화시킬 수 있지만 크게 활성화되지는 못하고 있다. 오히려 새로운 기술과 대체재의 개발이 공급 문제의 해결책이 될 수 있다. 예를 들어 바나듐 배터리는 에너지 밀도가 낮아서 핸드폰과 전기자동차에서 리튬이온 배터리를 대체할 수 없으나, 충전소와 같은 대규모의 정주형(定住型) 사업에서는 게임 체인저가 될 수 있다.

태양광, 풍력, 전기자동차, 에너지 저장장치 등 녹색 기술의 개발 및 보급을 위해 필수적으로 필요한 핵심 광물로서 희토류, 알루미늄, 카드뮴, 크롬, 코발트, 동, 갈륨, 게르마늄, 천연 흑연, 인듐, 철, 연, 아연, 리튬, 망간, 몰리브덴, 니켈, 셀레늄, 실리콘, 은, 텔루르, 주석 등이 있다.

광물자원 개발산업은 갈등과 분쟁에 휩싸이는 경우가 많았다. 이 갈등과 분쟁의 주요 원인은 자원보유국 정부의 취약한 통제력과 부정부패였다.

희토류 광물의 경우 정부의 통제력이 취약한 국가들이 세계 매장량의 58%를 보유하고 있고, 정부가 부패한 국가들이 세계 매장량의 94%를 보유하고 있다. 크롬의 경우 정부의 통제력이 취약한 국가들이 55%, 정부가 부패한 국가들이 100% 보유하고 있다. 코발트는 정부의 통제력이 취약한 국가들이 70%, 정부가 부패한 국가들이 70% 보유하고 있다. 주석은 정부의 통제력이 취약한 국가들이 69%, 정부가 부패한 국가들이 84% 보유하고 있다. 셀레늄은 정부의 통제력이 취약한 국가들이 76%, 정부가 부패한 국가들이 76% 보유하고 있다. 천연 흑연은 정부의 통제력이 취약한 국가들이 73%, 정부가 부패한 국가들이 100% 보유하고 있다.

망간은 정부의 통제력이 취약한 국가들이 66%, 정부가 부패한 국가들이 86% 보유하고 있다. 몰리브덴은 정부의 통제력이 취약한 국가들이 70%, 정부가 부패한 국가들이 72% 보유하고 있다. 텔루르는 정부의 통제력이 취약한 국가들이 67%, 정부가 부패한 국가들이 67% 보유하고 있다. 티타늄은 정부의 통제력이 취약한 국가들이 57%, 정부가 부패한 국가들이 62% 보유하고 있다. 알루미늄은 정부의 통제력이 취약한 국가들이 44%, 정부가 부패한 국가들이 68% 보유하고 있다.

철은 정부의 통제력이 취약한 국가들이 42%, 정부가 부패한 국가들이 60% 보유하고 있다. 니켈은 정부의 통제력이 취약한 국가들이 42%, 정부가 부패한 국가들이 59% 보유하고 있다. 동은 정부의 통제력이 취약한 국가들이 41%, 정부가 부패한 국가들이 41% 보유하고 있다. 아연은 정부의 통제력이 취약한 국가들이 52%, 정부가 부패한 국가들이 59% 보유하고 있다. 은은 정부의 통제력이 취약한 국가들이 52%, 정부가 부패한 국가들이 52% 보유하고 있다. 연은 정부의 통제력이 취약한 국가들이 49%, 정부가 부패한 국가들이 49% 보유하고 있다. 리튬은 정부의 통제력이 취약한 국가들이 21%, 정부가 부패한 국가들이 34% 보유하고 있다.

## 04
## 희토류 금속의 지정학적 상품화

희토류 광물은 풍력 터빈과 전기자동차 배터리를 생산하기 위해서 필수 소재로 사용된다. 풍력 터빈을 건설하는 데 필요한 주요 소재로서 철, 콘크리트, 자성 소재, 알루미늄, 동이 있다. 특히 풍력 터빈의 변속장치에 들어 있는 자석은 네오디뮴을 필수 소재로 사용하여 제조된다. 네오디뮴은 희토류 금속광물 중 하나이다. 희토류 광물은 스칸듐(원자번호 21), 이트륨(원자번호 39)과 란타넘에서 루테튬에 이르는 원자번호 57~71의 15개를 포함해 총 17개로 이루어져 있다. 구체적으로 스칸듐, 이트륨, 란타넘, 세륨, 프라세오디뮴, 네오디뮴, 프로메튬, 사마륨, 유로퓸, 가돌리늄, 터븀, 디스프로슘, 홀뮴, 어븀, 툴륨, 이터븀, 루테튬의 17개가 희토류 금속 광물이다.

많은 국가들이 풍력발전 설비를 건설하면서 네오디뮴의 수요가 급속히 증가하고 네오디뮴의 공급에 압박을 가하면서 불안정한 공급원에 대한 의존도를 높이고 있다. 최대 규모의 희토류 광물 매장량을 보유하고 있는 국가는 중국이다. 미국은 희토류 수입량의 90%를 중국에 의존하고 있다.

초정밀 전자기기의 제조를 위해 필요한 희토류의 수요가 빠른 속도로 증가하면서 중국은 희토류 수출량을 통제하고자 했다. 산업구조 개편과 환경문제를 핑계로 내세웠다. 2010년에 중국은 수출 할당량을 2009년 대비 40% 감축하면서 희토류 광물자원의 무분별한 채굴을 억제하고 지속가능한 개발을 도모하기 위함이라고 주장했다. 중국 정부는 세계 희토류 매장량의 3분의 1을 보유하고 있는 중국이 세계 희토류 수요의 90%를 충족시켜 왔고, 이러한 과도한 개발은 지속될 수 없다는 논리를 폈다.

　중국 지도자 덩샤오핑은 1992년에 중동은 석유를 가지고 있고 중국은 희토류 광물을 가지고 있다고 말했다. 중국은 세계 희토류 시장의 우월적 지위를 경쟁국에 대하여 협상 수단으로 사용하지 않겠다고 반복적으로 밝혔다. 2010년 10월에 힐러리 클린턴 미국 국무장관은 하노이에서 양제츠 중국 외교부장으로부터 중국은 희토류 광물 수출량을 감축하지 않겠다는 확약을 받았다고 말했다. 그러나 의구심은 여전히 남아있다.

　전기차 제조 시 희토류가 필수 소재로 사용되는 것에 더해서 리튬이 리튬이온 배터리에 사용된다. 세계 리튬 매장량의 절반이 볼리비아에 부존되어 있다. 칠레도 대규모 리튬 매장량을 보유하고 있다.

　중국 역시 리튬 매장량을 대규모 보유하고 있다. 그러기에 중국이 전기차를 개발하고 있는 것은 우연한 일이 아니다. 중국의 대표적인 전기차 회사인 BYD(Build Your Dreams)가 1995년에 설립되었다. BYD는 리튬이온 배터리 제조회사로 출발하였다가 2005년에 전기차로 사업 범위를 넓혔다. 2016년 10월에 BYD는 세계 제2위의 플러그인 전기자동차 제조회사로 성장해서 1년에 17만대 이상을 중국 내에서 판매했다.

　중국의 BYD와 견줄 만한 일본 자동차 회사는 닛산이다. 닛산은 중국에서 전기자동차를 판매하고자 했다. 중국은 단기간에 많은 전기자동차를 판매할 수 있는 세계 유일의 시장이었기 때문이다. 1년에 40만 대를 중국에서 판매하고자 했다. 닛산의 중요한 자산은 자사가 개발한 리튬이온 배터리였다. 중국에서 전기자동차를 생산하기 위해서 중국의 리튬 공급이 필요했다. 그러나 중국 정부는 닛산이 단독으로 중국에서 전기차 사업을 추진하는 것을 허락하지 않았다. 닛산이 중국 회사와 합작회사를 설립하고 기술이전을 약속하기 전에는 중국의 리튬을 공급받지 못했다.

중국은 자국의 전기차 시장을 보호하면서 미국과 유럽에 전기차를 판매하기에 유리한 여건을 조성하기 위해 노력하고 있다. 이 결과 재생에너지로의 전환이 이전에 생각했던 것처럼 이상적(理想的)인 것이 아닐 것으로 예상된다.

태양광 전지 패널을 제조하는 데 필요한 광물 중에는 인듐, 갈륨, 게르마늄, 실리콘이 있다. 이 광물들의 매장량은 중국, 중앙아프리카, 러시아에 분포되어 있다. 따라서 재생에너지 지정학은 종래의 화석 에너지 지정학과 매우 닮았다. 종래의 지정학에서는 서방 국가들이 중동 의존도를 줄이기 위해 노력했다면, 재생에너지 지정학에서는 서방 국가들이 중국 의존도를 줄이기 위해 노력할 것이다.

미국은 재생에너지 설비를 제조하기 위해 필수적으로 사용되는 소재를 안정적으로 확보하기 위해서 2010년에 '핵심 원자재 전략(Critical Materials Strategy)'을 수립했다. 그러나 이 전략에도 불구하고 전기차 제조회사인 테슬라는 현실에 적응해야 했다. 테슬라는 전기자동차 제조를 위해 중국의 리튬이 필요했고 전기자동차 판매를 위해 중국의 대규모 소비자 시장이 필요했다. 2017년에 테슬라는 중국으로부터 리튬을 공급받는 대가로 중국에 기술을 이전해주기로 했다. 이것은 일본의 닛산과 중국과의 거래와 별반 다르지 않다.

중국은 이 전략을 통해서 전기자동차 제조기술을 획기적으로 발전시키고 세계 시장을 석권하고자 한다. 중국의 전기차 회사 BYD는 급속도로 성장하고 있다. 세계의 리튬이온 배터리 생산량도 빠른 속도로 증가하고 있으며, 세계 생산량의 66%를 중국이 차지하고 있다.

2040년 이후에 프랑스와 영국이 추진하고 있는 내연기관 자동차의 생산금지 조치를 서방의 많은 국가들이 채택할 경우 서방 국가들의 중국 의존도는 상당한 수준에 이를 것이다. 중국 의존도를 줄이는 것이 서방 정책담당자들의 주요 관심사이다. 리튬 매장량과 배터리 생산능력에 있어서 압도적인 위치에 있는 중국이 서방 국가들에 심각한 지정학적 위험요인으로 부상하고 있다. 서방 국가들은 대체 기술개발에 적극적으로 투자할 필요가 있다. 한 바구니에 모든 달걀을 담는 어리석음을 범하지 말아야 한다.

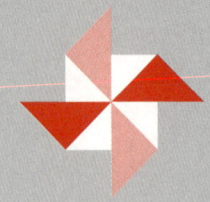

# VI.
## 재생에너지가 환경친화적?

풍력은 원자력보다 46배 넓은
토지를 사용해야 같은 양의
에너지를 생산할 수 있다.
태양광은 원자력보다 8배 넓은
토지를 사용해야 한다.
재생에너지의 환경 발자국이
이처럼 크다.

## 01
## 태양광과 풍력이 녹색에너지?

독일 태생의 영국 경제학자 슈마허Ernst Friedrich Schumacher, 1911~1977는 1973년에 출판한 책 『작은 것이 아름답다』에서 환경보호의 요체는 인간이 자연 생태계를 교란하는 행위를 최소화하는 것임을 제시했고 세계적으로 큰 호응을 얻었다. 이 개념을 에너지 생산에 적용하자면, 최선의 에너지원은 에너지 밀도가 가장 높아서 최소의 면적에서 가장 많은 양의 에너지를 생산하고 최소한의 발자국을 남기는 것이다.

태양광 패널과 풍력 터빈이 생산하는 재생에너지는 에너지 밀도가 매우 낮아서 이들 설비가 방만하게 뻗어나가고 따라서 넓은 면적의 토지를 점유한다. 재생에너지의 넓은 토지 점유는 원자력 발전소 설비와 비교하면 분명하게 드러난다. 풍력의 에너지 밀도는 제곱미터($m^2$)당 1.2W고 태양광전지의 에너지 밀도는 제곱미터당 6.7W다. 원자력 발전의 에너지 밀도는 제곱미터당 56W다. 결과적으로 풍력은 원자력보다 46배의 넓은 토지를 사용해야 같은 양의 에너지를 생산할 수 있다. 태양광은 원자력보다 8배의 넓은 토지를 사용해야 한다. 재생에너지의 환경 발자국이 이처럼 크다.

이에 더하여 재생에너지를 통해 생산한 전기를 멀리 떨어져 있는 소비지까지 수송하기 위해 고압 송전망을 신설하거나 증설해야 하는 것이 재생에너지의 또 다른 심각한 문제이다. 고압 송전선이 통과하는 지역의 주민들과 환경단체들이 강력히 반대하고 있기 때문이다. 더욱이 송전망을 신설하기 위해 많은 토지가 필요하다.

그뿐만 아니라 재생에너지는 많은 양의 철과 콘크리트가 필요하다. 특히 풍력 설비는 천연가스나 원자력보다 여러 배 많은 자원이 필요하다. 풍력 설비용량 메가와트 당 870$m^3$의 콘크리트와 460톤의 철이 필요하다. 열병합 가스터빈 발전설비의 경우 메가와트 당 27$m^3$의 콘크리트와 3.3톤의 철이 필요하다. 결과적으로 풍력발전 설비가 가스발전 설비보다 32배의 콘크리트와 139배의 철이 더 필요하다.

풍력의 자원 집약도는 원자력보다 훨씬 높다. 풍력발전 설비는 원자력 발전 설비보다 9.6배의 콘크리트와 11.5배의 철이 필요하다. 원자력 발전설비는 메가와트 당 90$m^3$의 콘크리트와 40톤의 철이 필요하다.

에너지 밀도가 높은 에너지원일수록 자연환경에 미치는 피해가 적다. 그리하여 인간이 자연을 즐길 수 있게 한다. 캐나다계 미국인 건축가 비톨드 리브친스키Witold Rybczynski는 도시가 환경에 미치는 유익을 설명하면서 '밀도가 친환경이다(density is green)'라고 말했다. 미국 작가 스튜어트 브랜드Stewart Brand는 2009년에 출판한 책 『Whole Earth Discipline』에서 도시는 많은 사람이 빈곤에서 탈출할 수 있는 길을 제공한다고 말했다. 또한, 도시는 인간이 만들 수 있는 가장 친환경적이라고 주장했다. 도시의 높은 밀도를 찬양하는 것이다.

우리는 높은 밀도의 에너지원이 필요하다. 작은 발자국을 남기는 에너지 프로젝트는 환경친화적일 뿐만 아니라 잠재적인 님비(NIMBY)저항을 감소시킬 수 있다. 님비현상은 풍력의 열렬한 지지자에게서도 나타난다. 미국 투자자이자 석유 거물인 분 피켄스T Boone Pickens는 재생에너지에 대한 투자를 주장했다. 그러나 그는 자신의 땅이 아닌 다른 사람들의 땅에 풍력 터빈과 송전선을 건설하기를 원했다. 그는 2008년 5월에 6만8,000에이커의 자신의 목장에는 단 하나의 풍력 터빈도 없을 것이라고 선언했다. 그의 목장은 미국 텍사스주 최북단의 팬핸들에 있는데 이곳은 미국에서 가장 바람이 많이 부는 곳이다.

풍력은 가장 많이 홍보되고 있는 녹색에너지다. 특히 풍력을 사용할수록 이산화탄소 배출량은 많이 감소한다는 홍보가 가장 많은 관심을 받는다. 이 홍보가 가지고 있는 유일한 문제는 그것이 사실이 아니라는 점이다.

## 02
## 풍력이 $CO_2$ 배출량을 감소?

풍력이 이산화탄소 배출량을 감축시킨다는 주장이 많은 사람에게 강력하게 어필하고 있는 이상, 이를 증명하는 많은 연구 결과들이 존재할 것으로 기대하는 것은 당연한 일이다. 불행히도 이러한 연구 결과는 찾아보기 매우 힘들다. 풍력 사용에 관한 다양한 시나리오를 분석하는 모델을 바탕으로 이산화탄소 감축량을 추정하는 보고서들은 있다.

그러나 세계에서 운영 중인 풍력 터빈과 기존의 발전소에서 수집한 데이터를 분석하여 풍력이 이산화탄소 배출량을 실제로 감축시켰다는 연구 결과는 없다. 풍력에 관한 대표적인 포럼으로 2005년에 설립된 세계 풍력에너지협의회(Global Wind Energy Council, GWEC)가 대기 중으로 방출되는 이산화탄소의 양을 감축시키는 것이 풍력발전의 가장 중요한 환경적인 이익이라고 선언한 것을 고려하면, 실증적(實證的)인 연구가 없다는 사실은 매우 당혹스럽다.

GWEC는 2008년도 연차보고서 「Global Wind Energy Outlook 2008」에서 미래 언젠가는 풍력이 발전용 화석연료의 사용량을 감축시킬 것이라고 주장했다. 그러나 이 주장은 모든 풍력발전 설비는 대규모의 예비 발전 시설이 지원해야 한다는 사실을 무시하는 것이다. 덴마크의 경우 노르웨이와 스웨덴에 대규모 수력발전 설비를 예비 발전원으로 가지고 있음에도 불구하고 이산화탄소 방출량이 감소하지 않았다. 완전히 무탄소 발전원을 예비 전력원으로 보유하고 있는데도 말이다. 이것은 수력을 예비 발전원으로 갖지 못한 국가들에게는 나쁜 징조다. 풍력발전 설비를 보유하고 있는 거의 모든 국가는 가스 발전소를 예비 전력원으로 가지고 있다.

케임브리지 에너지 연구협회(Cambridge Energy Research Associates, CERA)는 풍력발전은 기존의 발전보다 비싸다고 말했다. 그 이유는 풍력발전은 그 단속성(斷續性)으로 인해 예비 발전원으로 지원해야 하기 때문이라고 설명했다. 풍력발전 설비의 가동률은 날씨와 계절에 영향을 받기 때문에 실제적인 설비 이용률은 최대 설비 능력의 10~20%로 평가된다.

CERA는 신뢰할 수 있는 발전설비를 확보하기 위해 모든 풍력발전 시설에 맞추어서 언제든지 즉시 동원할 수 있는 같은 용량의 예비 발전설비를 보유해야 한다고 결론을 내렸다. 오스트레일리아의 에너지 엔지니어 피터 랭Peter Lang은 풍력은 필요할 때에 항상 바로 에너지를 공급하지는 못하기 때문에 추가적인 발전설비 투자를 수반한다고 말했다.

풍력발전은 전기 공급의 단속성으로 인해 기존의 발전설비를 대체하는 것이 아니라 오히려 발전설비를 추가한다. 주로 가스발전 설비가 추가되는데 발전설비의 가동과 정지가 자주 반복되기 때문에 가스 소비량이 오히려 증가하고 따라서 이산화탄소 배출량도 함께 상승한다. 가스 열병합 발전 터빈을 지속해서 가동하면서 설비 이용효율을 높이는 것이 이산화탄소 배출량을 감소시키는 방법이다.

중국은 북서부의 간쑤성에 1만2,700MW의 풍력발전단지를 건설하면서 9,200MW의 석탄 발전소를 예비 전력 공급원으로 건설했다. 석탄 발전소는 기저 부하용으로서 가동과 정지를 신속하게 반복할 수 없다. 간쑤성에 새로 건설되는 모든 석탄 발전소를 중단 없이 계속 가동하면서 정전사태가 발발하지 않도록 할 것이다. 풍력은 이산화탄소 감축의 효율적인 수단이 아니다.

풍력의 최대 장점은 이산화탄소 배출량의 감축이라는 주장은 실적으로 증명되지 못하고 있다. 다만 계량모델을 사용한 시나리오 분석의 결과 추정치에 불과하다.

## 03
## 덴마크가 다른 나라의 모델?

재생에너지를 홍보하는 사람들은 덴마크의 풍력을 모델로 제시한다. 그러나 덴마크의 풍력은 이산화탄소 배출량, 석탄 소비량, 석유 소비량을 뚜렷하게 감소시키지 못했다. 풍력에 대한 막대한 지원에도 불구하고 덴마크의 전기요금과 휘발유 요금이 매우 비싸다. 덴마크의 이산화탄소 배출량도 별로 변화가 없다. 덴마크는 풍력 생산능력이 증가함에도 불구하고 석탄 소비량은 감소하지 않고 석탄 의존도는 미국보다 높다.

덴마크는 석유를 수입하지 않는다는 녹색주의자들의 주장은 옳다. 덴마크는 석유 수출국이다. 이것은 덴마크의 재생에너지 개발과는 무관한 것이다. 북해 석유개발을 위해 수십 년간 덴마크 정부가 꾸준히 노력한 결과이다.

1999~2007년 기간에 덴마크의 풍력 발전량은 136% 상승해서 30억 kWhr에서 71억kWhr로 증가했다. 2007년 초에 덴마크의 총 전력 생산량 중에서 풍력이 차지하는 비중은 13.4%였다. 동 기간에 덴마크의 석탄 소비량은 변화가 없었다. 1999년에 덴마크의 하루 석탄 소비량은 석유 환산 9만4,400배럴이었고, 2007년의 석탄 소비량도 변함없이 같은 수준이었다. 이 석탄 소비량은 1981년의 석탄 소비량과 같은 것이다.

덴마크는 세계 풍력발전 시장에서 주도적인 국가이다. 풍력발전의 변동성으로 인해 덴마크의 석탄 발전량은 날씨에 따라서 상승과 하락을 반복할 것이다. 덴마크는 2006년에 석탄 발전소에서 생산한 전기를 소비한 양이 2005년보다 50% 증가했다. 덴마크 풍력발전의 근본 문제는, 다른 국가와 마찬가지로, 언제든지 지체 없이 사용할 수 있는 발전원을 예비로 보유하고 있어야 한다. 덴마크의 경우 국내의 석탄발전과 함께 인접 국가들의 수력발전을 사용하는 것을 의미한다. 덴마크는 풍력발전량의 3분의 2까지 인접 국가인 독일, 스웨덴, 노르웨이에 수출한다. 2003년에는 덴마크 서부의 풍력발전 설비에서 생산된 전기의 84%를 시장가격보다 낮게 수출했다.

덴마크는 인접 국가들에게 전기 보조를 제공하는 셈이다. 풍력발전을 통해 생산한 전기를 모두 사용하지 못하기 때문이다. 수출하는 풍력발전 전기는 덴마크 국민이 비용을 지급한 것으로서 노르웨이와 스웨덴 소비자들에게 낮은 가격으로 전기를 공급한다. 또한, 노르웨이와 스웨덴은 새로운 발전시설에 대한 투자를 연기할 수 있는 혜택을 받는다. 이에 대해 덴마크 소비자들이 받는 대가는 전혀 없다.

덴마크는 인구 밀집 지역인 코펜하겐에서 멀리 떨어진 서부에 있는 풍력발전의 단속성(斷續性) 때문에 기존의 석탄 발전설비를 사용해야 한다. 풍력발전으로 전기가 과잉 생산될 때에는 스웨덴과 노르웨이로 보낸다. 이 국가들은 풍부한 수력 발전자원을 보유하고 있어서 덴마크는 필요하면 이들로부터 전기를 공급받아서 전력망의 균형을 유지한다.

덴마크는 풍력으로 생산한 전기의 양이 너무 많아서 모두 소비할 수 없을 때 전력망의 안정을 위해 남는 전력을 인접국으로 수출한다. 인접국인 노르웨이와 스웨덴은 수력발전 강국이어서 노르웨이는 총 에너지 소비량의 68%를, 스웨덴은 30%를 수력에서 공급받는다. 사실상 노르웨이와 스웨덴은 덴마크 풍력의 배터리 역할을 수행하고 있다.

덴마크의 석유 의존도는 미국보다 높다. 2007년에 덴마크의 일차에너지 소비량 중에서 석유가 차지하는 비중은 51%인데 미국은 40%이다. 세계의 평균 석유 의존도는 35.6%이다. 그뿐만 아니라 덴마크는 석탄 의존도도 26%로 24%인 미국보다 높다.

덴마크는 풍력 에너지 공급량이 증가했음에도 불구하고 이산화탄소 배출량은 별로 감소하지 않았다. 덴마크는 2010년 이산화탄소 배출량 감축 목표를 18.8% 미달했다. 1990~2006년 기간에는 전체적인 온실가스 배출량이 2.1% 증가했다. 이 기간 덴마크의 1인당 연간 이산화탄소 배출량은 13톤으로 변함이 없었다.

덴마크가 거대한 풍력산업으로 인해 이산화탄소 배출량을 많이 감소시키고 있다면 이를 크게 자랑할 것이다. 그러나 실상은 그렇지 않다. 이산화탄소 배출량 감축 실적을 말하기보다는 미래에 희망을 이야기할 뿐이다. 2007년 덴마크 발전 부문의 이산화탄소 배출량은 2,300만 톤이었는데 이는 1990년과 같은 수준이다. 1990년은 덴마크가 풍력 터빈을 적극적으로 건설하기 전이다.

덴마크는 북해에서 시추작업을 적극적으로 추진한 결과 석유와 천연가스를 해외로부터 수입하지 않고 국내 수요를 충족시키고 있다. 1981~2007년 기간에 덴마크의 석유 생산량은 1만5,000배럴(1배럴=약 159 ℓ)/day에서 31만4,000배럴/day로 크게 증가했다. 이 기간에 석유 탐사사업도 적극적으로 추진하여 매장량이 5억 배럴에서 13억 배럴로 상승했다. 덴마크는 천연가스 생산량도 많이 증가했다. 1981년에 전혀 없던 것이 2007년에는 하루 9억ft³(세제곱피트)였다. 그리하여 덴마크는 풍력으로부터 얻는 에너지양의 48배에 이르는 에너지를 탄화수소 연료에서 얻었다. 덴마크의 탄화수소 연료에 대한 의존도는 미국이나 다른 국가들과 같다.

덴마크의 풍력산업은 화석연료 소비량을 줄이지 못했고 이산화탄소 배출량을 감축시키지도 못했다.

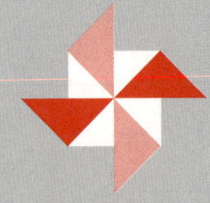

# VII.
# 화석연료― 현대사회의 지지대 (支持臺)

화석연료가 만드는 미래는
매우 풍요로운 것이다.
가난을 신속하게 해소하고,
경제 발전을 가속화하고,
기후문제 해결 능력을 강화하며,
에너지 진화를 촉진한다.

## 01
## 무시할 수 없는 화석연료의 유익

화석연료는 세계 에너지 수요의 80%를 담당하면서, 값싸고 신뢰할 수 있는 에너지를 수십억 인구에게 공급하고 있다. 특히 화석연료는 미국 가정의 냉장고 1대가 소비하는 전력량보다 적은 전기를 소비하는 30억의 인구가 애타게 요구하는 에너지를 제공하고 있다. 태양광과 풍력이 화석연료를 빠르게 대체한다는 주장과는 달리 화석연료의 수요는 계속해서 증가하고 있다. 단속적(斷續的)으로 공급되는 이들 재생에너지는 세계 에너지 수요의 3%만을 담당하고 있다. 이 3%마저도 상시 대기하고 있는 에너지원으로서 화석연료 특히 천연가스에 전적으로 의존하고 있다. 재생에너지가 화석연료를 대체하는 것이 아니라 오히려 화석연료의 지원을 받고 있다.

화석연료는 기후위험을 극복할 수 있는 강력한 힘을 제공해 준다. 화석연료는 세계의 미래를 위해 핵심적인 구실을 한다. 따라서 화석연료의 사용을 빠르게 축소한다면 저개발국가들의 국민은 빈곤으로 떨어지고 위험에 처하고 비참한 생활환경에 빠지게 된다.

그렇기에 2010년대부터 사업 다각화를 위해 태양광·풍력에 대규모 투자를 해온 영국의 BP와 셸 그리고 프랑스의 토탈과 같은 유럽 석유회사들이 석유·가스로 다시 방향을 틀고 있다. 오일 메이저들이 중장기적으로 글로벌 석유 시장은 계속 성장할 것이라는 쪽에 베팅하고 있다.

미국의 오일 메이저인 엑손모빌과 셰브론이 2023년 10월에 초대형 인수·합병(M&A)에 거액을 투자했다. 엑손모빌은 595억 달러에 미국 셰일석유와 가스를 시추 및 탐사하는 회사 파이어니어 내추럴리소시스를 인수했다. 셰브론은 석유개발업체 헤스를 530억 달러에 인수한다고 발표했다. 헤스는 최근 10년간 발견된 유전 중 최대로 꼽히는 남미 가이아나에 대규모 광구를 보유하고 있다. 두 회사의 M&A는 2016년 영국 석유회사 셸이 석유·가스 기업 BG그룹을 700억 달러에 인수한 이후 가장 큰 규모다.

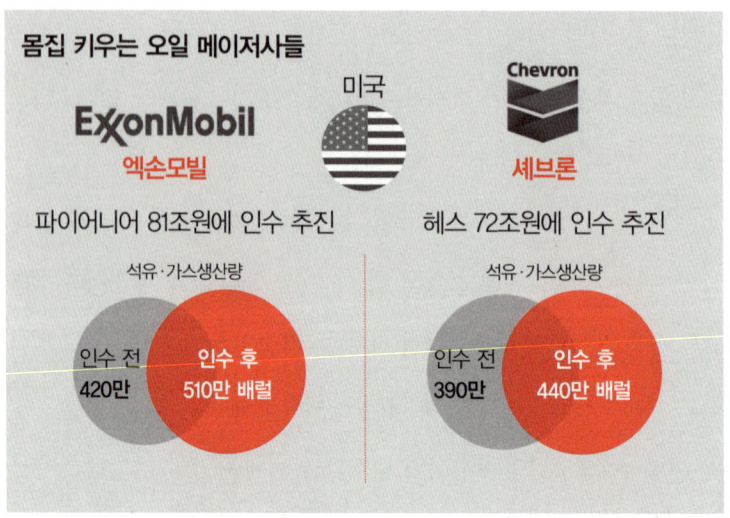

그림 13 몸집 키우는 미국의 오일 메이저사들      자료: 라이스타드에너지·TF

두 회사의 잇따른 초대형 M&A는 전 세계가 탄소 중립을 위해 태양광·풍력 등 재생에너지와 전기차 확대에 나서면서 머지않아 석유 시대는 막을 내릴 것이라는 전망을 무색하게 했다.

우리는 기후변화 그 자체보다 기후변화가 우리에게 초래하는 위험을 피해야 한다. 인간이 기후에 미치는 영향을 감소시키기 위해 비합리적인 접근보다는 오히려 기후변화에 적응하고 피해를 최소화하기 위해 주거환경을 개선하는 것이 훨씬 현실적이고 유익하다.

이를 위해 비용 효과적인 화석연료가 가장 적합하다. 화석연료는 자연적으로 저장되어 있고 고농도로 축적되어 있으며 풍부하다. 생산자들이 여러 세대에 걸쳐서 화석연료를 비용 효과적으로 사용할 수 있는 기술을 개발해 왔다. 이 결과 화석연료는 세계 에너지 공급량의 80%를 차지하고 있다.

태양광과 풍력은 수십 년 동안 세계 각국 정부들이 적극적으로 보조금을 지급하고 사용을 강제하였음에도 불구하고 세계 에너지 시장의 3%만을 담당하고 있을 뿐이다. 이 3%는 전적으로 발전용이며 화석연료처럼 다양한 용도로 사용되지 못한다.

태양광 발전과 풍력발전은 단속적이고 통제 및 관리가 불가능하다. 따라서 신뢰할 수 있고 통제가 능한 발전원을 필요하면 즉각 사용할 수 있는 예비 전원으로 확보해야 한다. 이 예비 전원은 주로 화석연료를 사용하는 발전소이다. 따라서 태양광 패널, 풍력 터빈, 장거리 송전선은 기존의 인프라를 대체하는 것이 아니라 이에 추가하는 것이다. 이 결과 태양광 발전과 풍력발전 그리고 이에 따른 송전선이 확대될수록 전력공급 비용은 상승한다.

우리가 음식을 먹고 움직이듯이 기계는 에너지로 기능을 발휘한다. 인간의 삶을 풍요롭게 하는데 에너지와 기계가 갖는 핵심가치는 인간의 미약한 능력을 강화하는 데 있다. 인간은 에너지를 사용하여 기계를 작동시키고 이를 통하여 식량, 의복, 주택, 의약품, 교육 등 물질적인 가치를 생산하는 능력을 크게 증대시킨다.

기계를 사용하는 생산 활동을 통하여 현대를 사는 수십억의 인류는 역사상 가장 오랫동안, 가장 건강하게, 가장 기회가 충만한 삶을 살고 있다. 오늘날 기계를 통한 생산 활동을 세계적으로 모든 영역에 걸쳐서 막대한 규모로 펼칠 수 있는 것은 비용 효과적인 에너지 때문이다. 에너지의 비용 효과성이 향상될수록 더 많은 사람이 더 많은 분야에서 기계를 통한 생산 활동을 영위할 수 있다. 에너지의 비용 효과성이 저하될수록 기계를 사용한 생산 활동을 즐길 수 있는 사람들의 수가 감소하고, 따라서 더 많은 사람이 육체적인 노동을 통한 생산 활동을 하면서 가난에 빠지게 된다. 비용 효과적인 에너지는 인간 번영의 핵심적인 요소이다.

세계에서 전기를 포함한 어떤 에너지도 거의 사용하지 못하는 인구가 30억이다. 이들의 평균적인 전기 소비량은 미국 가정의 표준적인 크기의 냉장고 1대가 소비하는 전기보다 적다. 이들 중 8억의 인구는 전혀 전기를 사용하지 못하고 있다. 아프리카 북서부의 감비아에서는 초음파 기기나 인큐베이터가 없어서 신생아들이 죽어가고 있다. 24억의 인구는 나무와 동물 똥을 난방용과 취사용 연료로 사용한다.

화석연료는 가장 비용 효과적인 에너지원이다. 따라서 화석 에너지는 인간의 삶을 윤택하게 하는데 필수적인 요소이다. 수십억의 인구가 비용 효과적인 에너지원을 사용하지 못해서 고통받고 죽어가는 지금 화석연료의 사용을 적극적으로 확대해야 한다.

## 02
## 화석연료 기반의 살기 좋은 세상

화석연료의 사용을 급속하게 줄여야 한다는 주장은 화석연료의 부작용만을 극대화한 것으로서, 자연에 어떤 영향이라도 미치는 것을 반대하면서 반인간적인 이념을 바탕으로 한다. 그러나 화석연료를 올바로 평가하기 위해서는 장단점을 함께 비교하고, 이를 인간 번영과 지구가 갖는 자연적인 잠재력의 시각에서 살펴볼 필요가 있다.

화석연료의 사용이 기후변화에 이바지한 것은 사실이다. 그러나 화석연료로부터 얻는 에너지가 기후변화의 피해를 극복하는데 크게 이바지하는 것도 사실이다. 예를 들자면, 관개 시스템을 운영하는 데 필요한 에너지를 공급하고 가뭄을 피해서 다른 지역으로 이동하는 수송체계에 동력을 제공한다. 또한, 오염된 물을 정수하여 깨끗해진 물을 멀리 넓은 지역에 보내는데 필요한 에너지를 제공하는 것도 대표적인 예이다. 화석연료는 비용 효과성이 탁월해서 에너지 공급 비용이 저렴하고, 에너지 수요를 즉각적으로 충족시키고, 매우 다양한 용도로 쓰이고 있으며, 세계 수십억의 인구에게 에너지를 공급할 수 있다. 그리하여 화석연료는 세계 에너지 수요의 80%를 충족시키고 있다.

우리나라의 경우, 벌거숭이산이 나무가 울창한 산으로 변한 것은 나무를 열심히 심은 것과 함께 화석연료를 사용하였기 때문이다. 화석연료를 사용하면서 산에 있는 나무를 더는 연료로 사용할 필요가 없게 되었다. 석유를 이용하여 농약과 비료를 생산하고 농기계를 석유로 움직여서 토지의 생산성을 획기적으로 향상시켰고 따라서 산의 나무를 불태워서 밭으로 전환할 이유가 사라졌다. 이것은 화석연료가 지구를 인간 친화적으로 바꾸는 한 예에 불과하다.

지구의 인간 친화성은 환경 친화성 내지 자연 친화성에 우선한다. 지구는 인간이 살기 좋은 곳이어야 한다. 지구가 인간 친화적인지를 판단하기 위해서, 우선 인간이 주어진 시간과 노력으로 얼마나 양질의 식량과 물을 얼마나 많이 얻을 수 있는가 하는 질문에 답을 해야 한다. 인간이 살기 좋은 환경은 상대적으로 적은 시간과 노력으로 건강하고 맛있는 음식과 깨끗한 물을 충분히 얻을 수 있는 환경이다.

다음으로, 인간이 주어진 시간과 노력으로 환경으로부터 오는 사망과 피해의 위협을 얼마나 감소시킬 수 있는지에 답해야 한다. 인간이 많은 시간과 노력을 기울여야 사망과 피해의 위협으로부터 자신을 보호할 수 있다면 그 환경은 위험한 것이다. 반면에 상대적으로 적은 시간과 노력으로 주변으로부터 오는 사망과 피해의 위협을 크게 낮출 수 있다면 그 환경은 안전한 것이다.

셋째로, 인간이 자아성취를 위한 기회를 얼마나 많이 얻는가에 대한 답이 필요하다. 개인의 자아성취 기회는 개인이 얼마나 많은 시간을 갖는가, 개인이 이 시간을 얼마나 통제할 수 있는가, 개인이 이 시간을 자신의 의지대로 자유롭게 사용할 수 있는 선택지가 얼마나 다양한가에 달려 있다. 개인이 오랜 시간 사는 것이 상대적으로 쉽고, 자신의 시간으로 무엇을 할 것인지 선택하는 것이 가능하며, 자신의 시간을 사용하여 자아실현을 추구할 수 있는 선택지가 다양하게 많이 있는 환경이 인간 친화적이다.

이러한 인간 친화성을 판단하는 지표로서 기대수명, 평균소득, 인구를 사용할 수 있다. 기대수명이 짧은 경우에는 인간이 식량을 얻고 안전을 확보하기 위해 큰 노력을 기울이지만 실패할 가능성이 큰 상황을 의미한다. 기대수명이 긴 경우에는 인간이 상대적으로 적은 노력으로 식량을 얻고 안전을 확보하는 것이 쉬운 것을 말한다. 이 경우 인간은 자기 성취를 위해 더 많은 시간을 사용할 수 있다.

평균소득이 적을 때에는 인간은 값싼 식량만을 얻을 뿐이고 안전을 확보하기가 어려우며 자아실현을 추구할 수 있는 여유가 별로 없다. 평균소득이 많은 경우에는 개인이 식량과 안전을 확보하면서 자기실현을 추구할 수 있다. 영양이 풍부하고 건강하고 맛 좋은 음식을 즐기며, 안락한 가정에서 생활하고, 위험으로부터 보호받는다. 사람들과 사교를 나누고, 오락을 즐기며, 자연을 즐기는 생활을 한다.

인구가 많을수록 많은 인구의 노력이 영양이 풍부한 식량과 안전의 확보를 쉽게 한다. 자기실현을 위한 기회도 다양하게 누리도록 한다.

18세기 후반 영국에서 시작된 산업혁명과 함께 화석연료의 사용이 본격화하면서 기술적, 경제적, 사회적, 문화적인 대변혁을 일으켰다. 인류의 기대수명과 소득 그리고 인구가 갑자기 폭발적으로 증가했다. 그 이전의 수천 년 동안에는 이들 지표가 매우 낮은 수준에서 정체되어 있었다. 산업혁명 이전 오랜 기간 세계가 인간에게 친화적이지 않았음을 의미한다. 19세기 이후 화석연료의 소비가 증가하면서 이산화탄소 배출량이 증가했고 기후변화에 이바지했다. 그러나 인류를 기아와 가난과 질병으로부터 구한 것은 이 문제를 상쇄하고도 남는다. 즉 인간 친화적인 세계를 만들었다.

비용 효과적인 화석연료를 에너지원으로 사용하여 과학적인 발견, 기술혁신, 의료기술의 발달, 위생 수준의 향상을 이루었고 이를 통해 세계를 인간 친화적으로 바꾸어 놓았다. 현재 우리가 누리고 있는 인간 친화적인 세계는 자연이 선물한 것이 아니다. 비용 효과성이 탁월한 화석 에너지가 인간 친화적인 세계를 구축하는데 밑바탕이 되고 있다.

인간의 손길이 닿지 않은 자연은 연약한 양육자(養育者)가 아니라 다양한 가능성이 있는 야생(野生)이다. 자연은 인간 삶의 모든 구성 요소들을 가지고 있다. 물, 탄소, 산소를 가진 대기가 그것이다. 금속, 바위, 모래와 같은 원료물질도 있다. 해변, 산, 강과 같은 아름다운 곳도 있다. 이러한 요소들은 인간의 손이 닿지 않으면 인간의 풍요로운 삶을 위해 가치를 발휘하지 못한다.

지구상의 모든 자연환경은 인간의 영향력이 적절히 미치지 않으면 인간 번영에 별로 이바지하지 못하고 오히려 위험하다. 자연은 스스로 인간의 생존과 번영에 필요한 식량과 물을 제공하지 못하기 때문이다. 또한, 자연은 자동적으로 인간 생존을 위협하는 많은 요인을 만들어낸다. 특히 크고 작은 약탈자와 악천후가 있다.

인간이 자연의 결핍과 위협을 극복하지 못하면 풍요로운 삶을 누릴 수 없다. 이 문제를 극복하기 위해서는 우리에게 영양을 공급해 주고, 자연의 위험으로부터 우리를 보호해주며, 자아실현의 기회를 제공해 주는 가치를 생산해야 한다. 풍부한 식량, 깨끗한 물, 안식처, 의료혜택, 교육, 유흥의 기회를 만들어야 한다.

자연적으로 결핍과 위험이 있는 세계를 인간이 살만한 곳으로 만드는 것은 인간의 생산능력이다. 인간의 생산능력은 주어진 시간에 인간이 생산할 수 있는 가치의 크기이다. 이 가치는 삶의 질을 높여주는 식량, 물, 연료와 같은 것이다. 주어진 시간에 우리가 생산할 수 있는 가치가 작을수록 삶을 풍요롭게 하는 우리의 능력은 줄어든다. 예를 들면, 과거에 자급자족한 농부들이 자신들이 얻는 식량과 땔감의 양보다 더 많은 양을 소비하는 경우 자원고갈을 겪고 결국 죽게 되었다.

인간이 주어진 시간에 더 많은 가치를 생산할수록 자연적으로는 결핍과 위험이 있는 이 지구상에서 인간이 생존하면서 번영할 수 있는 능력은 강화된다. 현대의 농민들은 자신이 필요한 양의 수백 배 또는 수천 배의 식량을 생산하여 잉여 식량을 자신이 필요한 집, 깨끗한 물, 연료 등 삶의 질을 높이는 것과 교환한다. 이 경우 세계는 풍요로운 곳이 된다. 세계가 자연적으로는 풍요로운 곳이 아니다. 수많은 사람의 생산능력으로 인하여 세계가 인위적으로 풍요롭고 살기 좋은 곳이 된다.

인간의 생산능력은 자연적으로는 살기 힘든 지구의 많은 문제를 해결하는 수단이 되는 동시에 인간의 육체적인 힘의 한계를 넘어서는 일을 할 수 있는 수단이 되기도 한다. 인간의 생산능력은 주어진 시간에 인간이 행사할 수 있는 에너지의 양과 직결된다. 인간의 모든 생산 활동은 자연을 전환하는 것이고 자연을 전환하는 것은 에너지가 필요하기 때문이다. 식량을 생산하고, 깨끗한 물을 만들고, 질병을 치료하는 등 모든 물질적인 가치를 생산하기 위해서 우리는 에너지를 사용해서 자연적으로 존재하는 가공되지 않은 소재를 보다 큰 가치를 가지는 형태로 전환한다.

인간 발전의 원동력은 혁신이다. 혁신은 더 좋은 제품을 찾아내고 이를 생산하는 새로운 방식이나 새로운 도구, 새로운 기계를 사용하는 것이다. 혁신은 시간이 필요하다. 새로운 아이디어를 생각하고, 학습하고, 실천하는 데 필요한 시간이다. 혁신의 주체가 되는 인간은 육체적인 노동의 생산성이 매우 낮다. 낮은 생산성은 낮은 소득을 초래하고 낮은 기대수명을 불러온다. 낮은 기대수명으로 인하여 혁신을 위한 시간이 부족해진다. 혁신의 부족은 낮은 생산성을 초래한다. 이 악순환은 인간의 육체적인 힘이 부족하므로 초래되는 것이다. 힘의 결핍에 따른 악순환이다.

원시적인 자연은 연약한 인간이 살기에는 유용한 자원이 너무 부족하고 위험은 넘쳐난다. 이러한 자연 속에서 인간은 화석연료를 통하여 막강한 힘을 얻었고 번창하면서 발전을 거듭했다. 화석연료는 비용 효과적으로 에너지를 생산했고 인간은 이를 이용해서 기계를 사용했다. 인간은 육체노동이 아니라 기계 노동을 통하여 필요한 가치를 생산하고 번성했다.

결핍과 위험이 도사리고 있는 원시적인 지구를 인간이 살기 좋은 세계로 바꾼 핵심은 기계를 사용하여 인간의 육체적인 나약함을 극복한 데 있다. 기계는 인간의 제한적인 육체적 힘으로 움직이는 것이 아니라 잠재적으로 무한한 비인간적인 에너지원으로 움직인다. 기계는 인간의 생존과 번영을 위해 필요한 가치 즉 식량, 의복, 주택, 의료, 교육 등을 생산하는 인간의 능력을 강화하고 확대한다.

기계는 적은 시간에 더 많은 가치를 생산할 수 있도록 우리의 능력을 강화한다. 일례로 1대의 콤바인 추수기는 50만 개의 빵을 만들 수 있는 밀을 하루에 수확하고 탈곡한다. 이는 매우 힘센 사람 1명이 할 수 있는 일의 1,000배에 해당한다. 또한, 기계는 아무리 많은 사람의 근육노동으로도 만들 수 없는 가치를 생산함으로써 인간의 능력을 확대한다. 예로써 인큐베이터는 조산아가 생존하기에 완벽한 환경 조건을 조성한다. 비행기는 빠른 속도로 안전한 여행을 가능케 한다. 인터넷의 컴퓨터는 우리가 실시간으로 무제한의 정보에 접근하도록 함으로써 이전에는 없었던 새로운 교육의 기회를 수십억 인구에게 제공한다.

인간이 근육노동 대신에 기계 노동을 사용할수록 번영하고 스스로를 보호하며 자아실현을 할 수 있는 능력은 증대된다. 그런데 인간이 모든 일에 기계 노동을 사용하지는 않는다. 기계 노동의 비용 효과성 때문이다. 특히 기계를 움직이는데 필요한 에너지의 비용 효과성이 핵심적인 문제이다. 비용 효과성은 얼마의 비용으로 얼마의 가치를 생산하느냐의 문제이다. 비용 효과적인 기계는 들어가는 비용보다 더 많은 가치를 산출한다. 이때 비용에는 투입되는 인간의 시간과 기계 노동의 비용(기계를 만들고 운영하고 유지 보수하는 데 들어가는 비용)이 포함되어야 한다. 인간의 시간은 제한적인 귀한 가치를 지닌 자원이다. 기계를 사용하지 않는다면 그것은 기계가 생산하는 것보다 더 많은 가치가 들어가기 때문이다.

기계 노동의 비용 효과성을 향상시키는 방법은 투입되는 비용 중에서 가장 큰 비중을 차지하는 요소인 에너지의 비용 효과성을 개선하는 것이다. 에너지의 비용 효과성은 기계 노동의 비용 효과성을 증대시키는 데 결정적인 역할을 한다. 기계는 에너지를 사용하여 움직이기 때문이다. 그뿐만 아니라 이 기계를 생산하기 위하여 사용된 수많은 다른 기계들도 역시 에너지를 소비한다.

예를 들면, 스마트 폰은 사용 시에 적은 양의 전기를 소비한다. 그러나 스마트 폰 한 대를 생산하기 위해 막대한 양의 기계 노동이 필요하다. 스마트 폰의 소재가 되는 알루미늄, 리튬, 탄소, 철, 실리콘, 동, 코발트, 니켈 등은 광산에서 채굴 장비를 사용하여 캐낸다. 생산된 광석은 제련시설과 가공 처리시설을 통하여 유용한 부품으로 전환된다. 이 부품들은 기계를 사용하여 스마트 폰으로 만들어진다. 또한, 소재, 부품, 완제품 등이 단계마다 수송 장비를 사용하여 다음 단계로 수송된다.

이 모든 기계와 설비들은 에너지를 소비한다. 이들의 에너지 비용은 스마트 폰의 제조 비용에 포함된다. 더욱이 이 모든 기계와 설비들은 수백 개의 기계를 사용하여 만들어졌고, 이때 발생하는 에너지 비용 역시 스마트 폰 비용에 들어간다.

스마트 폰을 사용하여 통신할 때에는 전 세계에 걸쳐있는 수많은 컴퓨터와 데이터 센터의 도움을 받는다. 스마트 폰을 충전할 때에는 적은 양의 전기를 사용하지만, 통신할 때에는 데이터가 인터넷 인프라를 타고 세계로 퍼져나가면서 상당한 에너지를 소비한다.

기계의 제조와 사용에 따른 막대한 에너지를 고려해 볼 때 에너지의 비용 효과성은 기계 노동의 비용 효과성을 결정하는 중요한 요인임을 알 수 있다. 풍부하고, 믿을 수 있고, 다재다능하며, 전 세계적으로 공급할 수 있는 에너지가 절실하게 필요하다. 기계 노동의 비용 효과성은 인간의 생산능력에 핵심적인 요소이며, 인간의 생산능력은 이 세상을 인간이 풍요롭게 살 수 있는 곳으로 만드는데 결정적으로 중요한 것이다.

연약한 인간이 비용 효과적인 에너지를 사용하여 기계를 활용하는 능력을 강화함으로써 결핍과 위험이 도사리고 있는 지구에서 생존하고 번창하는 데 필요한 가치를 생산할 수 있다. 이것이 화석연료가, 탁월한 비용 효과성으로 인하여, 지난 200여 년 동안 전례 없이 인류의 생산능력을 지속적으로 강화시켜서 세계를 인류가 번창할 수 있는 곳으로 만든 이유다.

오늘날 인류는 식량, 주택, 의복과 같은 가치를 제한된 시간 제약 속에서 전례 없이 많은 물량을 생산하고 있다. 또한, 비행기 여행, 인터넷 탐색, MRI 검사와 같이 전례 없이 다양한 가치를 역시 시간 제약 속에서 생산하고 있다.

인간의 생산능력은 현 상태가 전례가 없을 뿐만 아니라 발전 속도 역시 전례가 없는 것이다. 이것은 인류가 화석연료를 사용하기 시작한 시기와 일치한다. 화석연료로부터 얻는 에너지의 탁월한 비용 효과성이 생산능력의 전례 없는 향상을 가져왔다. 인류의 생산능력 향상은 비용 효과성이 탁월한 기계 노동과 이 기계 노동으로 인해 인간의 정신이 매우 많은 여유로운 시간을 즐기며 자유로워졌기 때문이었다.

화석연료는 독특하게 비용 효과적인 에너지를 공급한다. 화석연료가 공급하는 에너지는 비용이 낮고, 수요가 발생하는 즉시 충족시킬 수 있으며, 다재다능하고, 세계적으로 수많은 곳에서 수십억의 인구에게 공급할 수 있다. 화석 에너지의 독특한 비용 효과성은 기계 노동의 비용 효과성을 극도로 높여서 인간 삶의 모든 영역에서 그리고 어느 곳에서나 기계를 사용할 수 있게 했다. 화석연료를 에너지원으로 하는 기계들을 사용하여 인간은 짧은 시간에 비교할 수 없이 많은 가치를 생산힐 수 있게 되었다. 그리하여 '힘을 가진 세상'을 만들었다.

인간이 육체적인 힘만으로 생산 활동을 할 때는 힘겹고 불안한 생존을 위해서 시간 대부분을 소비했다. 따라서 생존이 아닌 다른 가치를 생산할 시간이 없었다. 그러나 오늘날 화석연료를 사용하는 기계 노동을 통해서 인류는 기초적인 생존을 위한 필요를 충족시키는데 매우 짧은 시간을 사용한다. 따라서 정신노동에 많은 시간을 할애할 수 있다. 즉 인류가 창의적인 능력을 발휘해서 과학적인 탐구, 기술개발, 의료기술의 발전, 위생 수준의 향상 등을 위해 많은 시간을 활용할 수 있다. 화석연료가 가능케 한 정신 활동과 화석연료를 사용하는 기계 노동이 연합해서 고도의 전문화와 신속한 기술혁신을 실현하였다.

전문화는 자신이 가장 잘 할 수 있는 분야의 생산 활동에 집중하는 것이다. 생산 활동이 전문화할수록 생산성이 전체적으로 상승한다. 오늘날의 고도화된 전문화는 화석연료에 의해 가능했다. 화석연료가 인간에게 충분한 여유시간을 허용해서 정신 활동을 왕성하게 했고, 기계를 통하여 인간에게 강력한 힘을 제공했으며, 비용 효과성이 탁월한 수송 수단을 통하여 세계적인 무역이 가능하게 했기 때문이다.

오늘날 인간이 정신노동을 활발하게 할 수 있는 것은 비용 효과적인 화석연료를 사용하는 기계들로 인하여 인간 생존의 기본적인 필요를 충족시키기 위한 육체노동을 최소화하고 많은 여유시간을 확보할 수 있었기 때문이다. 남아도는 여유시간을 의료, 위생, 연예 등 전문적인 분야에 사용할 수 있게 되었다.

기계 노동을 사용하는 오늘날의 전문가들은 전례 없이 높은 생산성을 발휘하고 있다. 예를 들어 예능인들은 기계를 사용하여 예능작품을 만들고 방송 장비와 인프라를 사용하여 수많은 사람이 보고 즐길 수 있게 한다.

세계적으로 광범위하게 퍼져있는 전문적인 생산자들이 서로 소통하며 교역할수록 전문적인 성과는 빛을 발한다. 세계적인 교역이 가능하기 위해서는 원재료, 부품, 완제품의 수송이 필요하다. 이 수송이 비용 효과적일수록 교역은 더 멀리 더 풍성하게 이루어진다. 오늘날의 세계적인 전문화로 인하여 세계인들이 최상의 혜택을 누릴 수 있는 것은 세계적인 교역 때문이다. 이 세계적인 교역은 비용 효과성이 탁월한 초대형 화물선, 기차, 트럭, 항공기가 있어서 가능하다. 이 모든 수송 수단들은 저렴하고 에너지 밀도가 탁월하며 매우 안정적인 석유를 연료로 사용한다.

오늘날 우리가 목격하는 엄청난 기술혁신은 화석연료를 바탕으로 하는 기계 노동과 이 기계 노동이 가능케 하는 인간의 정신노동에 근거하고 있다. 에너지의 결핍에서 오는 낮은 생산능력은 그 자체가 비참한 것일 뿐만 아니라 삶을 풍요롭게 할 생산적인 혁신을 만들어낼 시간을 우리에게 허락해주지 못한다. 그러나 화석연료의 탁월한 비용 효과성을 바탕으로 한 기계 노동은 힘의 선순환을 불러온다. 화석연료를 사용하는 기계는 우리에게 생산적인 혁신에 몰두할 수 있는 시간을 허용한다. 이때 얻어지는 혁신은 화석연료를 사용하는 기계에 적용된다.

인류의 풍요와 발전의 원동력이 되는 과학적인 탐구와 기술개발은 에너지가 풍부한 여건에서 가능하다. 고성능 컴퓨터를 사용하는 기계 노동을 통하여 막대한 양의 일을 해야 하고, 이를 위해 많은 에너지가 필요하기 때문이다. 인간의 많은 시간을 절약해주고, 이때 얻는 자유로운 시간을 자기 성취 등 정신 활동을 위해 사용할 수 있다.

화석연료의 선순환이 우리의 생산능력이 전례 없이 클 뿐만 아니라 계속 성장하는 이유를 설명해 준다. 인간은 비용 효과성이 뛰어난 기계 노동으로 얻게 되는 여유시간을 한층 더 비용 효과적인 기계 노동을 생산하는 데 사용한다.

이에 더하여 화석연료가 원료물질로 사용됨으로써 인간의 생산능력을 확대시킨다. 우리는 다재다능한 물질들의 세계에서 살고 있다. 이 물질들이 놀라운 능력을 우리에게 준다. 지붕을 만드는 물질은 우리를 눈, 비, 강렬한 태양으로부터 보호한다. 자동차 타이어를 만드는 물질은 수만 킬로미터를 견딘다. 절연물질은 여름에는 시원하게 겨울에는 따뜻하게 우리를 보호해준다. 인공 팔과 인공 심장을 만드는 의료물질은 우리 몸의 일부가 된다.

이러한 물질들은 많은 경우 화석연료 특히 석유로부터 만들어진다. 이는 화석연료가 고도의 전문화와 신속한 기술혁신을 가능케 함으로써 연구 개발 활동을 촉진시켰기 때문이다. 화석연료가 에너지 생산을 위한 연료로 사용되는 분야와 화석연료의 독특한 특성을 이용하여 다양한 물질을 만드는 분야에서 연구 개발 사업이 활발하게 추진되었다.

오늘날 화학공학은 석유의 탄화수소 분자를 분해하여 작은 부분으로 나누고 이를 다시 결합하여 매우 다양한 중합체(polymer)를 만든다. 플라스틱이 그 대표적인 예이다. 자동차에서 연료탱크 안에 들어 있는 석유의 양보다 자체를 구성하고 있는 물질 속에 들어 있는 석유의 양이 더 많다. 타이어, 페인트, 플라스틱 범퍼, 의자 충전재, 자동차 내장재인 합성수지 모두 석유로 만든 것이다. 석유는 비용 효과성이 뛰어난 원료물질이기 때문이다.

우리가 앉아 있는 방이 석유로부터 만들어진 물질 50개 이상으로 구성되어 있다. 벽 안에 있는 단열재, 발밑에 깔린 카펫, 테이블 위의 합판, 컴퓨터의 화면 모두 석유로 만들었다. 우리 주변이 석유와 천연가스로 만들어졌다. 석유와 가스가 없다면 이 세상은 완전히 생소하게 보일 것이다.

인류의 생산능력이 세상이 얼마나 인간이 살기 좋은 곳인지를 결정한다. 오늘날 인류의 생산능력은 화석연료 위에 있는 것이라고 해도 과언이 아니다. 비용 효과성이 뛰어난 화석연료를 사용하는 기계 노동, 화석연료가 허락해 준 여유시간, 화석연료의 원료물질을 바탕으로 하고 있기 때문이다.

자연은 에덴동산이 아니다. 우리가 필요한 모든 식량을 아무런 노력 없이 얻을 수 있는 곳이 아니다. 어떤 환경에서는 자연 그대로 두이도 유용한 과일나무가 자랄 수 있다. 그러나 대부분의 환경에서는 방치하면 수백만 명이 먹을 수 있도록 영양가 있는 식량을 풍부하게 생산할 수는 없다. 자연은 우리가 생존하고 번창하는 데 필요한 식량을 자동으로 생산하지 않기 때문에 식량 대부분을 우리가 직접 생산해야 한다.

식량 생산은 많은 일 즉 많은 에너지를 요구한다. 토양, 씨앗, 물, 동물을 사용해서 영양가 있는 식량을 생산해야 하기 때문이다. 이러한 생산 활동을 위해서 인간의 육체노동에 의존해야 하는 환경에서는 삶의 대부분을 식량을 얻기 위한 활동에 소비해야 한다. 1800년대에 영국에서 평균적인 가정이 소득의 80%를 식량을 구매하는 데 소비했다. 즉 생산적인 시간의 80%를 식량을 얻는 데 소비했다.

과거 원시적인 자연환경에서 사는 사람들이 얼마나 영양이 결핍된 삶을 살았는지 역사가 잘 말해준다. 모든 시간을 식량을 얻기 위해 소비한 결과는 영양부족이었다. 사태를 더욱 악화시키는 것은 기근이었다. 현재에는 식량이 부족한 국가들도 대규모 식량 원조의 혜택을 누리고 있다. 이는 풍부한 에너지를 바탕으로 한 기계 노동으로 가능한 것이다.

아직도 세계에는 수십억의 인구가 에너지가 부족한 자연 상태에 살면서 영양결핍의 고통을 겪고 있다. 이들은 에너지가 풍부한 선진국으로부터 식량 원조를 받고 있으나 생활 형편은 매우 열악하다. 그들은 기계 노동이 아니라 육체노동에 의존하고 있기 때문이다.

우간다, 짐바브웨, 네팔, 에티오피아, 니제르에서는 국민의 3분의 2 이상이 농부다. 부룬디는 국민의 90% 이상이 농업에 종사하고 있다. 잠비아의 시골 지역 평균적인 가난한 가정은 소득의 80%를 식량을 얻기 위해 사용한다. 에너지가 부족한 사람들에게 이 세상은 영양을 충분히 공급해 주는 곳이 아니다.

자연의 물은 대부분 각종 미생물이나 세균에 오염되었기 때문에 식용으로 적합하지 않다. 식용으로 적합한 깨끗한 물은 자연적으로 존재하는 것이 아니라 만들어지는 것이다. 사용 가능한 에너지가 별로 없는 사람들은 마실 물을 구하기 위해 많은 시간, 심지어 온종일을 소비한다. 반면에 오늘날 에너지가 풍부한 우리는 좋은 품질의 식량과 먹는 물을 얻기 위해 우리 시간의 극히 작은 부분을 소비한다.

별로 힘을 들이지 않고 마술처럼 양질의 식량과 식수를 얻을 수 있는 것은 마력과 같은 힘을 내는 기계가 있기 때문이다. 이 기계는 대부분 화석연료에 의존하고 있다. 이 기계를 사용하는 소수의 사람이 생산하는 식량과 물의 양과 품질은 세계의 모든 인구가 육체노동을 사용해서 생산하는 것보다 훨씬 많고 우수하다.

식량과 물을 생산하는 산업은 대규모의 다양한 기계들을 사용하고 있다. 토지를 경작하는 기계는 석유를 에너지원으로 사용하면서 인간의 육체노동을 통하여 할 수 있는 것보다 수백 배의 땅을 경작할 수 있다. 콤바인 수확기를 사용하면 한 사람이 하루에 50만 개의 빵을 만들 수 있는 밀을 수확할 수 있다. 관개용(灌漑用) 기계는 물이 필요한 곳에 적당한 양의 물을 공급해 준다. 관개 토지의 평균적인 곡식 수확량은 천수답의 3배 이상이다. 냉동용 기계는 음식을 수송하거나 저장할 때 훨씬 장기간 보관한다. 컴퓨터는 식량 생산자가 최적의 재배 기술을 찾아서 시행할 수 있도록 해준다. 즉, 다양한 조건에서 씨 뿌리는 방법, 적절한 물 공급량, 비료의 적절한 공급량 등을 알려준다.

화석연료를 사용하는 기계는 우리에게 깨끗한 식수를 충분히 공급해 주는 이름 없는 영웅이기도 하다. 정수 기계는 자연적으로 또는 인위적으로 오염된 물을 깨끗하고 건강한 물로 만들어 준다. 펌프 기계는 물을 필요한 곳으로 이동시킨다.

가축을 기르기 위한 철제 울타리, 관개 인프라, 식료품 판매점과 연구실의 건설 등 식품과 물을 놀라운 규모로 생산하는 것을 가능케 하는 각 부문은 화석연료를 사용하는 기계에 의하여 만들어졌다. 화석연료가 가장 비용 효과적이기 때문이다.

전 세계에 놀라운 양의 식량을 공급하는 능력은 화석연료를 사용하는 기계 노동의 산물이다. 자연적으로 된 것이 아니라 인위적으로 이루어진 것이다. 비용 효과적인 대체 에너지원이 없는 상태에서 화석연료를 제거한다면 대규모의 기근이 닥칠 것이다. 화석연료는 정신 활동을 위한 충분한 시간을 마련해 주었다. 이 결과 식량 생산을 위한 전문화와 기술혁신이 가능했다.

오늘날의 고도로 전문화된 식량 산업은 인간의 존속을 위한 것이 아니라 인간의 번창을 추구한다. 인간이 잠재적인 최고의 수준까지 식량을 즐기도록 하는 것을 목표로 한다. 즉, 생산지로부터 매우 멀리 떨어진 곳에 있는 소비자가 제철이 아닌 때에 싱싱한 과일을 즐길 수 있는 식이다. 화석연료를 사용하는 기계 노동이 만들어 준 여유시간을 이용해서 건강한 식량을 더 많이 생산하는 방법을 전문적으로 평생 연구하는 전문가 집단이 형성되었다.

또한, 오늘날의 놀라운 식량 생산은 화석연료를 원료물질로 사용하여 생산한 비료에 의존하고 있다. 비료는 농지 단위면적 당 수확량을 증가시킨다. 박쥐 구아노와 같은 자연적인 비료가 있긴 하지만 그 양이 수십억 인구를 위한 식량을 재배하기에는 절대적으로 부족하다. 화석연료를 원료물질로 하여 플라스틱을 만들고 이는 냉장고를 위생적으로 유지하는 데 사용된다. 또한, 용기를 만들어서 음식을 신선하게 보관하며 윤활유를 만들어서 기계를 원활하게 움직이게 한다.

결국, 화석연료는 뛰어난 비용 효과적인 기계 노동과 시간 그리고 원료물질을 공급함으로써 수십억의 인구가 번창할 수 있는 세계를 만든다. 영양가가 더욱 풍부한 식량과 깨끗한 물을 점점 더 적은 노력과 시간으로 얻을 수 있도록 한다. 자연적이 아니라 인위적으로 이 세상을 인간이 행복하게 살 수 있는 곳으로 만들어 간다.

인간의 손길이 닿지 않는 원시적인 자연 상태의 지구에서는 끊임없이 많은 위험이 인간을 위협한다. 자연은 우리에게 매우 위험한 환경을 제시한다. 악천후, 위험한 동식물, 위험한 미생물, 전염병 등이 그 예이다. 과거에 에너지가 부족했던 시기에, 현재에라도 에너지 부족에 시달리는 사람들은 각종 위험에서 자신을 보호하기 위해 엄청난 시간을 소비하지만 별로 성공적이지 못하다. 지구의 자연적인 거대한 위험으로 인하여 인류의 역사가 시작된 이래 너무 오랜 기간 동안 에너지가 절대적으로 부족한 인간의 기대수명은 매우 짧았다. 에너지가 결핍된 인간은 자연의 위험을 극복할 수 있는 보호 장치를 만들 수 없었다.

오늘날 우리는 자연의 위험을 극복할 수 있는 전례 없는 보호 장치를 화석 에너지를 사용하여 생산할 수 있게 되었다. 주거시설, 위생 설비, 의료기술이 그 대표적인 예이다.

주거시설은 은신처로서 항상 존재하는 기후재앙, 사나운 맹수, 각종 질병을 옮기는 모기와 파리로부터 인간을 보호한다. 인간이 이용할 수 있는 에너지가 없어서 체력만 사용할 때에는 엄청난 시간을 소비하면서도 취약하고, 더럽고, 불편한 은신처를 마련할 뿐이었다.

오늘날 우리는 놀랍도록 안전하고 청결하며 안락한 주거시설을 즐기고 있다. 이처럼 전례 없이 놀라운 주거시설은 주택건설, 온도조절, 울타리 제조, 의복 제조 등을 담당하는 많은 산업이 존재하기 때문이다. 이들 산업은 화석 에너지를 바탕으로 구축되었다.

오늘날의 주택건설 산업은 식량 생산 산업과 마찬가지로 화석연료를 바탕으로 하는 대규모 기계 노동을 활용하고 있다. 화석연료 기반의 기계들이 막대한 양의 일을 비용 효과적으로 해내기 때문이다. 이 기계 중에는 굴착 기계, 땅을 고르는 기계, 무거운 것을 들어 올리는 기계, 절단 기계, 채광 기계, 고온 가공처리 기계, 수송 장비 등이 있다. 화석연료 기반의 기계 노동이 인간의 생산능력을 획기적으로 증대시켰고 따라서 고품질의 주거시설을 건축할 수 있었다. 이런 주택은 극한의 더위나 추위와 같은 기후위기로부터 우리를 보호한다.

　기계 노동을 사용할 수 없어서 '자연적인' 방법을 선택하는 경우 나무나 동물의 똥을 난방용과 취사용 연료로 사용한다. 이 경우 연기와 그을음으로 인하여 실내 공기가 매우 오염된다. 이것은 400개의 담배를 1시간에 태우는 것과 같다. 수십억의 인구가 이런 집에서 살고 있다. 불편하고 극도로 오염된 난방을 위해 엄청난 시간과 노력을 들이는 일상을 '자연적인' 삶이라고 부르며 동경하는 사람들이 있다.

　화석연료를 사용하는 기계 노동자들은 우리가 필요할 때는 언제든지 주택을 깨끗하고 충분하게 난방할 수 있도록 해준다. 그뿐만 아니라 날씨가 매우 더울 때 우리는 주택을 시원하게 냉방 할 수 있다. 심지어 추운 지역에서 수송해 온 얼음으로 우리를 시원하게 하는 것도 비용 효과적으로 할 수 있다. 화석연료에 기반한 기계 노동이 만드는 세상은 참으로 놀랍다.

　화석연료는 자연적으로 위험한 지구를 인위적으로 안전한 곳으로 만들었다. 오래전 기계 노동을 사용할 수 없을 때 맹수는 우리의 육체와 식량에 큰 위협이었다. 자연의 위험으로부터 인간의 생명과 식량을 지키기 위해서 무너지지 않는 견고한 울타리를 만들어야 했다. 이를 위해 기계 노동이 필요했고 비용 효과적인 화석연료 기반의 기계 노동을 사용했다. 견고한 울타리는 동물을 보호하기도 했다. 동물을 죽일 필요가 없어졌기 때문이다.

견고한 울타리를 만드는 것은 많은 노동이 필요하다. 기계장비를 사용할 수 없을 때는 인간의 육체노동으로 해야 했다. 이 경우 울타리를 건설하는 것은 고사하고 수선하는 것만도 인간에게는 매우 힘든 일이었다. 오늘날 화석에너지원을 사용하는 기계의 힘을 빌리면 얼마든지 강한 울타리를 만들 수 있게 되었고 따라서 동물들의 위협은 더는 큰 관심거리가 되지 않는다.

화석 에너지 기반의 기계 노동이 우리를 자연의 위험으로부터 보호해주는 또 다른 방법은 놀랍도록 비용 효과적으로 옷을 만드는 것이다. 옷은 우리를 보호해준다. 특히 움직일 때 몸을 보호한다. 비용 효과적인 기계를 사용하지 않는다면 옷을 만드는 것은 매우 어렵다. 비용 효과적인 기계 노동이 보편화되기 전에는 대부분의 사람은 평생동안 몇 벌의 옷만 소유했을 뿐이다. 여성들은 결혼식에서 입었던 예복을 장례식 때 입는 경우가 많았다. 오늘날에는 기계 노동자들이 값싸고 고품질의 옷을 대량으로 만들어서 누구나 손쉽게 사용할 수 있게 한다. 나아가 에너지가 부족해서 기계 노동을 제대로 활용하지 못하는 빈곤한 국가에 사는 사람들에게 옷은 무상으로 보내주기도 한다.

우리는 기계를 사용해서 옷감의 원료물질(예: 목화)을 재배하고, 섬유를 생산하고, 옷을 만들고, 옷을 수송한다. 합성섬유의 경우에는 기계를 사용하여 땅을 굴착하고, 원유를 생산하고, 납사를 생산하고, 합성섬유를 만들어낸다. 이 모든 과정이 매우 비용 효과적으로 이루어져서 가난한 사람도 따뜻한 겨울 잠바를 구매할 수 있다. 다시 한번 화석연료를 사용하는 기계들이 자연적으로는 위험한 지구를 인위적으로 사람이 살기에 안락한 곳으로 만든다.

주거시설을 제조하는 산업에서는, 다른 산업에서와 마찬가지로, 뛰어난 비용 효과성을 지닌 화석연료가 많은 잉여 시간을 만들어 주었다. 이 잉여 시간에 다양한 창의적인 정신 활동이 가능했다. 그리하여 고도의 전문화와 혁신적인 분야가 출현했다. 건축자재 생산, 집 건축, 옷 제조 등에서 놀라운 새로운 제품들이 나왔다. 화석연료는 주택건설에 필수적인 합성 자재를 제공한다. 카펫, 단열재, 지붕의 방수재, 메모리폼 침대, 다양한 기능의 의복은 그 예이다. 이 결과 사람들의 생활 수준은 크게 향상되었다.

화석연료가 제공하는 탁월하게 비용 효과적인 기계 노동, 창의적인 정신노동, 그리고 원자재기 없다면 우리가 현재 즐기고 있는 안락한 주택의 건설은 불가능했다. 각 가정은 과도한 시간을 소비하면서도 야생의 각종 위험에 취약한 집만을 짓는 퇴행적인 삶을 살았을 것이다.

이 집은 비효과적인 위험한 난방만 가능하고 냉방은 물론 가능하지 않고, 옷은 불편하고 불결했을 것이다. 화석연료가 공급하는 다양하고 풍부한 가치로 인하여 수십억 이상의 인구가 놀랍도록 아늑하고 평안한 주택을 가질 수 있게 되었다.

화석연료를 주 에너지원으로 사용하는 지금 우리는 인위적으로 만들어진 청결하고 위생적인 세상에서 살고 있다. 자연적인 생활이 깨끗하다는 이념과는 달리 모든 생활은 폐기물을 수반한다. 우리가 먹거나 동력을 얻기 위해 사용하는 동물이 배설물을 발생시킨다. 우리가 사용하고 먹는 식물도 폐기물을 배설한다. 우리 자신의 몸에서도 배설물이 발생한다. 따라서 위생적인 생활 여건을 조성하는 것은 인간이 해야 할 긴요한 책무이다.

인간이 사용할 수 있는 에너지가 별로 없을 때는 위생적인 생활 여건을 만드는 인간의 능력이 자신과 자연이 만드는 엄청난 양의 배설물에 압도당한다. 1890년대에 뉴욕 시민들은 오물이 정강이까지 차오르는 거리를 다녔다. 말의 오줌과 똥, 동물의 사체, 음식물 찌꺼기, 폐가구 등으로 넘쳐났다. 오늘날에도 에너지가 절대적으로 부족한 빈곤한 국가에서는 많은 사람이 불결한 생활환경에서 발생하는 질병으로 인하여 죽고 있다. 20억의 인구가 화장실과 같은 기본적인 위생 설비를 갖추고 있지 못하다. 세계 인구의 10%는 폐수로 경작한 식량을 먹고 있다. 설사로 인하여 매년 40만 명 이상이 죽고 있다. 에너지가 절대적으로 부족한 경우, 사람들은 식량을 생산하고 거처를 만들기 위해 너무 많은 시간과 노력을 기울이기 때문에 위생적인 생활환경을 만들기에 시간과 자원이 턱없이 부족하다.

식수를 인간과 자연의 오염으로부터 보호하면서 깨끗하게 공급하는 것이 에너지를 대규모로 이용할 수 없는 경우 매우 어려운 일이다. 집에서 가까운 곳에 있는 물을 이용할 경우 편리하지만 인간과 동물의 배설물과 폐기물로 인하여 오염되기 쉽다. 집에서 멀리 떨어진 곳에서 취수하면 적은 양의 물을 많은 시간을 소비하여 얻게 된다. 이 물을 음료, 세탁, 세수용으로 사용하기에 턱없이 부족하고 따라서 비위생적인 생활을 하게 된다. 에너지를 충분히 이용할 수 있는 경우 집에서 멀리 떨어진 곳에서 깨끗한 물을 많은 양 취수하여 위생적인 생활을 할 수 있다.

에너지를 충분히 사용할 수 있는 오늘날 우리는 모든 생활 폐기물을 큰 노력 없이 처리할 수 있다. 이는 예전에는 상상도 못 하는 일이었다. 화석연료를 사용하여 만들어낸 청결한 세상이다. 화석연료가 많은 여유 시간을 창출하고 이 시간에 인간은 창의적인 정신노동을 할 수 있었다. 이 결과 높은 수준으로 전문화되고 혁신적인 위생산업이 출현했다.

고도화된 위생산업은 화석 에너지를 바탕으로 구축되었다. 식수와 폐수를 분리하기 위한 하수관을 땅속 깊이 묻는 굴착기, 수원지에서 물을 퍼 올려서 사람이 사용하기에 적합하게 하는 상수도 처리시설, 쓰레기 수송 차량, 독성 쓰레기와 재활용 쓰레기를 분리하고 종류별로 단단히 묶는 쓰레기 처리 기계, 쓰레기를 태워서 에너지를 얻고 쓰레기가 차지하는 공간을 대폭 축소하는 쓰레기 소각 기계 등이 모두 화석 에너지를 기반으로 한다.

현대의 위생산업은 화석연료에서 생산되는 수많은 원재료를 사용하고 있다. 예로써 플라스틱 쓰레기통은 가볍고 수명이 길고 깨끗하게 청소하기가 쉽다. PVC 파이프는 가정에서 하수관으로 사용되는데 가볍고 수명이 길다. 쓰레기 매립용 방수천은 악취를 줄여주고 화재의 위험도 감소시키며 질병을 전염하는 동물이나 곤충의 위험을 축소시킨다. 화석연료를 사용하는 기계 노동은 활발한 정신노동을 가능케 한다. 화석연료에서 만들어지는 원재료는 세상을 인간이 살기에 적합한 곳으로 만든다.

화석연료를 사용하는 위생 설비가 질병을 옮기는 곤충과 벌레를 퇴치해서 우리에게 접근하지 못하도록 한다. 모기는 말라리아와 황열병을 전파하고 벼룩은 페스트를 옮긴다. 이는 발진티푸스를 퍼뜨린다. 화석연료를 사용하는 기계 노동을 통하여 질병을 전파하는 위험한 벌레들의 서식지를 제거한다. 모기들이 알을 낳는 습지의 물을 빼낸다. 이를 위해 경유를 연료로 하는 굴착기를 사용해서 물을 머금은 흙을 퍼내고 건설 장비를 사용해서 제방을 만들고 저수지를 만든다. 화석연료를 사용해서 살충제를 만들고 화석연료를 사용하는 비행기로 살포한다. 대표적인 살충제인 DDT는 부작용이 있지만 수억 명의 인구를 살려냈다.

위생과 관련해서, 화석연료가 제공하는 강력한 기계 노동, 화석연료가 촉발한 활발한 창의적인 정신노동, 화석연료에서 만든 원재료를 사용해서 자연적으로 불결한 환경을 인위적으로 청결한 생활 여건으로 만든다. 지금 비위생적이고 참혹한 여건에서 생활하고 있는 수십억의 인구를 깨끗한 환경에서 살도록 만들기 위해서는 화석연료가 현재 제공하고 있는 가치보다 더 많은 가치가 필요하다. 화석연료 또는 이와 동등한 에너지원이 없다면 이 세상은 더럽고 비위생적인 상태로 퇴보할 것이다.

화석연료를 사용하는 주택과 위생시설이 우리를 자연의 많은 위협으로부터 지켜준다. 그러나 우리 몸을 침투해 들어오는 미생물 병원균을 퇴치하지는 못한다. 따라서 이 병균에 대항하기 위해서 우리 몸 안에 내부적인 보호 기재를 마련해야 한다. 이 내부적인 보호 기재는 의료분야에 속한 것으로서 외부로부터 병균의 공격을 받을 때 우리 몸을 치료해 주는 것이다.

현대 의료산업의 기저에는 화석연료가 자리 잡고 있다. 현대 의료산업은 화석연료를 사용하는 기계 노동, 화석연료가 가능케 해준 창의적인 정신 활동, 화석연료에서 만들어진 원재료를 바탕으로 하고 있다.

오늘날의 대규모 의료산업은 화석연료를 에너지원으로 하는 각종 의료기기가 우리가 필요로 하는 모든 것을 매우 비용 효과적으로 생산하기 때문에 존재할 수 있다. 화석연료가 많은 여유시간을 확보해 주고, 이 여유시간에 창의적인 연구 활동이 가능하다. 이 결과 오늘날 우리가 누리는 첨단 의료기술이 출현하게 되었다.

화석 에너지를 사용하는 의료기기가 의료인들의 능력을 강화하고 확대하는 몇 가지 사례를 살펴보면, 우선 자기공명영상(MRI) 검사기기는 우리 몸 내부에서 벌어지고 있는 상황을 3차원 영상으로 의사에게 제공해 줌으로써 사전적으로 알기 힘든 질병을 진단할 수 있게 한다. 태아 모니터는 의사가 아기가 태어나기 전에 아기의 건강을 관찰할 수 있게 한다. 냉동기기는 백신과 같이 온도에 민감한 의약품을 적정한 온도로 보관한다. 냉난방 기기는 병원을 적정한 온도로 유지해 준다. 마취기기는 의사가 환자를 안정시킬 수 있게 한다. 영아(嬰兒) 인큐베이터는 조산아가 성장하기에 안전한 환경을 조성해 줌으로써 생명을 구한다. 컴퓨터는 대규모의 의학 정보를 실시간으로 활용하고 추적할 수 있게 한다.

현대 의료산업은 화석 에너지를 사용하는 기계로 구성되어 있다. 화석연료는 비용이 낮고, 필요하면 언제든지 사용할 수 있으며, 다재다능하고, 전 세계적으로 공급할 수 있다. 따라서 화석 에너지는 의료기기를 생산하고 움직이기 위한 동력을 제공하기에 적합하다. 기기는 의료 현장에서 매우 보편적으로 사용되고 있어서 병원 예산의 50%를 에너지에 사용한다.

화석연료에서 만들어지는 소재 또한 현대 의료산업에 없어서는 안 되는 것이다. 의약품, 주사기, 의료 장비, 장갑, 마스크 모두 석유나 천연가스에서 만들어진다. 석유나 천연가스에서 만들어지지 않은 것을 병원에서 찾기가 쉽지 않다. 화석연료가 의료산업에 끼친 유익, 즉 화석 에너지를 사용하는 기계 노동과 화석연료가 만들어낸 여유시간 그리고 화석연료로부터 만드는 원재료는 코로나바이러스 감염증으로부터 수많은 생명을 구하는데 핵심적인 역할을 했다.

전례 없는 코로나 백신의 개발과 유통에는 지식을 공유하는 수많은 전문가, 고성능 컴퓨터, 백신을 -70℃로 보관하기 위한 냉장고, 백신의 신속한 생산과 수송을 위한 화석연료를 사용하는 공장과 수송 수단, 백신을 안전하게 주사하기 위한 주사기와 장갑과 같은 화석연료로부터 생산된 의료기기가 있었다. 이러한 안전은 화석 에너지를 사용하는 세상이 가능하게 한 것이다.

인류는 화석연료를 사용하여 자연적으로 위험한 지구를 인위적으로 안전한 곳으로 만들었다. 이 세계가 수십억의 인구가 살기에 안전한 곳으로 계속해서 만들어 가기 위해, 우리가 현재 화석연료로부터 얻고 있는 비용 효과적인 에너지와 소재를 더욱 많이 사용해야 한다.

오늘날 화석연료는 사람들이 자기 성취를 위한 기회를 창출하는 데에 결정적인 역할을 한다. 인간이 풍요로운 삶을 사는 것은 자신의 잠재능력까지 최대한 활용하는 것을 말한다. 따라서 자아성취를 추구할 기회가 충분히 존재하는 것이 살기에 적합한 세계가 갖추어야 할 핵심적인 요소이다. 우리는 자기실현의 기회가 많은 세계에서 살기를 원한다.

자기 성취 또는 자기실현의 기회가 충분히 존재하는지 여부는 여유시간이 충분한가, 여유시간을 마음대로 관리하며 사용할 수 있는가, 여유시간에 자기실현을 위해 할 수 있는 다양한 선택지가 존재하는가로 결정된다. 화석연료가 주 에너지원인 요즈음처럼 다양하고 풍부한 자기 성취의 기회가 있었던 적이 일찍이 없었다.

기계 노동이 창출하는 충분한 여유시간이 존재하지 않는 환경에서는 사람들은 가장 기초적인 생활필수품을 가장 조악한 형태로라도 획득하는 데 시간 대부분을 소비한다. 이런 상황에서는 대부분의 사람이 비참한 생활을 한다. 갓 태어난 아기, 어린이, 십 대가 죽는 일이 흔하다. 성인이 30~40대에 죽는 것은 일상이다. 이들은 세계의 경이로운 일들을 경험할 기회를 전혀 얻지 못한다. 자연의 아름다움을 즐길 기회가 없다. 지적인 자극이 없고, 힘들고 단조로운 일만 반복되며, 비극적인 일들이 자주 발생하는 것은 자기 성취와 역행한다.

화석연료를 사용하는 기계가 육체노동의 수십 배에 달하는 일을 하는 오늘날 우리는 이전에 없던 자기 성취의 기회를 얻는다. 충분한 여유시간을 갖고, 여유시간을 마음대로 통제하며 사용할 수 있고, 여유시간에 자기실현을 위해 할 수 있는 다양한 선택지가 충분히 있기 때문이다. 화석 에너지로 인하여 자기 성취를 위한 생산적인 시간, 영양이 풍부한 식량, 안전한 주택, 창의적인 정신 활동을 할 수 있는 여유시간이 우리에게 허용된다.

화석연료를 바탕으로 하는 기계 노동과 이로 인해 허용되는 여유시간 그리고 화석연료에서 도출되는 다재다능한 원료물질은 우리가 사는 이 세상을 영양이 풍부하고, 안전한 보호처가 있고, 자기실현을 적극적으로 추구할 수 있는 곳으로 만들었다. 자원개발, 화학, 펄프 및 제지와 같은 소재산업과 자동차, 항공, 보트, 선박과 같은 수송산업 그리고 정보, 통신, 금융, 컴퓨터, 전자, 의약품, 부동산, 건설 등 셀 수 없이 많은 산업이 화석연료를 바탕으로 건설되어서 우리의 삶을 풍요롭게 하고 있다.

우리는 일하고 싶은 가장 관심이 있는 분야를 선택할 수 있고, 선택한 일의 대부분은 정신노동이다. 관심 있는 흥미로운 과제에 대하여 정신적으로 일한다. 에너지가 풍부할 때 누릴 수 있는 선순환에 힘입어서 모든 산업이 지속적으로 발전하고, 따라서 생각해야 할 새로운 일들이 항상 나타난다. 같은 일을 반복하는 다른 동물들과는 달리 인간은 이미 이룩한 업적을 바탕으로 앞으로 나가는 삶을 산다.

정신노동의 기회가 충만한 고도로 전문화된 세계의 핵심적인 요소는 고품질의 교육을 받을 수 있다는 점이다. 과거에 또는 후진국에서 어린이들이 노동하는 것을 비난하기는 쉽다. 그러나 어린이 노동은 사용

가능한 에너지가 절대적으로 부족한 사회에서 경험하는 악순환의 일부분이다. 이 사회에서 겨우 목숨을 이어갈 정도의 식량을 생산한다면 어린이도 목숨을 부지하기 위해 열심히 일해야 한다. 교육받을 시간이 전혀 없다. 오늘날 교육받을 기회가 무한히 존재하는 것은 화석연료를 대규모로 사용하기 때문이다. 화석연료를 바탕으로 하는 기계 노동, 이 기계 노동이 허용하는 여유시간, 그리고 화석연료에서 만들어지는 원료물질 때문이다.

화석연료를 기반으로 하는 우리 사회에서 경험하는 또 다른 놀라운 기회는 충만한 영양 공급과 안락한 보호처이다. 인간은 언제나 영양과 보호가 필요하다. 화석연료를 사용하는 기계 노동과 여유시간 그리고 원료물질로 인하여 영양 공급과 보호처 마련이 오래전에는 많은 시간이 필요하고 불안하고 고통스러운 일이었지만 이제는 즐겁고 편안하고 의미 있는 일이 되었다.

식량과 관련해서, 200년 전에는 대부분의 사람이 다음 식사를 어떻게 마련할지 걱정해야 했다. 오늘날에는 식량문제는 완전히 극복되었다. 도처에 있는 음식점에서 가족이나 친구들과 함께 맛있는 음식을 즐기는 것이 쉽다. 음식점에서 사랑하는 사람들과 좋은 음식을 즐기는 것은 기쁘고 의미 있는 일이 되었다. 이러한 즐거움을 누릴 수 있게 된 것은 화석연료 기반의 기계 노동이 제공하는 여유시간에 인간의 창의적인 정신 활동과 고도의 전문화가 가능했기 때문이다. 화석연료에서 만들어지는 원재료들이 음식점을 효율적이고 위생적인 곳으로 만들었기 때문이기도 하다.

보호처 또는 주택과 관련해서는, 200년 전에는 주택이 끊임없는 고통과 노동을 수반했지만, 오늘날에는 대부분의 사람이 거친 기후와 사나운 침략자로부터 보호받는 안락한 집을 소유할 수 있다. 이는 화석연료 기반의 기계 노동과 이 기계 노동이 촉발한 인간의 창의성이 인간에게 상상할 수 없는 가치를 생산해 주었기 때문이다. 화석연료로 만들어진 원재료가 혹독한 기후로부터 보호하고 위생적이고 비용 효과적으로 내부를 장식한 경이로운 주택을 주었다.

화석연료 기반의 우리 사회는 비용 효과적인 기계 노동과 창의적인 활동으로 인하여 다양한 여가 활동에 충분한 시간을 사용할 수 있다. 화석연료 기반의 비용 효과적인 기계 노동이 창출하는 여유시간에 화석연료에 기반한 여가 산업이 제공하는 다양한 즐길 거리를 누릴 수 있다. 오락, 여행, 영화, 연예, 음악, 스포츠 등은 우리의 여가를 즐기면서 자기만족을 누릴 수 있는 다양한 방법을 제시한다.

이러한 산업들은 화석연료가 사용되기 전에는 존재하지 않았다. 다만 소규모의 착취적인 형태로는 있었다. 권력이 있고 부유한 자들이 많은 시간과 다른 사람들의 노역을 사용해서 오락을 즐기는 형태였다. 오늘날에는 수천만 명의 사람들이 어떻게 하면 즐거운 생활을 할 수 있는

지를 생각하고 있다.

화석연료는 이 세상을 인위적으로 놀랍도록 인간이 살기 좋은 곳으로 만들어 가고 있다. 이 혜택을 누리지 못하는 수십억의 인구가 참혹한 생활을 하고 있다.

화석연료가 인류에게 주는 편익은 비용 효과성이 뛰어난 기계 노동, 이 기계 노동이 만들어내는 여유시간, 이 여유시간에 일어나는 인간의 창조적인 정신 활동, 그리고 화석연료에서 파생된 원료물질이 인간의 가치 생산능력을 급격하게 강화시킨 것이다. 이 결과, 자연적으로는 빈곤하고, 위험하고, 기회가 부족하고, 침체된 지구를 인공적으로 풍요롭고, 안전하고, 기회가 충만하고, 발전하는 세계로 만들었다.

## 03
## 화석연료의 지속적인 사용이 주는 유익

세계가 비용 효과성이 탁월한 화석연료를 대대적으로 사용하면서 얻고 있는 편익은 수십억 인구의 생산능력이 급격히 향상되고 있는 것이다. 이는 화석 에너지의 비용 효과성에 기인한 뛰어난 기계 노동, 이 기계 노동이 촉발시키는 인간의 엄청난 창의적인 정신 활동, 그리고 화석연료에서 만들어지는 원료물질에 기인한다. 그리하여 세계는 인간이 살기에 적합한 곳이 되고 인간의 번영을 촉진한다. 인간은 급격하게 증대되는 생산능력을 활용하여 화석연료 사용에 따른 부작용을 감소시키고 중화시킨다.

비용 효과적인 에너지를 세계적으로 공급해야 할 필요성은 앞으로 매우 증가할 것이다. 에너지가 절대적으로 부족한 저개발 국가들에게 에너지를 공급하고, 에너지를 충분히 사용하고 있는 국가들에게 추가로 에너지를 공급하며, 새로운 유형으로 에너지를 공급해야 하기 때문이다.

세계에는 에너지 절대빈곤 속에서 살아가는 수십억의 인구가 있다. 이들은 에너지를 충분히 사용하고 있는 선진국으로부터 식량, 의복, 주택, 의료, 재난 구조 등 자선활동의 도움을 받고 있다. 그러나 이러한 원조는 그들이 충분한 에너지를 바탕으로 한 기계 노동을 일상생활 속에서 활용할 수 있는 것에 비교될 수는 없다. 이 기계 노동을 통해서 그들이 진정으로 살만한 세상에서 살게 되는 것이다.

에너지 빈곤 속에서 살아가는 60억의 인구는 영양을 충분히 공급받을 수 있는 식량을 획득하고, 자연의 온갖 위험으로부터 자신을 안전하게 보호해줄 주택을 짓고, 자기 성취를 추구할 기회를 누리는 것이 너무나 비기운 삶을 살고 있다. 이들의 삶은 비용 효율성이 뛰어난 에너지의 충분한 공급을 절실히 요구하고 있다.

에너지를 충분히 사용하고 있는 선진국들은 새로운 기술혁신과 추가적인 경제성장을 적극적으로 추구하고 있다. 이를 뒷받침하기 위해 기존의 기계 노동이 대규모로 필요하고 따라서 많은 에너지가 추가로 요구된다. 이 기계 노동을 많이 사용할수록 더 많은 가치를 생산할 수 있다. 기계 노동을 통해서 육체노동을 절약한다면 우리는 삶의 질을 향상시킬 수 있다.

새로운 유형의 기계 노동을 위해 더 많은 에너지가 필요하다. 인간의 창의적인 정신노동을 확대하고 강화하기 위해서 새로운 유형의 다양한 기계 노동이 요구된다. 이제까지 화석 에너지에 기반한 기계 노동은 주로 인간의 육체노동을 강화하고 확대하였다. 식량을 생산하고, 무거운 물건을 옮기고, 주변의 생활환경을 개선하는 것이 그 예이다.

컴퓨터의 급속한 발달과 함께 우리는 기계를 더욱 많이 사용하면서 우리의 창의적인 정신 능력을 강화하고 확대하였다. 앞으로 에너지를 가장 많이 사용하는 새로운 유형의 기계 노동이 요구되는 분야 중 하나는 머신러닝 또는 인공지능이다. 일례로, 의료분야 연구자들은 세균의 항생물질에 대한 내성을 연구하고 있다.

한 연구팀은 완전히 새로운 항생제를 발견했다. 이는 머신러닝을 사용해서 기존의 항생제와는 전혀 다른 방법으로 그리고 인간의 건강에는 해를 끼치지 않는 방법으로 대장균의 성장을 억제하는 원자 배열과 뼈의 구조를 이해함으로써 가능했다. 할리신이라고 부르는 이 항생제는 대장균뿐만 아니라 다른 다양한 박테리아도 효과적으로 죽인다.

머신러닝 혁명은 두 가지 특징을 가지고 있다. 첫째는 극도로 에너지 집약적이다. 에너지에 굶주린 컴퓨터의 수가 급격히 증가하기 때문이다. 둘째로 머신러닝을 필요로 하는 분야는 사실상 무제한적이다. 우리가 원하는 삶의 수준은 무한히 높고 이를 달성하기 위한 컴퓨터의 작동량도 무한정이다. 특히 인간의 건강을 확보하고 생명을 연장하기 위한 의료분야에서 컴퓨터 사용량은 실로 끝이 없다.

우리는 컴퓨터의 도움을 받아서 자동차를 더 안전하고 빠르게 운행하기를 원하고, 기존의 질병과 새로운 질병을 이해하고 새로운 치료법을 개발하며, 인간이 늙어가는 과정을 이해하고 이를 돌이키기를 원한다. 또한, 컴퓨터의 도움을 받아서 물리학의 가장 기본적인 원리를 이해하고 우주의 가장 먼 곳에서 벌어지는 현상들을 파악하고자 한다. 새로운 것을 배우고 새로운 일을 하기 위해서는 많은 에너지를 소비하는 컴퓨터에 대한 수요가 증가할 수밖에 없다.

비트코인과 같은 가상화폐도 컴퓨터에 대한 수요를 증가시키는 분야다. 많은 사람이 가장 안전하고 공정한 화폐라고 판단하는 비트코인을 공급하기 위해서 대규모의 에너지를 소비한다. 인간의 행복한 삶을 추구하는 새로운 방식이 컴퓨터의 많은 지원을 받으면서 더욱더 많은 에너지를 소비할 것으로 예상된다.

---

화석연료의 뛰어난 자연적인 특성은 생성 과정의 특별한 역사에서

비롯된다. 화석연료는 고대에 존재하던 풍부한 양의 유기물로부터 만들어진 것이다. 이 유기물이 다양한 자연적인 과정을 거쳐서 탄화수소의 형태로 에너지가 압축되고 저장된 것이다. 풍부하다, 압축되었다, 그리고 저장되었다는 것이 화석연료의 핵심적인 특성이다.

화석연료와 같이 자연적으로 저장된 형태의 에너지가 태양광이나 풍력처럼 간헐적으로 공급되는 에너지보다 훨씬 더 비용 효과적이다. 자연적으로 저장된 에너지는 우리가 필요할 때에 필요한 양만큼 언제든지 이용할 수 있어서 신뢰도가 매우 높기 때문이다. 에너지를 통제하고 관리할 수 있어야 그 에너지에 대한 신뢰도가 높아진다.

태양광이나 풍력처럼 간헐적으로 공급되는 에너지는 통제 및 관리가 불가능하다. 태양광이나 풍력은 언제든지 사용할 수 있는 대규모의 예비 에너지 공급시설이나 에너지 저장설비가 상시 대기하고 있지 않으면 신뢰할 만한 에너지를 공급할 수 없다. 상시 대기 시설은 대부분 화석연료를 사용하는 발전설비이다.

신뢰할 수 있는 에너지 공급을 위해 화석연료와 같은 자연적으로 저장된 에너지원을 사용하는 경우, 예비 공급시설이나 저장설비에 대한 비용을 부담할 필요가 없다. 따라서 간헐적으로 에너지를 공급하는 태양광이나 풍력보다 훨씬 비용 효과적이다.

에너지가 압축되어서 밀도가 높을수록 비용 효과적이다. 고밀도 에너지일수록 수송비를 더욱 절감할 수 있기 때문이다. 에너지 밀도는 단위 부피 또는 질량 당 저장되어 있는 에너지의 양을 말한다. 태양광과 풍력은 에너지 밀도가 매우 낮다. 이들은 간헐적으로 생산되고 희석된 상태로 공급된다. 따라서 작은 면적의 땅에서 생산되는 고밀도의 화석연료가 공급하는 에너지와 같은 양의 에너지를 공급하기 위해 태양광과 풍력은 거대한 면적의 땅과 많은 원재료가 필요하다.

화석연료 중에서 에너지 밀도가 가장 높은 것은 석유다. 지하에서 뽑아 올린 원유 1갤런(=3.78ℓ)은 3만5,000칼로리의 에너지를 포함하고 있다. 휘발유의 에너지 밀도는 테슬라 모델3의 배터리보다 18배 높다. 석유는 높은 에너지 밀도로 인하여 수송 부문 에너지 시장을 완전히 장악하고 있다. 특히 대형 화물선과 비행기의 연료로서 석유 외에 다른 대안이 없다.

화석연료는 높은 에너지 밀도로 인해 생산지에서 멀리 떨어진 곳까지 전 세계 어느 곳이든지 에너지를 공급할 수 있다. 비용 효과적으로 수송할 수 있기 때문이다. 석탄은 높은 에너지 밀도로 인하여 전 세계에 걸쳐서 발전용 연료로 사용되고 있다. 석탄이 생산되지 않는 국가들도 석유를 연료로 하는 초대형 선박으로 대규모의 석탄을 저렴하게 수송하여 사용한다.

화석연료가 자연적으로 축적되어 있으면서 자연적으로 압축되어 있다는 것은 매우 놀라운 조합이다. 화석연료가 신뢰받는 에너지 공급원으로서 세계 어느 곳에서나 사용될 수 있는 이유다.

이러한 화석연료의 공급이 증가하는 추세에 있는 에너지 수요를 충족시키기에 충분할까? 화석연료의 고갈 가능성은 오랫동안 인류를 괴롭힌 고민거리다. "세계의 석유 매장량이 40년 남았다"는 말을 심심찮게 듣는다.

현재 시점에서 자원의 확인 매장량은 현재의 자원가격과 자원개발 기술을 전제로 수익성을 확보하면서 생산할 수 있는 자원의 양에 대한 추정치이다. 자원의 가격이 상승할수록 자원개발 기술이 발전할수록 확인 매장량은 증가한다. 즉 매장량은 고정된 것이 아니라 변화하는 것이다. 수압파쇄 기법에 따른 셰일오일 또는 가스의 개발, 메탄 하이드레이트의 개발, 석탄의 액화 및 기화 등 기술혁신으로 인하여 화석연료의 매장량은 충분히 증가할 수 있다.

화석연료가 성공적인 에너지원으로 자리매김할 수 있었던 다른 요인은 경제적인 혁신과 성취이다. 여러 세대에 걸쳐서 수백만 명의 사람들이 화석연료의 경제적인 혁신을 위해 노력했다. 수많은 시행착오를 통해서 화석연료의 비용 효과성을 향상시켰다. 실생활의 다양한 많은 상황, 다른 종류의 기계, 서로 다른 장소, 다른 기후조건, 다양한 용도에서 화석연료의 비용 효과성을 증진시켰다.

인도의 요리용 레인지, 알래스카의 광물자원 개발, 남아프리카공화국의 발전소, 세계 어느 곳에서나 연료를 가득 채울 수 있는 비행기에 이르기까지 언제 어느 곳에서든지 화석연료가 해결사로 나서고 있다. 이러한 화석연료가 이룬 경제적인 혁신과 성취는 화석연료의 고유한 특성에 근거하고 있다. 따라서 이런 특성이 없는 다른 에너지원은 화석연료가 이룬 경제적인 혁신과 성취를 달성할 수 없다.

발전 부문의 송전망을 이용해서 세계 수십억의 인구가 필요하면 언제든지 기계를 사용하기 위해서 전기를 끌어올 수 있다. 세탁기는 하루에 우리의 많은 육체노동 시간을 절약해주고, 조명기기는 어두운 밤에 다양한 일을 할 수 있는 기회를 허용하고, 정밀 의료 장비는 많은 생명을 구한다. 수많은 기계를 전선에 연결하여 다양한 서비스를 받는다.

오늘날 송전망은 이 많은 기계로부터 파생되는 전력수요가 항상 변화함에도 불구하고 효율적으로 대응할 수 있다. 낮은 비용으로, 전 세계적으로, 필요하면 실시간으로 전기를 공급하는 것은 전적으로 석탄과 천연가스를 발전 연료로 사용하기 때문이다. 이 두 연료는 화석연료의 고유한 특성을 활용하여 비용 효과적인 전력공급의 네 가지 요소에 부응하고 있다.

첫째로, 석탄은 기저 부하용 연료로서 적합하다. 전력망에서 항상 일정한 수준을 보이는 전력수요를 담당할 발전원은 높은 신뢰도와 안정성을 갖추어야 한다. 이를 위해 에너지 밀도가 높고 풍부한 석탄이 적합하다. 석탄은 대규모로 개발, 수송, 저장이 쉽다. 따라서 석탄은 세계 어느 곳에서나 낮은 비용의 발전원으로서 기저 부하용으로 사용되고 있다.

둘째로, 석탄은 부하 추적용 연료로 적합하다. 예상되는 전력수요의 변화에 대응하기 위해서 서서히 변화하는 전력공급이 필요한데, 이 목적의 발전원으로써 석탄이 사용된다. 예를 들면, 낮 시간대에는 산업 활동이 활발하고 주거용 에어컨 사용이 많아서 전기 수요가 증가할 것으로 예상된다. 부하 추적용 에너지의 효율성은 기저용 에너지 효율성보다 낮지만, 여전히 높다. 부하가 서서히 변동하기 때문이다.

셋째로, 천연가스는 첨두부하용 연료로 적합하다. 천연가스는 매우 통제할 수 있고 탄력적인 발전원이어서 전력수요가 급격하게 변동할 때에 이에 맞추어서 발전량을 신속하게 조절할 수 있다. 천연가스는 부하 추적용으로도 적합하다. 천연가스를 파이프라인으로 수송할 수 있는 경우에는 기저 부하용으로도 적합하다.

넷째로, 석탄과 천연가스는 소비지 인근에 있는 대규모 발전소의 연료로 적합하다. 이는 규모의 경제를 달성하는 동시에 장거리 송전에 따른 비용을 절감할 수 있다. 석탄과 천연가스는 비용 효과적으로 많은 양을 수송할 수 있다.

수백만 명의 사람들이 석탄과 천연가스의 개발, 수송(선박, 바지, 기차, 파이프라인), 발전기, 특화된 전문적인 유지보수 사업, 발전소의 운영을 개선하기 위해 지속적으로 노력해 왔다. 오늘날의 비용 효과적인 발전시스템의 경제적인 혁신과 업적은 수많은 사람이 화석연료의 독특한 자연적인 특성을 바탕으로 여러 세대에 걸쳐서 끊임없이 노력해 온 결과다.

화석연료가 타의 추종을 불허하는 경제적인 혁신과 업적을 이루어 냄으로써 탁월한 자연적인 특성을 가장 비용 효과적으로 활용하고 있다. 이는 대체 에너지원이 감히 넘볼 수 없는 엄청난 장벽이 되었다. 대부분의 대체 에너지원은 화석연료가 가지고 있는 탁월한 자연적인 특성 중 적어도 1개 이상이 결여되었다. 따라서 화석연료의 우월한 비용 효과성을 따라잡기 위해서, 대체 에너지원은 훨씬 힘든 상황에서 출발하여 막대한 규모의 경제적 혁신과 성취를 만들어야 한다. 그러하기에 어떤 대체 에너지원도 화석연료의 탁월함에 접근도 못 하고 있다.

이는 마이크로칩 분야에서 실리콘의 위상을 살펴보면 쉽게 이해된다. 사실상 모든 마이크로칩은 실리콘을 사용한다. 실리콘은 자연적으로 반도체에 적합한 특성이 있다. 전기를 쉽게 전파하지도 않고 그렇다고 전기를 완전히 차단하지도 않는 고유한 특성을 가진다. 실리콘은 특별한 조건에서는 전기를 전파한다. 반도체는 마이크로칩에서 전류를 신속하게 연결하고 차단하는 것을 반복할 수 있다.

실리콘과 경쟁하는 대체재는 두 가지 장벽을 넘어야 한다. 우선 실리콘은 반도체로서 특유한 적합한 특성이 있고, 이 특성 때문에 생산자와 소비자의 선택을 가장 먼저 받게 되었다는 사실이다. 다음으로 마이크로칩 산업은 여러 세대에 걸쳐서 모든 종류의 마이크로칩에서 실리콘의 특성을 최대한 활용하는 방법을 연구했다는 사실이다. 컴퓨터의 마이크로칩, 스마트 폰의 마이크로칩, 자동차의 마이크로칩 등 모든 분야에서 실리콘의 특이한 성질을 최대한 활용하기 위해 여러 세대를 소비했다. 여기에는 전체적인 공급체인, 즉 땅에서 실리콘을 추출하고 가공처리하여 유용한 형태로 만들고 가공한 원재료를 마이크칩으로 제조하는 등 모든 과정에 관한 연구가 포함되었다.

실리콘이 이처럼 훌륭한 반도체이고 수백만 명의 사람들이 여러 세대의 오랜 시간 동안 실리콘의 특이한 성질을 가장 비용 효과적으로 수많은 상황에서 활용할 수 있는 방안을 연구해왔다는 사실을 염두에 둘 필요가 있다. 어떤 사람이 2050년까지 실리콘 사용을 넷 제로로 하자고 주장한다면, 이는 매우 비현실적이고 비합리적임이 틀림없다.

같은 판단이 화석연료에 적용된다.

산업부문의 제조공정에서 사용되는 열은 시멘트, 철강, 플라스틱, 화석연료로부터 만들어지는 원재료 등 핵심적인 자재를 생산하는 데 필요하다. 산업부문의 공정 열은 1,600℃ 이상의 초고온을 유지해야 한다. 알루미늄 제조공정에서 필요한 열은 전기를 사용해서 생산한다. 그러나 시멘트, 철강, 플라스틱 제조 등 대부분의 공정 열은 화석연료를 직접 연소시켜서 생산한다. 화석연료를 연소시켜서 나오는 열을 직접 사용하는 것이 연료를 전기로 바꾸어서 사용하는 것보다 연료의 열 잠재량을 더 많이 끌어내어서 사용할 수 있기 때문이다.

예를 들면, 천연가스를 용광로에서 직접 연소시켜서 열을 생산할 경우 열 잠재량의 90% 이상을 사용할 수 있다. 그러나 천연가스로 전기를 생산할 경우 50%의 에너지를 상실한다. 여기에 전기를 송전망을 통해 보낼 때 송전손실이 추가로 발생한다. 마지막으로 전기히터를 통해 열을 생산한다. 이 과정에서 많은 에너지 손실이 발생하고, 추가로 많은 인프라가 필요하다. 천연가스를 직접 연소시키면 천연가스의 에너지 잠재량을 훨씬 많이 사용하고 인프라도 필요 없다. 따라서 제품의 가격을 하락시킨다.

주거 부문의 난방도 마찬가지다. 이 난방열의 온도는 훨씬 낮다. 천연가스를 직접 연소시켜서 난방하는 경우 천연가스의 잠재적인 에너지의 98%까지 사용할 수 있다. 천연가스를 전기로 바꾸고 이 전기를 사용해서 난방하는 경우 잠재적인 에너지 대부분을 상실한다.

수송 부문에서 화석연료를 직접 연소시키는 것은 비용 효과적이다. 전기는 이 비용 효과성을 갖고 있지 않다. 다른 어떤 대체 에너지원도 화석연료에 필적할 수 없다. 수송 부문의 동력이 석유가 가지고 있는 독특한 자연적인 에너지 밀도를 바탕으로 하고 있기 때문이다.

다른 액체 연료도 있다. 액체 수소연료와 식물성 알코올 연료가 그 예이다. 그러나 액체 수소연료는 석유보다 4배의 공간을 차지하고 알코올 연료는 2배의 공간을 차지한다. 석유는 액체 상태로 출발해서 비용이 저렴한 정제과정을 거쳐 다양한 액체 연료를 생산한다. 반면에 수소와 식물성 연료는 액체가 아닌 상태에서 출발해서 대규모로 액체 연료로 전환하는 과정의 비용이 매우 크다.

수송 장비의 비용 효과적인 연료로서 석유와 경쟁할 수 있는 연료는 없다. 세계 에너지 수요의 32%를 차지하는 수송 부문에서 석유가 90%를 차지한다. 거대한 기계인 화물선은 국제적으로 거래되는 상품을 수송하는데 수송 부문 에너지 소비량의 12%를 차지하고 있다. 화물선의 연료는 석유가 절대적인 비중을 차지한다. 항공기는 수송용 에너지 소비량의 11%를 점유하는데, 석유가 100%를 차지한다.

대형 수송 장비의 연료는 석유가 석권하고 있다. 화물선과 비행기의 연료로서 석유와 경쟁할 수 있는 연료는 없다. 다른 대형 수송 장비의 연료도 석유 외에 다른 경쟁적인 연료가 없다. 대형 농기계의 연료 역시 석유가 대부분을 차지한다. 석유는 중소형 자동차의 연료로서 더욱 강한 경쟁력을 가진다.

중소형 배터리 자동차는 환경오염 물질을 방출하지 않는다는 이점이 있다. 그러나 높은 비용과 불편함(충전, 주행거리, 춥거나 더울 때 배터리 손실)의 문제를 겪고 있다. 배터리의 비용 효과성이 개선되면 이러한 불편은 경감되고 중소형 배터리 자동차의 경쟁력이 강화할 것이다. 그러나 화물선과 비행기 같은 초대형 수송기관의 경우에는 배터리가 석유와 비교해 경쟁력이 크게 뒤진다.

이동을 위한 동력을 얻기 위해서 석유를 직접 연소시키는 것은 매우 놀라운 비용 효과적인 방법으로서 대체 에너지원이 넘어야 할 큰 장벽이다. 석유의 높은 에너지 밀도를 충분히 활용할 수 있는 엔진과 자동차를 개발하기 위한 여러 세대에 걸친 경제적인 혁신과 업적의 결과이기 때문이다. 이에 더하여 화석연료는 비용 효과적으로 산업부문의 공정열을 생산하고 수송 부문의 에너지원으로 사용되고 있어서 대체 에너지원을 생산하고 수송하는데 화석 에너지가 사용되고 있음을 알 수 있다. 자원을 개발하고, 가공처리하고, 수송하는 것이 화석 에너지 집약적인 사업이다. 즉 대체에너지는 존재 자체를 화석연료에 의존하고 있다. 따라서 어떤 대체에너지가 화석연료를 사용하지 않는다면 그것은 존재하지 않든지 또는 비용이 너무 많아서 사용하지 않는 것이다.

화석연료가 유독 비용 효과적인 비결은 자연적인 저장, 압축, 풍부의 놀라운 특성을 바탕으로 여러 세대에 걸친 경제적인 혁신과 업적을 이룬 결과다. 이 결과 화석연료를 대체하는 에너지원의 출현은 요원하다. 산업 부문의 공정열과 수송 부문의 동력도 대체에너지를 찾을 수 없다. 나아가 대체에너지를 생산하기 위한 공정열과 수송 에너지를 공급하는 에너지원 자체가 화석연료 외에는 보이지 않는다. 앞으로 비용 효과성이 탁월한 에너지의 사용이 계속되면서 수십억의 인구에게로 확대된다면 화석연료의 수요는 증가하고 대체에너지는 보조적인 역할을 담당할 것이다.

화석연료의 확인 매장량은 현재의 개발 기술과 가격 아래에서 수익성을 확보하면서 생산할 수 있는 양이다. 확인 매장량은 기술이 발전하고 가격이 상승하면서 증가한다. 확인 매장량은 기초 자원량(Resource Base)의 극히 일부분이다. 에너지산업은 화석연료의 매장량을 신규로 발견하는 기술을 계속해서 발전시키고 있다. 이는 고밀도 에너지원인 화석연료가 제공하는 강력한 에너지의 선순환 덕분이다. 화석연료가 허용하는 여유로운 시간과 기계 노동으로 인해 사회의 모든 분야에서 전례 없는 혁신과 발전이 가능했고, 화석연료 산업 자체에서도 가능했다.

가장 획기적인 기술혁신의 사례는 셰일오일 및 가스 개발을 위한 수압파쇄(hydraulic fracturing) 기술이다. 이 기술혁명으로 인해 미국의 석유와 천연가스 생산량이 급격히 증가했다. 그리하여 미국은 석유 순 수입국에서 순 수출국으로 변화했다. 미국은 2007년에 하루 900만 배럴의 석유를 수입했으나 2019년에 석유 순 수출국으로 변신했다. 미국은 대규모의 셰일 매장량을 가지고 있다. 다른 국가들도 수압파쇄 기술을 도입하고 있으며 무한한 잠재량에 접근하고 있다. 천연가스의 경우, 지하에 있는 매장량보다 훨씬 많은 양의 천연가스가 해저(海底)에 동결된 형태로 존재한다. 이를 메탄 하이드레이트라고 부른다. 따라서 석유와 천연가스는 향후 여러 세대에 걸쳐서 사용하기에 충분하다.

이에 더하여 화석연료 중에서 매장량이 가장 풍부하고 개발이 쉬운 석탄을 액체와 가스로 전환할 수 있다. 이 기술이 현재로서는 비용 효과적이지 않다. 그러나 기술적 그리고 경제적인 혁신을 통해서 전 세계의 막대한 규모의 석탄을 비용 효과적으로 액체로 전환할 수 있을 것이다. 현재 석탄을 액체 알코올인 메탄올로 전화하는 것은 낮은 비용으로 가능하다.

## 04 화석연료가 가져올 풍요로운 세상

1980년 이후 세계에서 하루 2달러 이하로 살아가는 인구의 비중이 42%에서 10% 아래로 하락했다. 이 놀라운 발전은 생산성의 획기적인 향상 덕분이다. 생산성의 향상은 화석연료로 움직이는 기계를 사용한 결과이며 이 기계 노동 때문에 가능한 정신노동의 결과이다.

그러나 앞으로 이루어야 할 훨씬 큰 발전이 있다. 세계 인구의 10%는 하루에 2달러 이하로 고단한 삶을 살면서 조기에 사망할 뿐만 아니라 50억의 사람들은 하루에 10달러 이하로 살아가고 있기 때문이다. 화석연료의 사용을 확대한다면 세계의 모든 사람, 특히 극빈층에 있는 사람들의 생산성이 향상되고 삶의 질이 개선될 것이다.

오염 억제 기술의 발달로 인해 가난한 사람들이 화석연료를 사용하여 가난에서 탈출하고 생활환경의 오염 수준이 감소하게 될 것이다. 전등과 냉장고를 사용하고, 더 나은 보수의 직업을 갖고, 굶주리지 않는 삶을 살고, 깨끗한 물을 마시며, 어떤 기후에서도 안락한 생활을 할 수 있게 된다.

화석연료 기반의 생산능력은 여유로운 시간과 기계 노동을 통해서 혁신을 이루고 성장의 동력을 제공한다. 성장은 화석연료의 생산능력을 증대시키고 더욱더 많은 여유시간과 기계 노동을 제공한다. 이는 진일보한 혁신을 불러온다. 이것이 화석 에너지 시스템의 선순환이다. 특정한 시점에서 향후 장기적으로 얼마만큼의 혁신이 필요한지 판단하기는 쉽지 않다. 추가적인 혁신 하나하나가 성장의 속도를 복리(複利)로 상승시킨다.

세계적으로 화석연료의 사용을 확대할수록 선순환이 빨라진다. 생산성이 가장 높은 선진국에서는 엄청난 양의 기계 노동과 여유로운 시간을 의료 혁신에 쏟아부을 것이다. 평균수명을 연장시키고 노년 건강을 증진하게 시킬 것이다. 또한, 빨라진 선순환은 기후위기 극복능력을 획기적으로 강화시켜서 위험한 온도, 가뭄, 산불, 태풍, 홍수를 더욱 효과적으로 통제하고 관리할 수 있게 될 것이다.

화석연료의 사용을 확대하면 충분한 여유시간과 기후변화 이외의 많은 도전을 처리할 능력을 갖추게 된다. 이 도전에는 항생제에 내성을 갖는 세균, 정부의 증가하는 재정적자, 독재국가의 등장 등이 있다. 에너지가 풍부한 국가의 현격한 특징은 전반적이고 매우 강력한 적응력을 가지고 이러한 도전과제들을 처리한다는 것이다. 가까운 예로, 2019년 12월 중국 우한에서 발생한 바이러스성 호흡기 질환인 코로나바이러스 감염증-19가 세계적인 전염병이 되어서 각국을 위협할 때에 에너지를 풍부하게 사용하는 선진국들이 1년 이내에 여러 백신을 개발했다. 모더나 백신은 사실상 일주일도 안 되는 짧은 시간에 현대적인 컴퓨터를 사용하여 설계되었다.

화석연료의 사용이 증가하면서 더욱 강력한 동력으로 무장하는 세계는 우리가 생각할 수 있는 도전은 물론 생각할 수 없는 도전도 능히 감당할 수 있는 능력을 확보할 것이다. 항생제 내성이 있는 세균에 대처하기 위해 과학자들은 엄청난 머신러닝 능력으로 무장할 것이다. 대규모 재정적자를 극복하기 위해서 정부지출을 줄이는 것은 물론 화석연료를 기반으로 하는 더욱 강력한 생산성을 정부는 필요로 할 것이다. 자유국가가 독재국가로부터 자국을 보호하기 위해 가장 비용 효과적인 에너지를 사용하여 타의 추종을 불허하는 생산성을 확보하고 이를 통하여 세계를 선도하는 방위 능력을 확보하게 될 것이다.

화석연료의 사용이 확대되면 모든 에너지의 생산과정을 개선하는 데 필요한 기계 노동과 시간을 확보할 수 있다. 여기에는 화석연료와 원자력의 생산과정이 포함된다. 그 예로 소형 원자로를 들 수 있다. 이는 운전하기가 쉽고 중간 크기 트럭의 뒤에 들어갈 정도로 크기가 작다. 소형 원자로는 매우 다양한 용도로 사용된다.

소형 원자로는 오지에서 수행하는 산업 프로젝트의 에너지 공급원으로 사용될 수 있다. 또한, 소형 원자로는 자연재해 피해지역에 에너지 공급을 신속하게 회복하기 위해 사용될 수도 있다. 원자력 발전선(發電船)을 만들어서 세계 어느 해안에든지 정박시키고 현지 주민들에게 수년간 전기를 공급할 수 있다. 핵융합은 에너지의 성배(聖杯)로 불리는 것으로서 상업화할 경우 인류의 동력화(動力化)가 전혀 새로운 차원에서 가능할 것이다.

대체에너지를 개발하기 위해 화석연료를 제거하는 것이 아니라, 오히려 화석연료를 사용하여 충분한 시간과 기계 노동을 확보하고 이를 사용하여 대체에너지의 경쟁력을 강화하며 궁극적으로 우월한 에너지로 만들 수 있다.

화석연료가 만드는 미래는 매우 풍요로운 것이다. 가난을 신속하게 해소하고, 발전을 가속화하고, 문제 해결 능력을 강화하며, 에너지 진화를 촉진한다. 특히 에너지 결핍 국가들에 에너지를 공급하고, 대체에너지 개발을 촉진하며, 화석연료의 부정적인 효과를 적절히 관리한다.

오늘날 수십억의 인구가 에너지가 풍부한 국가에서 살면서 화석연료가 움직이는 기계를 사용하여 전례 없는 풍부한 영양과 보호 그리고 자기 성취의 기회를 누리고 있다. 반면에 다른 수십억의 인구는 이런 세계에서 살지 못하고 있다. 어떤 정책이 그들을 붙잡아두고 있는지, 어떤 변화가 있어야 전 세계 인구가 풍부한 에너지가 주는 풍요로운 삶을 누릴 수 있을지 밝혀내는 것이 매우 중요하다.

또한, 화석연료의 사용을 자유롭게 허용하면서 대체에너지 개발을 촉진하는 방안을 마련하는 것도 필요하다. 특히 원자력의 적극적인 개발이 필요하다. 타당할 경우, 차세대에 대체에너지를 주종 에너지원으로 개발하는 것이 바람직하다.

이에 더하여 화석연료의 부정적인 효과를 적절히 관리해야 한다. 대기오염, 수질오염, 토양오염을 합리적으로 관리하면서 사람들이 에너지가 주는 편익을 충분히 누릴 수 있는 정책을 찾아서 시행하는 것이 긴요하다.

화석연료가 주는 온갖 편익을 가장 잘 누리는 국가는 미국이다. 미국은 화석연료로부터 낮은 비용으로, 필요시에는 언제든지, 다재다능한 에너지를 받아서 사용한다. 수력과 원자력으로부터 신뢰할만한 낮은 비용의 전기를 상당한 양 공급받고 있다. 그리고 세계에서 가장 좋은 질의 공기 속에서 살고 있다. 미국은 에너지 혁신에서 선두에 있다. 세계 최초로 석유 시추를 시행했고, 현대적인 수압파쇄 기법을 도입했고, 리튬이온 배터리를 개발했으며, 원자력 발전소를 건설했다.

미국의 어떤 정책이 이처럼 국민의 윤택한 생활과 에너지 산업의 발전을 가능케 했는가? 근본적인 것은 자유다. 다른 사람들을 부적절하게 위험에 빠뜨리지 않는 범위 내에서 자유롭게 에너지를 생산하도록 허용한다. 자유는 인간의 생산능력이 발원하는 가장 깊은 뿌리인 인간의 이성적인 두뇌를 활성화한다.

우리가 사는 지구는 자연적으로는 결핍되어 있고 위험하다. 우리의 육체는 자연적으로는 매우 연약한 생산능력을 갖추고 있다. 우리의 생산능력을 확대하고 강화하기 위해 비용 효과적인 에너지와 기계 노동이 필요하다. 공급량이 충분하고, 신뢰할 수 있고, 다재다능하고, 광범위하게 대규모로 공급할수록 더 비용 효과적이다. 비용 효과적인 에너지와 기계 노동은 인간 번영을 위해 긴요한 것이다.

인간의 이성적인 두뇌가 비용 효과적인 에너지와 기계 노동을 만든다. 이성적인 두뇌가 현실 속에서 새로운 진리를 밝혀낸다. 예로써, 에너지와 기계 노동을 더 비용 효과적으로 생산하는 방법을 찾아낸다. 인간이 열에너지를 운동에너지로 전환하는 방법을 도출해 낸 것은 이성적인 두뇌 때문이었다. 이것이 열 엔진의 기초가 되었고 문명의 원동력이 되었다. 석유를 낮은 비용으로 찾아내는 방법, 대중이 저렴한 비용으로 하늘을 날 수 있도록 비행기 엔진을 만드는 방법, 석탄을 효율적으로 깨끗하게 연소시키는 방법, 천연가스의 안정적인 공급을 확보하는 방법을 발견한 것도 인간의 이성적인 두뇌였다.

인간의 이성적인 두뇌가 에너지를 비용 효과적으로 생산하는 방법을 발견하고 이를 현실에서 실행하는 만큼만 우리는 에너지로부터 오는 혜택을 누린다. 인간의 이성적인 두뇌가 자유롭게 활동하도록 허용된

범위 내에서만 에너지를 비용 효과적으로 생산하는 방법을 발견하고 이를 현실에서 실행한다.

　1859년 석유산업이 탄생했을 때부터 수압파쇄 기술을 통해 한때는 쓸모없던 암석에서 막대한 양의 저비용 에너지를 생산하기에 이르기까지 미국이 석유와 천연가스 개발 기술의 혁신을 주도적으로 이끌 수 있었던 이유는 바로 자유, 즉 지하자원을 자유롭게 소유하고 개발할 수 있었기 때문이다. 세계 대부분의 국가는 지하의 모든 것에 대한 소유권을 정부가 가진다. 따라서 자원개발의 새로운 기술에 관한 아이디어를 가지고 있는 사람이 자신의 땅에서 자유롭게 아이디어를 시행할 수 없다. 다른 사람의 땅에서 계약을 맺고 신기술을 시험해 보는 것도 불가능하다. 정부의 허가를 받아야 하는데 정부는 새로운 기술에 대하여 전향적인 입장을 취하지 않는다.

　미국에서는 새로운 기술을 사용하여 자유롭게 자신의 토지에서 석유를 탐사하고 시추할 수 있다. 타인을 설득해서 동의를 얻는다면 그의 토지에서도 새로운 기술을 시험해 볼 수 있다. 이것이 성공적일 경우 토지 소유자, 투자자, 작업자를 모아서 그들을 설득하여 참여를 끌어내 자원개발 사업을 추진할 수 있다. 여기에서 발생한 이익은 새로운 기술을 창안한 사람 몫이다. 이런 자유는 최대한 많은 좋은 아이디어가 창출되고 시행되도록 촉진한다. 이는 컴퓨터 산업과 의료기기 사업 그리고 핸드폰 산업에서와 마찬가지다.

가능한 한 많은 사람이 에너지로부터 혜택을 누릴 수 있게 하기 위해서는 에너지를 생산할 수 있는 자유를 모든 사람에게 부여해야 한다. 이 결과, 에너지를 생산하는 가장 비용 효과적인 방법을 밝혀내고 시행할 수 있다. 에너지 자유는 다른 자유와 마찬가지로 다른 사람에게 미치는 영향과는 상관없이 내가 하고 싶은 것은 무엇이든지 하도록 허용하는 것을 말하지 않는다. 부적절하게 다른 사람에게 피해를 끼치지 않는 범위내에서 에너지 자유를 누리도록 필요한 정책을 시행해야 한다. 인간 번영을 위한 에너지 자유의 주요 구성 요소는 거래의 자유, 개발의 자유, 경쟁의 자유, 위험한 상태에 빠지지 않을 자유(권리)이다.

에너지가 부족한 국가들은 어째서 예나 지금이나 에너지가 부족한 상태 그대로인가? 수십억의 인구는 왜 그토록 적은 에너지를 소비하는가? 비용 효과적인 기계 노동은 어느 곳에서든지 인간의 생산능력을 획기적으로 강화하고 확대한다. 따라서 모든 곳에서 기계 노동을 적극적으로 사용하는 것을 기대할 수 있다. 그러나 대부분의 아프리카 국가들과 아시아의 상당한 국가들이 기계 노동을 절대적으로 부족하게 사용하고 있다.

이 국가들은 가난하다. 가난한 사람들이 신속하게 에너지 결핍을 해소할 수 있도록 만드는 방법이 있다. 이 국가들에 있어서 부유하고 에너지를 충분히 사용하는 선진국 기업들이 이윤추구 투자를 할 수 있도록 허용하는 것이다. 선진국 투자자들이 에너지 빈곤 국가의 공장과 산업형 농장에 투자하고 파워를 공급하기 위해 에너지에 투자하는 경우 수십 배 또는 수백 배의 생산성 향상을 가져오고 관련되는 모든 사람에게 이익을 준다.

이러한 투자가 모든 곳에서 일어나지 않는 것은 모든 곳에서 거래의 자유가 보장되지는 않기 때문이다. 거래의 자유는 가치 교환의 자유를 말한다. 이 가치 교환은 법적인 구속력을 가진 정부가 계약된 합의사항을 보호하고 이행하도록 감시하는 체제하에서 이루어진다.

현대의 모든 에너지 생산은 많은 사람 사이에 막대한 규모의 거래를 필요로 한다. 예로써 전력망이 원활하게 작동되기 위해서 망 운영자는 전기를 구매하는 소비자들, 망을 건설하고 운영하는 노동자들, 발전소를 건설하는 회사들, 전선을 건설하는 데 필요한 토지를 소유한 사람들과 거래해야 한다. 이러한 모든 거래의 핵심적인 요소는 당사자 간의 장기적인 약속이다. 약속을 지키기 위해 계약이 필요하다. 당사자들이 계약을 준수하도록 강제할 수 있어야 하며, 제삼자가 영향을 미치지 못하도록 계약을 보호할 수 있어야 한다.

계약을 통한 자유로운 장기적인 거래는 재산권과 법의 규제로 구성된 광범위한 지원체제가 필요하다. 재산권은 계약의 기초다. 재산권 체제하에서 모든 사람은 자신의 재산에 대해 권리를 가진다. 이 권리는 자신의 재산을 명확히 정의된 계약을 통해서 거래할 수 있는 것을 포함한다. 이 계약은 정부가 법에 근거하여 강제하고 보호한다. 관리나 독재자의 자의적인 변덕에 영향 받지 않는다.

정부가 강제력으로 보호하는 계약을 바탕으로 자유롭게 거래를 할 수 있는 범위가 넓을수록, 투자자들이 기계 노동에 투자하여 한때 육체노동을 통해 얻었던 성과를 강화하고 확대하는 것은 매우 비용 효과적이고 수익성이 우수했다. 이를 테면 지난 반세기 동안 세계 수십억의 인구에게 에너지를 충분하게 공급할 수 있었던 것은 중국과 인도와 같은 곳에서 거래의 자유가, 이상적인 방법은 아닐지라도, 획기적으로 증진되었기 때문이다.

풍부한 에너지를 바탕으로 투자하는 수익성 있는 사업 중에서 가장 보편적인 것은 제조업이다. 개도국에서 제품을 생산하는 회사가 기계와 에너지를 주요 구성 요소로 하는 제조설비를 만들기로 할 경우, 그 회사는 제조설비나 때로는 발전소와 전력망 같은 에너지 인프라를 지원하는 곳에 투자한다. 회사가 노동자들에게 지급하는 임금은 이전에 노동자들이 농장과 같이 육체노동을 통해 버는 것보다 훨씬 높은 수준이다.

기계 노동은 한때 육체노동을 했던 노동자들의 생산성을 크게 증진시킨다. 이 결과 회사의 이익과 노동자들의 임금이 증가한다. 생산성과 임금이 커지면 가난했던 사람들이 더 많은 제품이나 서비스를 위해 교역을 하게 된다. 교역 대상에는 식량, 의복, 집, 여가, 의료, 교육 등이 있다. 생산성과 임금이 더욱 상승할수록 사람들은 더 많은 시간과 자원을 가지고 더 많이 학습하고 혁신하고 따라서 생산성이 더욱 높아진다. 풍부한 에너지의 선순환이다. 이는 제조회사들의 거래 자유가 보장되기 때문에 가능하다. 정부가 계약을 보호하고 위반자들을 처벌한다. 재산권을 보호하고 법의 지배를 보장한다. 최고 권력자의 지배가 아니다.

개도국의 수십억 인구에게 충분한 에너지를 공급하는데 최대의 장애 요인은 거래의 자유가 보장되지 않는 것이다. 아프리카 국가들이 에너지를 충분히 사용할 수 있도록 만들기 위해서 가장 중요한 것은 해외의 투자자들이 자신들의 투자에 대해 이익을 얻을 수 있도록 허용하는 것이다. 에너지 생산의 모든 투입 요소들 계약을 통해 사들여야 한다. 에너지 생산 설비가 몰수되거나 생산 사업이 고의로 훼방 받지 않아야 한다. 저비용의 신뢰할 수 있는 전기를 공급하기 위해 실질적인 비용 지급 계약을 체결해야 한다. 이러한 신뢰가 없으므로 많은 지역에서 에너지 개발 사업이 추진되지 못하고 있다.

개도국에 만연된 거래의 자유에 대한 심각한 제한이 제거되기 전에는, 화석연료의 공급비 용이 전반적으로 낮아졌음에도 불구하고, 가난한 국가들의 혹독한 에너지 사정은 별로 나아지지 않을 것이다. 화석연료를 생산하거나 이를 이용하여 전기를 생산하는 사업이 수익사업으로시 신뢰를 얻지 못하기 때문이다. 가난한 국가들의 에너지 빈곤 문제가 대두될 때마다 선진국들이 지원해야 하는 자선사업으로 변질되곤 한다. 부유한 사람들이 가난한 사람들에게 발전소와 송전망을 건설해 주어서 그들이 빛과 핸드폰과 에어컨을 사용할 수 있게 해야 한다는 주장이다.

그러나 소비자로서 상당한 양의 에너지를 소비하는 핵심적인 내용은 생산하기 위해 소비한다는 것이다. 즉, 소비자의 생산성이 매우 높아서 빛과 핸드폰 그리고 에어컨을 사용하는 것이 조금도 아깝지 않은 것이다. 선진국이 보내온 선물을 받는 것이 아니다. 생산자로서 에너지를 소비하는 것은 거래의 자유를 바탕으로 한다. 따라서 에너지 빈곤국에 에너지를 공급하기 위한 정책의 최우선 순위는 에너지 빈곤국이 거래의 자유를 보호할 수 있는 제도를 만들도록 하는 것이다. 계약, 재산권, 법의 지배가 제도적으로 확보되어야 한다.

---

향후 인간 번영을 극대화하기 위해 획기적으로 확대할 필요가 있는 에너지 자유의 두 번째 주요 구성 요소는 개발의 자유다. 에너지를 개발하는 것은 우리의 주변 환경을 다른 형태로 상당한 규모로 전환하는 것이다.

개발 사업은 지하에 있는 원료 광물을 추출하는 것이다. 여기에는 석유, 석탄, 가스와 같은 연료가 있다. 에너지를 생산하는 기계장비의 소재가 되는 철, 모래, 희토류 금속 등도 포함된다. 개발 사업은 또한 거대한 에너지 처리 및 생산 설비의 건설이 필요하다. 정유시설, 원자력 발전소가 대표적인 예이다. 에너지 개발 사업에는 장거리 수송 인프라도 건설해야 한다. 고압 전선과 송유관이 그 예이다.

에너지 개발의 자유가 허용된 정도만큼만 비용 효과적으로 에너지 생산이 이루어진다. 일례로, 미국 동북부에서 천연가스 수송관의 건설이 환경주의자들의 반대로 중단되었을 때에 전기요금이 폭등하고 난방 연료가 부족했다. 가스관이 순조롭게 건설되었다면 전기와 난방용 연료를 충분히 공급받을 수 있었을 것이다. 2018년에 뉴잉글랜드는, 충분한 천연가스 매장량이 있음에도 불구하고, 러시아로부터 천연가스를 선박으로 수입해야 했다.

에너지 개발의 자유가 보장되면, 인간은 창의력을 발휘해서 에너지를 생산하는 가장 비용 효과적인 방법을 찾아내서 실행한다. 석유, 석탄, 가스, 원자력, 수력, 지열, 태양광, 풍력 등 오늘날 모든 에너지 생산은 사람들이 자유롭게 대규모 개발 사업에 참여할 수 있도록 허용하는 것이 필요하다.

거래의 자유와 마찬가지로 개발의 자유는 재산권을 전제로 한다. 재산권은 개인이나 법인이 토지와 같은 자원을 사서 소유하는 것을 허용한다. 이 토지를 에너지 생산을 위해 개발하든지, 레크리에이션을 위해서든지, 또는 자연경관을 즐기기 위해서든지 자신의 최선의 판단을 근거로 결정할 수 있다. 다른 사람보다 높은 가격으로 토지를 구매하는 사람은 그 토지를 가장 생산적으로 사용할 수 있는 사람이다. 그는 토지를 에너지를 생산하기 위해서 또는 사람들이 돈을 내고 즐길 수 있는 아름다운 공원을 만들기 위해서 사용할 수 있다. 재산권은 가장 잘 할 수 있는 사람이 가장 가치가 큰 곳에서 가장 가치가 큰 방식으로 개발할 수 있도록 한다.

미국은 재산권을 오래전부터 보장해온 덕분에 혁신적인 발전의 세계적인 리더가 되었다. 석유와 가스를 창의적인 방법으로 개발해 왔다. 오늘날 미국을 석유 및 가스 생산의 주도적인 국가로 만든 셰일 혁명은 개인과 회사가 지하의 광물자원을 자유롭게 소유하고 혁신적인 방법을 사용하여 자유롭게 개발할 수 있었기 때문에 가능했다.

불행히도, 자원개발의 자유는 환경보호 운동에 의해 급격히 제한되었다. 20세기에 세계 많은 국가에서 재산에 대한 정부의 통제가 강화되는 것과 함께 환경운동이 힘을 더해가면서 재산권은 개발 사업으로부터 자연을 보호한다는 목적을 가진 정부의 정책에 점진적으로 그리고 결국에는 완전히 종속되었다. 오늘날 사유 재산권을 반대하고 개발을 반대하는 정책으로 인해 많은 산업에서 번영과 발전이 제대로 이루어지지 못하고 있다.

새로운 아파트 단지를 건축하든지, 석탄 광산을 새롭게 개발하거나, 원자력 발전소를 건설하거나, 새로운 공장을 짓고, 석유 탐사를 위한 시추작업을 추진할 때에 개발권을 보호하는 분명하고 객관적인 법의 지원을 기대할 수 없다. 오히려 끝없는 환경규제법과 무소불위의 규제기관과 마주쳐야 한다. 추진하는 사업이 '녹색'이라고 인식되지 않으면 거부되기 십상이다.

개발은 항상 주변 환경에 상당한 영향을 미치게 마련이다. 영향을 무조건 반대하기보다 합리적으로 수용하는 정책을 시행한다면 에너지 산업은 생각의 속도로 발전할 것이다.

인간 번영을 극대화하기 위해 획기적으로 확대할 필요가 있는 에너지 자유의 세 번째 구성 요소는 에너지 생산의 자유로운 경쟁이다. 에너지가 최대한 비용 효과적으로 생산되기 위해서는 현재의 생산자 수가 증가하는 것에 더해서 모든 잠재적인 생산자들이 자유롭게 경쟁해서 서로 다른 고객을 위해서 비용 효과적으로 생산할 수 있어야 한다. 경쟁의 자유를 통해서 언제 어디서나 가장 비용 효과적으로 에너지를 생산할 수 있다.

오늘날 화석연료가 세계 에너지 시장에서 지배적인 위치를 차지하고 있는 것은 당연코 가장 비용 효과적인 에너지원이기 때문이다. 이는 모든 사람이 화석연료를 사용해야 한다고 어느 한 사람이 결정해서 된 일이 아니다. 최선의 거래를 찾는 수십억의 에너지 사용자들이 결정한 것이다. 더욱이 수백만 명의 에너지 생산자들이 협력하고 경쟁하면서 가장 낮은 가격으로 최상의 가치를 에너지 사용자들에게 제공하기 위해 화석연료를 사용하는 각종 공정을 개발한 덕분이다.

화석연료가 주도적인 지위를 확보하도록 만든 경쟁의 자유는 화석연료의 개선을 유도할 것이고, 장기적으로는 '에너지 진화'의 과정을 거쳐서 다른 에너지원이 화석연료를 대체하도록 할 것이다. 특정 시점에서 자유로운 경쟁은 최선의 선택지가 이기도록 한다. 그러나 시간이 지나면서 최선의 선택지는 변화한다. 투입 요소의 가격이 변화하고 투입 요소를 결합해서 에너지를 생산하는 기술이 발전하기 때문이다.

경쟁의 자유가 보장되는 상황에서 에너지 진화는 항상 일어난다. 여러 세대에 걸쳐서 같은 형태의 에너지를 사용하는 것처럼 보여도 에너지 진화는 진행되고 있다. 그 예로, 석유가 160년 이상 사용되면서 과거와는 다른 곳에서 생산되고 있다. 과거와는 전혀 다른 훨씬 개선된 공정을 통해 생산된다. 이러한 에너지 진화의 과정을 전제로 할 때, 화석연료는 지속가능한 것이 아니라 진화하는 것이다. '지속 가능'보다 '진화'가 훨씬 좋은 것이다.

비(非)지속가능성은 에너지를 현재와 같은 방식으로 생산하고 소비하는 것을 지속할 경우 고갈될 것이라는 염려로 이어진다. 사실상 무엇이든지 같은 방식으로 거듭해서 지속하다 보면 그 자원은 고갈된다. 같은 장소에서 같은 태양광 패널 소재 물질을 지속적으로 개발하면 그 물질은 고갈된다. 철강 제조를 위해서 철광석을 같은 장소에서 계속해서 개발하면 그 철광석은 고갈된다.

어떤 행위가 영원히 반복될 수 없다고 해서 그것이 지속할 수 있지 않음을 의미하는 것은 아니다. 사실상 장기간의 행동은 특정 시점에서 항상 최선의 일을 하는 것이며 최선의 일은 시간과 함께 진화한다. 예로써, 금속은 항상 최선의 형태로 사용된다. 500년 동안 철강으로 사용되고 그 이후에는 완전히 다른 형태일 것이다. 철강을 위한 철광석과 탄소가 한 곳에서 상당한 기간 생산되고 그 이후에는 다른 곳에서 생산될 수 있다. 전혀 문제 될 것이 없다. 경쟁의 자유가 정책적으로 보장되는 한 특정한 시점에서 최고 품질의 금속을 사용할 수 있고 금속은 생산적인 방법으로 진화를 지속할 것이다.

금속이 재생 가능하지 않기 때문에 재생 가능한 목재로 고층 빌딩을 건축해야 한다고 한다면 대부분의 사람은 이해하지 못할 것이다. 열등한 소재를, 그것이 재생 가능하고 지속 가능하므로, 무한히 사용해야 하는 이유가 없다. 에너지도 마찬가지다. 오늘날 석유가 가장 비용 효과적이기 때문에 사용한다. 가장 비용 효과적이지 않으면 석유는 진화하는 에너지 생산의 일부분이 더는 되지 못할 것이다. 자유로운 경쟁체제 아래에서 시간과 함께 우수한 대안이 떠오르게 하는 것이 불변의 선(善)이다. 현재 열위에 있는 대안을 강요하는 것은 추천할만한 것이 못 된다.

가장 비용 효과적인 에너지를 선택하는 비결은 에너지 생산자들의 자유로운 경쟁에 맡기는 것이다. 그리하여 시간의 경과와 함께 새로운 보다 나은 에너지 생산방법을 창출해 내게 하는 것이다.

인간 번영을 위한 에너지 자유의 마지막 주요 구성 요소는 에너지 자유의 한계를 규정함으로써 사람들을 위험한 상태에 빠뜨리지 않도록 하는 것이다. 에너지 자유를 매우 조심스럽게 규정함으로써 인간이 실질적인 위험에 빠지는 상황이 발생하지 않도록 해야 한다.

　에너지를 생산할 때 위험이 항상 이슈가 된다. 에너지는 항상 잠재적으로 위험한 힘과 잠재적으로 위험한 물질이 관여되어 있기 때문이다. 에너지를 많이 생산할수록 더 많은 힘이 발생한다. 대규모의 에너지 생산에 따른 힘이 적절히 통제되지 않으면 매우 큰 재해를 일으킬 수 있다. 가스 수송관이 폭발하고, 태양광 패널이 화재를 일으키고, 원자로가 녹아내릴 수 있다. 대부분의 에너지원은 지하에서 채굴하는 과정에서 인체에 해로운 물질을 사용하고 해로운 물질이 방출되기도 한다.

　에너지는 본질적으로 위험한 힘이기 때문에 에너지 자유는 위험으로부터 자유를 말한다. 위험으로부터 자유를 확보하기 위해서 에너지 생산의 남용을 방지하는 법을 제정하고 단속해야 한다. 여기서 남용은 어느 한 에너지 생산방식을 부적절하게 사용함으로써 발생하는 상당히 해로운 행동을 말한다. 남용은 부작용과 다르다. 부작용은 정상적인 사용에 따른 의도치 않은 부정적인 효과다.

　가스폭발, 석유 유출, 배터리 화재, 태양광 패널 화재 모두 에너지 생산방식의 부적절한 사용, 즉 남용이다. 반면에 1800년대 대부분의 석탄 연기는 석탄의 남용이 아니고 부작용이었다. 에너지 남용을 막기 위한 적절한 정책은 법을 제정하여 민·형사상 책임을 묻는 것이다. 에너지 생산기술의 남용은 그 기술을 원천적으로 사용하지 말아야 함을 의미하는 것이 아니라 그 기술이 남용되지 않도록 해야 함을 의미한다. 2021

년 태양광 패널 제조에 사용되는 폴리실리콘의 생산을 중국이 석권하면서 노예노동을 사용하는 것으로 알려졌다. 이는 태양광 에너지의 생산을 금지해야 하는 것을 의미하지는 않는다.

---

화석연료를 동력으로 삼은 산업자본주의가 이룬 예상치 못한 가장 큰 성공 중 하나는 매우 위험한 기후조건에서 인간이 살기에 최적의 생활 여건을 만들고 있다는 것이다. 견고하고 기후의 영향을 받지 않는 건물을 건축하고, 난방과 에어컨을 세계적으로 보편화시키고, 심각한 태풍을 맞서서 현대의 교통수단을 이용하여 신속하게 대피하며, 현대적인 관개와 식품의 수송을 통하여 가뭄으로부터 보호받고, 현대적인 위생시설을 통해서 질병으로부터 보호받는 것 모두 화석연료를 에너지원으로 사용하여 가능하게 되었다. 이 결과, 지난 1세기에 걸쳐서 기후 관련 사망자 수가 98% 감소했다.

화석연료는 풍부하고, 항상 공급할 수 있고, 신뢰할 수 있으므로 건강하고 살기 좋은 쾌적한 환경을 만든다. 18~19세기 화석연료를 기반으로 한 산업혁명이 시작되기 전에는 자연은 인간이 살기 좋은 환경을 제공하지 않았다. 인간은 유용한 자원이 절대적으로 부족했고 매우 위험한 환경에서 살았다.

오늘날 산업화된 생활환경은 역사상 가장 청결하고 건강하다. 산업화 이전의 자연적인 상태에서 살아가는 사람들은 불결하고 위험한 생활을 하고 있다. 나무 혹은 동물의 똥을 야외에서 태우는 연기에 숨이 막히는 공기 오염을 겪고 있다. 현대의 중앙 집중식 에너지 공급설비는 이런 오염을 제거한다. 개천을 흐르는 자연적인 물을 식수로 사용할 경우 동물들의 배설물로 인하여 오염된 물을 먹게 된다. 현대의 화석 에너지를 사용하는 정수시설은 이 고질적인 위협을 제거했다. 어떤 기후에서나 나타나는 급격한 온도와 날씨 변화는 화석 에너지를 사용하는 에어컨, 난방시설, 주거시설에 의해 충분히 극복되고 있다.

우리는 숨 쉬는 공기, 마시는 물, 먹는 음식이 우리를 병들게 하지 않는 환경에서 살고 있다. 자연의 혹독한 기후를 잘 극복하고 있기도 하다. 이것은 대규모 에너지 생산에 따른 큰 성과다. 매우 강력한 파워를 발휘하는 기계가 우리가 해야 할 엄청난 양의 육체노동을 대신해서 하기 때문에 가능한 것이다. 견고한 집을 짓고, 다량의 신선한 음식을 만들고, 난방과 에어컨을 가능케 하고, 사막에서 관개 사업을 하며, 말라리아로 오염된 늪지대를 건조시키고, 병원을 건축하며, 각종 약품을 제조하는 것 모두가 에너지를 필요로 한다. 석유가 있어서 우리는 자연을 만족스럽게 탐색하며 즐길 수 있다. 산업화 이전의 사람들은 시간, 부(富), 에너지, 기술이 없어서 못 했던 것이다.

충분하고 신뢰할 수 있는 에너지를 더 많이 생산할수록 더 좋은 세상을 만들 수 있다. 세계 13억의 인구가 전기 없이 살아간다. 따라서 밤에 전등불이 없고, 냉장고, 공장, 정수기가 없다. 에너지가 많을수록, 전기요금과 난방요금이 줄어들수록 더 많은 일을 하면서 여행도 즐길 수 있다.

최상의 에너지 생산산업인 화석연료 산업이 더러운 산업으로서 사라져야 한다고 주장하는 환경론자들의 행동은 매우 잘못된 것이다. 이들의 행동은 대량 파괴를 도모하는 것이다. 이들은 화석연료만 배척하는 것이 아니라 원자력도 반대한다. 원자력은 화석연료와 마찬가지로 충분하고 신뢰할만한 에너지원이다.

현실적이고 실제적인 에너지원에 대한 악의적인 공격은 태양광과 풍력에 대한 거짓 열심으로 이어진다. 태양광이나 풍력이 경쟁력 있는 대안이었다면 정치적인 주장이 없어도 시장에서 이미 큰 비중을 차지했을 것이다. 태양광과 풍력은 지난 세기에 에너지 부문의 최대 실패작이다. 고층 건물의 철근 골조를 나무 골조로 바꾸면 그 건물은 무너진다. 마찬가지로 최상의 에너지를 최악의 에너지로 바꾸면 문명이 무너진다.

화석연료는 전례 없는 산업발전의 동력이 되었고, 인간의 기대수명을 두 배로 늘렸다. 역사상 가장 깨끗하고 건강한 인간의 생활환경을 만들기도 했다. 화석연료를 대규모로 사용하기 시작한 이후 기후로 인한 사망률은 놀라울 정도로 감소했다. 충분하고 신뢰할만한 에너지가 가능케 한 기술을 사용해서 기후변화가 초래하는 모든 문제를 해결하고 적응할 수 있다. 이처럼 실질적인 에너지가 없다면 기후가 어떠하든 인류는 문제에 봉착하게 될 것이다.

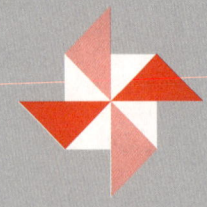

# VIII.
# 화석연료 – 기후위기 대응수단

화석연료의 사용량이 증가하면서
기후위기의 피해가 크게 완화되었다.
악화되지 않았다.

# 01
## 화석연료의 합리적 평가

화석연료의 부작용인 대기 중의 이산화탄소 농도 증가에 대한 평가와 대응은 매우 중요한 과제다. '인간 번영'의 시각에서 평가하고 대응해야 한다.

화석연료를 계속해서 사용할 때에 인류가 얻을 수 있는 편익은 비용이 저렴하고, 신뢰할 수 있고, 다재다능하며, 전 세계의 수요를 충족시키기에 충분한 양의 에너지를 공급하는 것이다. 이를 통해 자연적으로는 결핍되어 있고 극도로 위험한 지구를 수십억의 인구가 살기에 풍요로운 세상으로 만들었다. 뿐만 아니라 또 다른 수십억 인구의 생활수준을 높이기 위해 화석연료는 지속적으로 공급되어야 한다.

화석연료의 사용을 억제하는 것은 인류에게서 에너지를 빼앗는 것이다. 수백만 명이 굶주림이나 영양실조로 죽을 것이다. 수십억의 인구가 계속해서 나무와 동물 똥으로 난방과 취사를 할 수 밖에 없게 된다. 수십억의 인구가 의미 있는 일, 가족, 열정, 자연 등 기쁨을 경험할 기회가 크게 사라질 것이다. 인류의 발전 속도가 느려지고 의료서비스가 부족해서 많은 사람들의 기대수명이 단축될 것이다.

기후변화와 관련한 일련의 문제들이 화석연료와 관련이 있다고 주장하면서 이의 사용을 억제하는 것은 수십억의 인류에게 재앙이 될 것이다. 화석연료의 사용량이 증가하면서 기후위기의 피해가 크게 완화되었다. 악화되지 않았다.

기후변화에 대응할 수 있는 능력에 따라서 어떤 기후의 영향이 부정적이고 어떤 것이 긍정적인지 결정된다. 기후변화에 대응할 능력이 전혀 없는 곳에서는 눈이 오면 식량 공급이 차단되고, 통행이 어렵고, 사망을 초래하는 등 공포스러운 위험을 초래한다. 기후변화 대응 능력을 충분히 갖춘 곳에서 눈이 오는 것은 낭만적이고 스키를 즐기는 등 유익을 제공한다. 기후변화 대응 능력의 수준이 기후의 부정적인 영향의 크기를 결정한다. 0℃의 날씨가 대부분의 야외 장소에서는 매우 부정적인 영향을 미치고 사망을 초래할 수 있다. 그러나 화석연료로 난방이 잘되는 현대식 빌딩 안에서는 별로 불편을 주지 않는다.

대기 중의 $CO_2$ 농도 증가가 기후에 미치는 영향을 올바로 평가하기 위해서는 기후 영향에 대한 대응 능력을 이해하는 것이 선행되어야 한다. 대응 능력은 $CO_2$ 농도 증가와 함께 강화되었다. 이 이해를 바탕으로 우리가 염려해야 할 기후 영향과 염려할 필요가 없는 것을 구분할 수 있다.

대기 중의 이산화탄소 농도가 온도, 태풍, 가뭄, 산불 등 기후에 미치는 영향을 분석할 필요가 있다. 이 분석은 인간 번영의 시각을 바탕으로 이루어져야 한다. 인간이 기후에 미치는 영향을 부도덕한 것으로 간주하지 말아야 한다는 뜻이다. 긍정적, 부정적, 중립적인 영향 모두에 대하여 열려 있어야 한다. 예로써 북극 지역의 온난화와 이산화탄소가 식물에 영양을 주는 시비효과(施肥效果) 모두를 분석 대상으로 삼아야 한다.

또한 인간 번영의 시각을 바탕으로 하는 것은 인간이 기후에 미치는 영향이 필연적으로 인간을 멸망시킬 것이라고 전제하지 않는 것을 의미한다. 실질적인 증거를 좇아서 긍정적, 부정적, 중립적인 영향의 실제적인 크기를 판단하는 것이다.

기후 영향 극복을 위한 화석연료의 기여도는 매우 크고 이산화탄소의 실제적인 부정적 영향은 매우 제한적이어서 기후재앙은 가능하지 않다. 오히려 가장 실현 가능성이 큰 시나리오는 화석연료가 제공하는 모든 편익과 함께 기후 위험이 감소하는 것이다.

기후변화와 관련하여 중요한 용어를 정리할 필요가 있다. 대기는 중력장에 의해 지구를 둘러싸고 있는 가스의 혼합체이다. 대기는 78%를 차지하는 질소와 21%를 차지하는 산소가 주요 성분이다. 아르곤이 0.94%, 이산화탄소가 0.04% 차지한다. 대기는 신비스러운 유체 시스템이다. 태양열, 바닷물, 지표의 식물과 상호작용하면서 지역별로 독특한 날씨를 만든다. 날씨는 대기의 조건이다. 특히 한 지역에서 특정한 시간에 온도와 강수량을 말한다.

기후는 특정 지역에서 장기간(보통 30년) 날씨의 변화추세이다. 온도의 변화범위, 강수의 빈도와 양의 범위가 포함된다. 지구의 기후 시스템은 세계의 다양한 기후의 총합이다. 세계의 가장 뜨거운 아프리카 지역부터 가장 추운 북극 지역까지, 가장 습한 지역부터 가장 건조한 지역까지 포함한다. 지구의 기후변화는 지구의 기후 시스템과 다양한 지역의 기후가 상당한 정도로 변화하는 것을 말한다. 즉 세계 평균온도의 상당한 상승 또는 하락을 말한다. 우리가 보통 말하는 '기후변화'는 지구의 기후변화를 지칭한다. 예로써, 약 2만 년 전~약 1만 년 전의 기간에 북아메리카와 유럽을 중심으로 큰 영향을 미쳤던 마지막 빙하기 '위스콘신 빙하기'의 평균온도는 현재의 간빙기보다 6℃ 낮았다.

'인간의 기후 영향'은 인간의 활동이 지구의 기후 시스템 전체 또는 일정 부분에 미치는 영향을 말한다. 증가하는 이산화탄소 수준의 영향을 토론할 때 '기후변화'보다는 '인간의 기후 영향'이 더 정확한 표현이다. 기후변화는 인간이 그 변화를 야기했는지 여부가 분명하지 않기 때문이다. 또한 기후 영향의 크기를 명확히 규정하는 것이 필요하다. 약간의 영향인지 재앙적인 영향인지 분명히 구분해야 한다. '기후변화'라고 말할 때 약간의 변화인지 또는 재앙적인 변화인지 불분명하다. 애매모호한 채로 '기후변화는 현실이다'라고 유행가처럼 떠들어대고 있다.

기후변화 극복 능력은 기계노동을 사용해서 기후 위험을 상쇄시키거나 기후 이익을 증대시키는 인간의 능력이다. 예를 들어 견고한 빌딩을 건축하고 조기경보 체계를 강화해서 태풍에 대비하는 것이다. 강수량이 많을 때 물을 저장해서 강수량이 부족할 때 사용하는 것도 좋은 예이다.

지구의 기후 시스템은 자연적으로는 위험하고, 다양하고, 역동적이다. 세계 도처에서 기후는 인간에게 엄청난 자연적인 위험이다. 극한의 온도, 가뭄, 산불, 태풍, 홍수 등이 그 예이다. 이런 자연적인 위험들은 기후 영향과 기후 극복을 정확히 이해하기 위해 몇 가지 중요한 시사점을 가지고 있다. 우선, 오늘날 우리가 누리는 기후 재난 극복의 혜택을 당연한 것으로 여겨서는 안 된다. 기후가 위험함에도 불구하고 안전한 것으로 여겨지는 것은 기후 극복을 위한 수많은 인위적인 노력의 덕분임을 유의해야 한다. 자연적인 거대한 기후위험으로부터 우리가 안전하게 보호받고 있는 것이 저절로 된 것이 아니라 지칠 줄 모르는 인간의 노력과 창의성의 결실이다. 이는 미래에 예상되는 대규모 기후 재해도 충분히 극복할 수 있는 능력이 인간에게 있음을 시사한다.

다음으로, 기후위험이 인간의 활동에 기인한다고 섣불리 단정하지 않도록 조심해야 한다. 기후가 자연적으로는 안전하다는 도그마가 있어서 좋지 않은 기후 현상이 발생하면, 별생각 없이, 인간의 영향 때문이라고 비난하는 경향이 있다. 기후가 자연적으로 매우 위험한 것임을 인식하고, 기후문제가 인간의 활동 때문인지 아니면 다른 원인이 존재하는지를 객관적으로 분석해야 한다.

또한, 인간의 영향에 의한 세계의 기후변화가 안전한 것에서 위험한 것으로 변화하는 것이 아니라 위험한 것에서 위험한 것으로 변화하는 것임을 인식해야 한다. 우리는 기후변화와 관련하여 이진법적인 사고에 익숙하다. 즉, 우리는 좋은 기후를 가지고 있었으나 우리가 이를 나쁜 기후로 변화시켰다고 생각한다. 그러나 세계 기후 시스템이 자연적으로 위험한 것임을 고려한다면, 기후에 대한 인간의 영향이 자연적으로 안전한 세계 기후 시스템을 인위적으로 위험한 것으로 만드는 것이 아님을 인식해야 한다. 자연적으로 위험한 세계 기후 시스템을 다른 위험한 기후 시스템으로 만드는 것이다. 새로운 기후 시스템이 전체적으로 더 위험할 수도 있고 덜 위험할 수도 있다. 어느 쪽으로도 예단해서는 안 된다.

세계의 기후 시스템은 호조건(好條件)의 대기와 악조건(惡條件)의 대기가 공존하면서 극도로 다양하다. 예를 들어 홀로세는 인류가 살아온 극도로 다양한 일련의 기후 시스템 집합체이다. 미국만 보더라도 알래스카 극지, 캘리포니아 사막, 플로리다 습지로 매우 다양하다.

기후의 다양성은 기후 극복과 기후 영향을 이해하는데 중요한 시사점을 제시한다. 우선, 우리는 매우 다양한 기후 재난을 극복할 수 있다. 따라서 기후변화의 재해를 극복할 수 있는 범위를 함부로 제한하면서 우리의 기후 재난 극복능력을 과소평가해서는 안 된다. 기후의 광범위한 악조건 속에서 번창을 거듭하고 있는 인류는 앞으로 예상되는 지역적, 세계적인 다양한 기후위기를 효과적으로 극복할 것이다.

다음으로, 인간이 지구 기후 시스템에 미치는 영향은 방법이 매우 다양하고 대상이 되는 기후도 매우 다양하다. 어떤 경우에는 긍정적으로 다른 경우에는 부정적으로 영향을 미친다. 항상 부정적인 것이 아니다.

인간이 경험하는 세계의 기후 시스템은 항상 극도로 역동적이다. 결코 안정적이지 않다. 이는 기후가 내부적으로 역동적이기 때문이다. 특정 기후권 내에서 날씨는 매일, 매달, 매년 변화한다. 온도가 크게 변화하고, 강수량이 큰 폭으로 변동하고, 크고 작은 태풍이 분다.

기후가 내부적으로 역동적인 특성을 가지고 있는 것은 두 가지 시사점을 준다. 첫째로, 기후의 역동적인 변화를 통제 관리하는 기후변화 극복의 능력을 과소평가해서는 안 된다. 역동적인 일련의 기후변화 속에서 인간은 지속해서 발전을 거듭했다. 따라서 미래의 다양한 난폭한 기후 위험을 인간은 관리할 수 있다.

다음으로, 인간이 특정한 지역의 기후에 영향을 미치면 그 기후는 한 역동적인 범위에서 다른 역동적인 범위로 이동한다. 안정적인 상태에서 불안한 상태로 변화하는 것이 아니다.

기후는 내부적으로 역동적일 뿐만 아니라 시간의 경과와 함께 역동적인 특성을 가진다. 오랜 시간 동안 기후는 인간의 영향이 없더라도 극적으로 변화한다. 약 1만2000년 전에 인간은 빙하시대를 살았다. 이 때에 캐나다 지표면에 쌓인 얼음 두께가 3km 이상이었다. 2만 년 전에는 해수면이 현재보다 90m 낮았다. 특정 지역에서 기후변화는 인간의 영향 없이도 매우 빠르게 나타났다. 한 예로 유럽의 지중해에서 9세기~14세기에 기온이 온난했고 1400년~1500년에서 1850년까지 기온이 냉각해서 소빙하기가 찾아왔다.

기후가 시간의 경과와 함께 역동적인 것은 우리에게 두 가지 중요한 시사점을 제시한다. 첫째로, 지구 기후 시스템에서 발생하는 변화가 반드시 인간이 배출하는 $CO_2$ 때문이라고 단정 지을 수는 없다. 기후변화를 야기하는 요인은 매우 다양하다. 따라서 어떤 기후변화가 인간의 활동 때문이라고 쉽게 예단하지 말고 다양한 요인들을 객관적으로 평가해야 한다. 둘째로, 예측과 관련해서 기후의 행태를 모델로 만들고 예측하는 것이 매우 어렵다. 많은 요인들이 기후변화에 영향을 준다. 또한 세계 기후 시스템은 말할 수 없이 복잡하다. 따라서 인과관계를 정확하게 모델화하고 예측하는 것은 매우 어렵다. 모델과 예측에 대해서 들을 때에 우리는 정확한 모델과 예측을 가능케 한 이해의 정확성을 제시할 수 있는 증거를 요구해야 한다.

기후변화의 결과가 충분히 나타나기까지 여러 세대가 지나야 할 것이다. 그러나 그 과정에서 국지적이고 일시적인 피해가 많이 나타난다. 피해가 새로운 일상이 되어간다. 기후변화의 위험이 더 이상 미래에 대한 예측이 아니다.

그러나 인류의 기후위험 극복 능력은 신뢰할만하다. 지난 170년 동안 $CO_2$ 수준은 계속 증가했다. 세계의 온도는 평균적으로 1℃ 상승했다. 그러나 기후위험은 크게 줄어들었다. 실제로 극단적인 날씨, 가뭄, 산불, 태풍, 홍수 등 기후재앙으로 인한 사망자 수가 지난 세기에 98%나 감소했다. 1920년대에 기후재앙으로 숨진 사망자 수는 1년에 177만 명이었으나 2010년대에는 1년에 1만8,000명으로 급감한 것이다. 1년에 기후 관련 재앙으로 사망하는 사람 수가 100만 명 당 약 3명이다. 이는 1년에 교통사고 사망자가 100만 명 당 115명인 것과 대비되는 것이다.

기후재앙으로 인한 사망자 수가 급감한 것은 두 가지 시사점을 준다. 먼저 증가하는 $CO_2$ 수준과 획기적으로 감소하는 기후재난 사망자

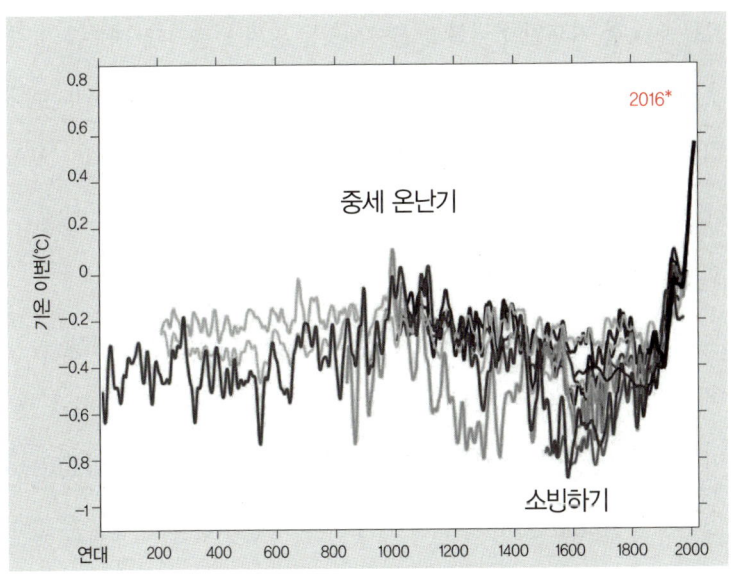

**그림 14** 지구의 기후변화 그래프

수가 상관관계가 있는 이상, 증가하는 $CO_2$ 수준이 장기적으로 기후에 극단적으로 악영향을 미친다는 주장은 사실을 왜곡하는 것이다. 다음으로 화석에너지를 바탕으로 한 기후재난 극복은 거대한 힘을 가지고 있어서 대규모의 자연적인 기후위험을 극복할 수 있다. 탁월하게 비용 효과적인 화석에너지는 막강한 동력을 제공해서 기후재앙으로부터 우리를 보호하는 인프라를 구축한다. 기후변화 대응능력이 뛰어난 빌딩을 건축하고, 관개설비를 통해서 가뭄에 대응하고, 자동차를 이용해서 필요시 특정 지역에서 신속하게 탈출할 수 있다. 화석연료를 바탕으로 한 기후재앙 극복은 매우 강력한 것이다.

기후재난의 일환인 위험한 온도는 위험도가 작아지고 있다. 화석연료를 이용한 기후위기 극복과 온난해지는 날씨 덕분이다. 대부분의 경우 온도가 역동적인 범위 내에서 변동한다. 추운 날씨가 더운 날씨보다 더 위험하다. 인류가 화석에너지 바탕의 기계를 사용해서 위험한 기후에 대처하기 전에는 자연적인 날씨에 압도당했다. 더운 날씨와 함께 추운 날씨에 그대로 노출되었다.

예를 들어 1911년 $CO_2$ 수준이 298ppm으로 안전한 상태였지만 특히 비극적인 해로 일컬어지는 것은 에어컨이 없었기 때문이다. 1911년 7월 미국 뉴잉글랜드에서 살인적인 더위로 인해 최대 2,000명이 사망했고 많은 사람들이 정신이상 직전까지 갔다. 지옥 같은 11일 동안 말들은 길바닥에 쓰러졌고 아기들은 낮잠을 자다가 깨어나지 못했다. 길 위의 아스팔트가 끓어올랐고, 나무는 잎이 떨어졌으며, 풀은 시들어서 부서졌고, 암소는 우유가 말라붙기 시작했다. 미국 북부의 주요 도시에서 숨 막히는 더위로 인해 사람들이 자살하기도 했다. 유럽은 상황이 더욱 나빴다. 프랑스에서는 극도의 뜨거운 날씨로 인해 4만 명이 사망했다. 여기에는 수천 명의 아기들이 포함되었다.

오늘날 선진국에서 뜨거운 날씨 때문에 이처럼 많은 사람들이 죽는 것은 상상할 수 없는 일이다. 화석연료를 에너지원으로 사용하는 기계들이 단열 구조물을 건축하고 화석연료를 에너지원으로 사용하는 에어컨을 사용하기 때문이다. 화석연료를 에너지원으로 하는 현대적인 의료시스템으로 고온 질병을 치료한다. 그러나 에너지 빈곤을 겪고 있는 후진국에서는 오늘날에도 고온으로 인한 사망이 매우 심각한 문제이다. 에너지의 충분한 공급이 도덕적으로 긴급한 과제인 이유다.

혹독하게 뜨거운 날씨가 에너지 빈곤 국가에 위협이 되고 있지만, 추위는 더욱 큰 위협이다. 혹한으로 인한 사망자가 혹서로 인한 사망자보다 훨씬 많다. 지금처럼 에너지가 풍부한 시대가 도래하기 전에는 추위로 인해 매년 많은 사람들이 죽었다. 추위는 신체의 면역기능을 약화시키기 때문이다. 1709년 3개월간 유럽을 휩쓴 대한파(大寒波)로 인해 강과 호수가 얼어붙었고 땅이 1m 깊이까지 얼었다. 스웨덴 군인들 2,000명이 하룻밤 사이에 죽었다. 이 추위와 이어진 기근으로 인해 프랑스에서는 60만 명이 사망했다. 이런 사고는 오늘날 에너지를 풍부하게 사용하는 선진국들에게 상상할 수 없는 일이다. 화석에너지를 사용하는 기계를 통하여 인위적으로 추위나 더위를 극복할 수 있기 때문이다.

오늘날 화석연료를 에너지원으로 하는 기계를 사용하여 극심한 온도변화를 효과적으로 극복하는 것은 미래의 온도 상승을 평가하는데 중요한 시사점을 준다. 첫째로, 에너지가 부족한 사회는 충분한 에너지를 확보해야 한다. 어느 시대에나 있는 극단적인 온도변화의 큰 위협에 대처하기 위해 많은 에너지가 필요하기 때문이다. 둘째로, 대기 중의 $CO_2$ 농도가 증가하면서 온도가 상승하면 극단적인 온도로 인한 사망자 수가 세계적으로 감소할 것이다. 혹한이 혹서보다 훨씬 더 위험하기 때문이다. 세계적인 온난화는 추운 지역과 겨울 그리고 추운 시간대인 밤에 집중되기 때문에 더욱 그러하다. 이 지역과 이 시기가 추위로 인한 사망자 수가 가장 많다.

현재 에너지가 풍부한 선진국에 사는 사람들은 이전의 그 어떤 인류보다 가뭄으로부터 더 안전한 삶을 살고 있다. 에너지가 부족한 후진국의 사람들도 현재 가뭄으로부터 전례 없이 안전한 생활을 하고 있다. 전 세계적으로 가뭄으로 인한 사망자 수가 한때 기후재앙 사망자 중에서 으뜸을 차지했지만 지난 세기에 99%나 감소했다.

1876~1878년에 중국의 13개 성(省)에 혹독한 가뭄이 들어서 강과 호수가 말라붙었다. 기근이 극심해서 사람의 시체를 먹고 자신의 아기 시체를 서로 바꾸어서 먹는 일이 있었다. 인구의 40~50%가 기근으로 사

망한 것이다.

이러한 일은 오늘날에는 상상조차 할 수 없다. 선진국들이 화석연료를 사용하여 다양한 기계를 움직인다. 이 기계 노동을 활용해서 거대한 가뭄의 피해를 극복한다. 뿐만 아니라 선진국은 화석연료가 절대적으로 부족한 후진국들을 적극적으로 도와서 극심한 가뭄을 극복하도록 한다.

화석연료 바탕의 기계 노동을 사용해서 가뭄을 극복하는 제일의 방법은 관개사업이다. 역사적으로 물 부족은 인류를 위협하는 가장 심각한 문제 중 하나였다. 에너지 결핍을 겪고 있는 후진국들은 아직도 물 부족의 위협 아래에 있다. 물이 부족할 경우 곡식이 메말라 죽고 사람은 굶주린다.

관개 토지의 곡식 수확량은 천수답의 3배 이상이다. 관개사업은 많은 에너지를 사용해서 물을 이동시킨다. 이때 에너지원은 대개 화석연료다. 관개 시스템은 전기나 경유를 에너지원으로 하는 기계를 사용해서 곡식에게 공급하는 물의 양을 증대시키고 물 공급의 신뢰성을 높인다. 전기는 주로 화석연료로 생산한다. 관개 시스템은 화석연료를 사용하는 수많은 기계장비 즉 광물 채굴 장비, 용광로, 조립 기계 등에 의해 구축된다. 화석연료는 관개 인프라를 움직이는 동력원이 되는 동시에 관개 인프라를 생산하는 기계의 동력원이 되고 있다. 이 결과 화석연료는 에너지가 풍부한 선진국들이 혹독한 자연조건에서도 곡식 수확량을 인위적으로 크게 높일 수 있게 한다.

화석연료를 동력원으로 하는 기계를 사용하여 가뭄에 대응하는 다른 예는 가뭄 해소 수송 장비다. 이는 에너지가 풍부한 선진국들이 특별히 유용하게 사용한다. 후진국들이 심한 가뭄으로 인해 곡물 생산량이 급격하게 감소하는 피해를 입을 경우 화석연료를 동력원으로 하는 수송 수단을 사용해서 세계의 주요 곡물 생산지에서 식량을 가뭄 피해 국가로 수송한다. 2017년에 미국이 가뭄 피해를 입은 에티오피아와 케냐에 170백만 달러의 원조를 제공했다. 이 돈의 대부분은 많은 식량을 에티오피아 동부의 인프라가 갖춰지지 않은 오지에 화석연료를 사용하는 대형 트럭으로 수송하는데 사용했다. 화석연료의 사용이 계속 증가할 경우 가뭄 극복 능력도 강화될 것이다.

화석연료를 주요 에너지원으로 사용하는 선진국들의 가뭄 극복 능력은 매우 강력해서 $CO_2$ 상승으로 인한 가뭄 심화 효과에 압도당하지 않을 것이다. 화석연료 사용의 확대는 궁극적인 가뭄 대응 기술인 해수의 담수화 기술을 지속적으로 발전시킬 것이다. 담수화 기술은 화석연료를 바탕으로 하고 있기 때문이다. 담수화 기술은 바닷물을 식용수와 농업용수로 바꾸는 기술이다. 예로써, 이스라엘은 소렉(Sorek)의 역삼투 담수화 시설을 이용해서 바닷물에서 염분을 제거한다. 이 시설은 이스라엘 식용수 소비량의 10%와 국내 물 소비량의 20%를 공급한다. 세계의 담수화 능력은 화석연료의 사용 확대와 함께 끝없이 증대될 것이다.

기후변화로 인한 피해는 사망과 재산피해로 구분된다. 산불과 태풍과 홍수는 주택, 가축, 곡물에 막대한 피해를 준다. 이러한 기후 피해는 상당하지만 사망처럼 심각하지는 않다. 재산피해는 복구할 수 있지만 사망은 그렇지 못하기 때문이다. 수선하고 재건축하고 생산능력을 강화해서 재산피해는 회복할 수 있다.

기후변화 피해는 재산이나 수입에서 차지하는 비중으로 측정해야 한다. 절대적인 금액으로 말하는 것은 합당치 않다. 산불, 태풍, 홍수로 인한 재산 피해의 절대적인 금액은 시간이 경과하면서 증가한다. 2020년에 산불로 인해 파괴된 특정한 재산의 절대적인 가치가 1920년보다 큰 것은 당연하다. 우리가 알고자 하는 것은 피해발생 당시에 존재하거나 생산하는 가치의 몇 %가 파괴되었는가이다. GDP에서 차지하는 %로 기후 피해를 표현하는 것이 타당하다. 이 비중이 작은데도 불구하고 절대적인 금액만 가지고 기후변화 피해가 종말론적 또는 재앙적이라고 말하는 것은 잘못된 것이다.

피해가 증가하는 것은 합리적인 선택의 결과다. 인간은 풍요로울수록 재산이 자연의 위험에 노출된 장소에서 살기로 선택한다. 그 예로, 숲에서 거대한 호화주택을 짓고 살기를 원한다. 이는 산불의 위험이 큰 장소다. 해안가에서 커다란 호화주택을 짓고 살고 싶다. 이는 태풍과 홍수의 위험이 큰 장소다. 에너지가 풍부한 세계에서는 기계노동을 사용해서 파괴된 재산을 용이하게 복구할 수 있다. 에너지 결핍의 사회에서는 육체노동으로 평생 동안 구축한 재산을 태풍이 휩쓸어간다. 이 때에도 재건축을 위해 에너지가 풍부한 선진국들이 대규모 지원을 제공한다. 따라서 절대적인 금액이 증가하는 기후 피해는 사실상 기후위기 극복능력의 부족이 아닌 강화를 말하는 것이다.

기후 피해가 증가하는 것은 합리적인 선택의 결과일 수 있는 한편, 재앙에 취약한 지역에 대한 정부의 비합리적인 긴급구제 정책 때문일 수도 있다. 예컨대 정부가 위험한 지역에 재해피해 경감보조금을 지급한다는 사실이 알려지면, 보다 많은 사람들이 그곳에 주택을 건설할 것이다. 기후재난 피해금액을 볼 때 이 금액의 많은 부분이, 기후재난 극복능력의 부족이 아니라, 정부의 피해보상 정책에서 온 것임을 유의할 필요가 있다.

기후 피해가 증가하는 것은 인간이 자연에 미치는 영향을 거부하고 기후 피해를 극복하고자 하는 노력을 반대하는 이념과 정책 때문이다. 기후 피해 극복 노력은 자연에 영향을 미치게 마련이다. 예를 들면, 가뭄을 극복하기 위해서 관개 인프라를 구축해야 한다. 극한의 기온을 극복하기 위해서는 집과 가스 파이프라인을 건설해야 한다.

화석연료의 생산을 제한하고 다른 많은 개발사업을 억제하는 '인간영향 반대정책'은 기후 피해로부터 인간을 보호하는 다양한 조치들을 제한한다. 벌목을 금지하고 덤불 제거를 반대하는 정책은 산불 피해를 심화시키고, 댐 건설을 반대하는 것은 홍수 피해를 확대시킨다.

세계 대부분의 지역에서, 지구 온난화와 산불 시즌의 장기화에도 불구하고, 산불은 감소하고 있다. 이는 화석연료를 에너지원으로 하는 산불 통제능력에 기인한다. 캘리포니아와 오스트레일리아의 산불 문제는 인간이 자연에 영향을 미치는 것을 반대하는 정책 때문이다. 이 정책은 산불 통제를 위한 인위적인 조치를 불법으로 규정한다.

대규모 산불은 자연적인 현상이다. 광범위한 산불, 위험한 연기는 자연적인 것이다. 그러나 오늘날 세계 대부분의 지역은 산불과 산불 피해로부터 훨씬 안전해졌다. 이는 화석연료를 사용하는 각종 장비의 산불 진화 능력이 크게 강화되었기 때문이다. 산불 진화 능력의 핵심적인 요소는 산불 발화 불쏘시개와 땔감의 감소, 방화벽 설치, 지능적인 소방 기술이다.

산불 진화 능력의 핵심은 발화 불쏘시개와 땔감이 되는 나무를 감소시키는 것이다. 단위 면적당 나무의 양, 즉 나무 밀도가 높을수록 산불 발생 위험이 크다. 오랜 시간 동안 숲 옆에 사는 사람들은 나무 밀도를 관리하기 위해서 통제된 산불을 이용했다. 고의로 산불을 내서 산에 과도하게 들어찬 나무를 태우고 큰 피해를 예방했다.

오늘날에는 화석연료를 에너지원으로 사용하는 기계를 활용하여 목표로 하는 구역에 대한 통제된 산불을 통하여 산림을 관리한다. 목표 구역을 산불이 벗어나지 않도록 방화지대를 만든다. 통제된 산불의 성공 여부를 인공위성 사진이나 항공기를 이용하여 평가한다. 화석연료 기반의 기계를 사용하여 벌목하고 목재와 나무 칩으로 판매한다. 산불을 일으키는 화목(火木)을 재화로 바꾸는 것이다. 트랙터를 사용해서 산불로 태운 구역을 깨끗하게 뒤처리한다.

이처럼 화석연료 기반의 기계를 사용해서 숲의 나무 밀도를 적절한 수준으로 관리하면 산불의 위험이 크게 감소한다. 그러나 이는 인위적으로 자연에 영향을 미치는 것으로서 환경론자들이 반대하는 것이다. 방치할 경우 산불로 인해 대규모 피해를 입는데도 말이다.

화석연료를 동력원으로 하는 기계를 사용하여 숲과 사람 사이에 방화벽을 설치하여 산불의 위험을 감소시킬 수 있다. 숲의 한 구역과 다른 구역 사이에 방화벽을 설치할 수도 있다. 방화벽을 설치하는 것 역시 자연에 인위적으로 영향을 미치는 것이다.

화재가 발생하면 화석연료를 에너지원으로 하는 기계와 화석연료에서 만든 물질을 사용해서 화재를 진압한다. 고밀도 에너지원인 화석연료를 사용하는 트럭과 항공기를 가지고 물과 화염 억제제를 화재 현장으로 수송하고 석유에서 만든 내열성 합성섬유인 노멕스(Nomex)를 사용해서 소방관들을 보호한다.

오늘날 산불 공포는 인간이 자연을 관리하고 통제하면서 자연에 영향을 미치는 것을 적극적으로 반대하는 정책 때문에 야기된다. 특히 나무에 손을 대지 못하게 하는 정책이 큰 피해를 끼친다. 캘리포니아와 오스트레일리아가 산의 나무 밀도를 인위적으로 관리하지 못하게 하는 대표적인 사례이다. 이들 지역은 통제된 산불로 숲을 깨끗하게 정리하는 작업을 회피했다. 벌목은 자연적인 것이 아니라 인위적인 행동이기 때문에 금지했다. 결과는 숲을 큰불이 기다리는 곳으로 만들었다.

잘못된 정책들에도 불구하고 산불이 난 면적은 세계적으로 감소하는 추세에 있다. 이는 화석연료 기반의 산불진압 장비가 엄청난 힘을 가지고 있기 때문이다. 에너지가 풍부한 선진국의 산불진압 능력은 에너지가 부족한 후진국이 산불의 위협에 처할 경우 큰 도움을 줄 수 있다. 화석에너지를 바탕으로 하는 강력한 산불진압 능력이 있는 한 미래의 산불은 별로 큰 위협이 되지 않을 것이다.

## 02
## 화석연료의 기후위험 극복 능력

에너지를 풍부하게 사용하는 선진국들은 이전의 그 어느 때보다 태풍으로부터 훨씬 안전하다. 에너지가 부족한 후진국들도 이전보다 태풍으로부터 안전하다. 태풍으로 인한 전 세계의 사망자 수가 1970년대에 정점에 이른 후에 55% 감소했다. 1970년대에 방글라데시를 비롯한 후진국에서 태풍으로 20만 명이 사망했다.

$CO_2$ 배출량이 상당한 수준에 이르기 오래전에 태풍은 에너지가 부족한 후진국에서 수만 내지 수십만 명의 사망자를 냈다. 예를 들면, 1839년 인도에서 사이클론으로 30만 명이 사망했다. 대부분의 치명적인 대서양 허리케인도 $CO_2$ 배출량이 상당한 수준에 이르기 훨씬 전에 발생했다. 대표적인 예는 다음과 같다.

| | 허리케인 | 발생 시기 | 피해 지역 | 피해 규모 |
|---|---|---|---|---|
| 1 | 뉴펀들랜드 | 1775. 8.~9. | 노스캐롤라이나, 버지니아, 뉴펀들랜드 | 4,000명 이상 사망 |
| 2 | 푸앵트아피트르 만 | 1776. 9. | 과들루프 | 6,000명 이상 사망 |
| 3 | 세인트루시아 | 1780. 6. | 푸에르토리코, 세인트루시아 | 4,000~5,000명 사망 |
| 4 | 그레이트 | 1780. 10. | 소앤틸리스 제도, 푸에르토리코, 히스파니올라, 버뮤다 | 22,000~27,000명 사망 |
| 5 | 갈베스턴 | 1900. 8.~9. | 카리브해, 텍사스 | 8,000~12,000명 사망 |
| 6 | 오키초비 | 1928. 9. | 소앤틸리스 제도, 푸에르토리코 | 4,000명 사망 |
| 7 | 산제논 | 1930. 8.~9. | 대앤틸리스 제도, 히스파니올라 | 2,000~8,000명 사망 |
| 8 | 플로라 | 1963. 9.~10. | 카리브해 | 7,193명 사망 |
| 9 | 피피-올렌 | 1974. 9. | 자메이카, 중앙아메리카, 멕시코 | 8,200명 사망 |
| 10 | 허리케인 미치 | 1998. 10.~11. | 중앙아메리카, 유카탄반도 | 11,000~19,000명 사망 |

	사망자를 많이 낸 태풍이 18세기에 많았고 20세기에는 에너지가 빈곤한 개도국에 많았다. 이는 화석연료를 기반으로 하는 기후위기 극복 능력을 역설적으로 보여주는 것이다. 화석연료를 에너지원으로 하는 기계를 사용하여 견고한 구조물을 건설하고 이를 통하여 기후재해를 막

을 수 있다. 인공위성을 우주로 보내는 로켓, 정찰기, 고성능 컴퓨터 등으로 구성된 조기 경보체제가 화석연료를 기반으로 한다. 기후재난으로 위험에 처한 지역에서 사람과 재산을 소개(疏開)시키거나 재난지역에 구호물자를 수송하기 위해 화석연료 기반의 수송 장비를 사용한다.

화석연료 기반의 기계장비는 에너지가 풍부한 선진국들로 하여금 기후 재난으로 인한 사망의 위험을 크게 감소시킬 수 있게 한다. 나아가 에너지 빈곤의 개도국들을 도울 수 있게 해준다. 태풍 경보 기기, 소개 장비, 건축 기계 등을 개도국에 지원하여 태풍 피해를 극복할 수 있도록 한다.

2019년에 열대성 사이클론 케네스가 동아프리카를 위협할 때에 조기경보시스템이 아프리카 국가들을 지원해서 학교와 공항을 사전에 폐쇄하고 필요한 자원을 신속하게 현지 구조기관에 공급하도록 조치했다. 조기경보시스템이 없었다면 현지 주민들은 보호조치를 받을 수 없었을 것이다. 사이클론이 현지에 매우 드물었고 따라서 주민들은 이 사태에 탄력적으로 대처할 능력이 없었기 때문이다.

태풍으로 인한 사망자 수가 획기적으로 감소한 것은 태풍 극복 능력을 보여주는 중요한 지표다. 이와 함께 태풍으로 인한 재산 피해 규모를 살펴볼 필요가 있다. 재산 피해 규모는 절대적인 수준으로는 증가하고 있다. 그러나 재산 피해 규모가 GDP에서 차지하는 비중(%)은 아무런 추세도 보이지 않는다.

태풍 피해의 절대적인 금액을 증가시키는 요인은 $CO_2$ 수준의 증가와는 아무런 관련이 없다. 우선 태풍 피해는 사람들이 태풍에 취약한 지역에서 살기로 결정하는 합리적인 선택에 의해 증가한다. 일례로 마이애미 날씨를 좋아하는 사람들은 전에 이곳에서 살던 사람들보다 더 큰 태풍 피해를 감내할 여유가 있다. 또한 태풍 피해는 납세자들이 태풍 취약 지역에 사는 사람들에게 사실상 태풍 피해 보험을 제공하도록 하는 비합리적인 정책 때문에 증가한다.

$CO_2$ 수준의 상승으로 인하여 발생한 더 위험해진 태풍, 태풍 피해를 증가시키는 합리적인 유인, 그리고 비합리적인 유인 모두를 고려하더라도 태풍 피해가 GDP에서 차지하는 비중(%)은 어떤 추세도 나타내지 않는다. 이는 태풍 극복 능력을 보여주는 증거다.

사실상 태풍 극복 능력은 매우 강력해서 태풍을 유익한 것으로 바꿀 수 있다. 수백 년 전에는 보통 수준의 뇌우(雷雨)가 집을 쉽게 파괴할 수 있었다. 풍부한 에너지를 사용해서 견고한 빌딩을 건축하고 홍수를 통제하는 설비를 갖춘 오늘날에는 보통의 뇌우는 우리 생활의 낭만적인 배경이 된다.

에너지를 풍부하게 사용하는 선진국들은 태풍의 위험으로부터 스스로를 보호할 뿐만 아니라 에너지가 빈곤한 개도국들을 도와줄 정도로 매우 강력한 태풍 대응능력을 가지고 있다. 따라서 태풍의 활동이 실질적으로 문제가 되고 위협으로 다가오기 위해서는 우리가 현재 겪고 있는 것과는 전혀 다른 유형의 태풍이어야 한다. 현재의 대응능력으로 감당이 안 될 재앙적 수준이 되려면 태풍의 강도가 현재의 여러 배가 되어야 한다.

화석에너지의 사용을 계속 확대하면 태풍 극복능력이 지속적으로 강화되면서 태풍으로부터 전례 없는 안전을 누리게 될 것이다. 태풍으로 인한 피해와 사망자 수에 관한 예측을 접할 때에 화석연료 기반의 태풍 극복능력을 신뢰할 필요가 있다.

오늘날 에너지를 풍부하게 사용하는 선진국은 이전보다 그리고 어느 나라보다 홍수로부터 안전하다. 개도국도 이전보다 홍수로부터 안전하다. 세계적으로 홍수로 인한 사망자 수가 1930년대에 최고 수준에 이른 후에 99% 감소했다. 이는 화석연료의 홍수 극복 능력 때문이다.

에너지가 절대적으로 부족했던 과거에는 홍수가 사람들을, 오늘날 에너지가 부족한 개도국에서조차 상상하기 힘든 정도로, 파멸시켰다. 1362년 유럽을 강타한 홍수는 10만 명의 사망자를 냈다. 1931년 중국 대홍수는 약 400만 명의 사망자를 냈다. 이러한 인명피해는 오늘날에는 상상할 수 없는 것이다. 에너지를 풍부하게 사용하는 선진국들의 홍수 극복 능력과 선진국들이 개도국의 홍수피해 극복을 위해 지원할 수 있는 능력이 갖추어져 있기 때문이다.

홍수 극복의 첫 번째 요소는 홍수로부터 사람을 보호할 수 있는 인프라이다. 이는 화석연료를 사용하는 기계들을 통하여 생산할 수 있으며, 화석연료를 사용하는 기계들로 구성되어 있다.

대표적인 예가 네덜란드다. 국토가 해수면과 같든지 낮으면서 국민을 홍수로부터 보호하고 있다. 국토의 절반이 해수면보다 90cm 높고, 국토의 ⅛이 해수면보다 낮다. 해수면보다 6m 이상 낮은 곳도 있다. 오늘날 네덜란드는 홍수 방어 인프라를 구축해 놓았다. 수천 킬로미터의 제방, 댐, 전자적으로 작동하는 홍수 방어벽과 수문으로 구성되어 있다. 이 홍수 방어체제의 대부분은 1만 년에 한 번 올 수 있는 홍수를 방어할 수 있도록 견고하게 구축되었다.

다른 국가들도 이러한 홍수 대비 시스템을 구축하지 못할 이유가 없다. 다만 비용과 의지가 문제다. 기계노동의 비용이 하락할수록 더 많은 국가들이 홍수 방어 시스템을 구축할 수 있다. 홍수극복 능력이 매우 강력해서 1억 이상의 인구가 만조(滿潮)시 해수면보다 낮은 지역에서 살고 있다.

미국에서 홍수로 인한 피해가 GDP에서 차지하는 비중(%)이 20세기 초 이후 감소해 왔다. 홍수 피해를 증가시키는 합리적인 요인과 비합리적인 요인이 있음에도 불구하고 말이다. 사람들이 태풍에 취약한 지역을 주거지로 선택하는 것과 마찬가지로 홍수에 취약한 지역을 주거지로 선택한다. 이 선택은 합리적인 것으로서, 이 두 지역은 자주 겹친다. 많은 사람이 물을 좋아한다. 따라서 재산이 많을수록 홍수 피해의 위험이 있는 지역에 살고자 한다. 홍수 발생 시 신속하게 대피할 수 있고 다시 건축할 수 있기 때문이다. 이 결과 홍수 피해가 염려되는 지역에 사는 사람들의 수가 크게 증가한다.

정부의 홍수 보험정책도 홍수 취약지역에 거주하는 사람들의 수가 증가하는데 기여한다. 이 정책은 홍수 위험이 큰 지역에서 사는 것이 재정적으로 거의 손해를 입지 않도록 한다. 정부가 홍수 피해를 입은 사람을 구제하기 위해 홍수 피해의 책임을 경감해 주고 정부가 적절한 홍수 방지 인프라를 구축한다.

이처럼 많은 재산을 위험한 지역에 두도록 유인하는 요인들에도 불구하고 GDP에서 차지하는 홍수 피해의 비중은 미국에서 감소하고 있다. 이는 사람들이 부유해질수록 자신의 재산을 더 잘 보호하고 있음을 말하는 것이다. 우리는 기후위험에 매우 잘 대처하고 있어서 해수면보다 낮은 지역에서 살 수 있고 홍수 취약 지역에서 살고 있는 것이 오늘날 기후 위험의 실상이다. 기후위기가 아니라 기후 르네상스다. 선진국들이 풍부한 에너지를 사용하여 확보한 홍수 대처 능력은 해수면보다 낮은 지역에서 사는 데까지 왔고 개도국들이 홍수 피해를 극복하는 데 큰 도움을 줄 수 있다.

화석연료를 에너지원으로 하는 기계를 사용하여 확보한 기후위험 극복 능력은 매우 강력해서 인위적인 기후 재해와 자연적인 기후위험에 이미 압도적으로 대응하고 있다.

따라서 미래에 기후위기가 재앙적인 수준이 되기 위해서는 지난 170년 동안 $CO_2$ 수준이 증가하면서 나타난 기후위험과는 완전히 다른 유형의 재해가 닥쳐야 한다.

우리는 각종 기후위험을 극복할 수 있는 능력을 가지고 있을 뿐만 아니라 우리가 있는 장소를 마음대로 선택할 수 있다. 화석연료는 우리가 생활하는 곳을 선택하고 따라서 기후를 선택할 수 있는 전례 없는 능력을 제공한다. 과거에는 사는 곳을 바꾸는 것은 길고 고통스러운 과정이었다. 오늘날에는 자동차, 기차, 비행기를 이용해서 지극히 짧은 시간에 먼 거리를 이동할 수 있다. 우리는 미지의 장소에서 방황하지 않는다. 먼저 인터넷을 통하여 살고 싶은 곳을 탐색하고, 여러 곳을 사전 답사하여 살 곳을 최종적으로 결정하기 전에 많은 정보를 수집한다.

급격한 기후변화에 대한 예측이 최소한 수십 년 단위로 이루어진다. 몇 개월 또는 몇 년 단위가 아니다. 따라서 한 지역이 새로운 기후위험에 처하게 되면 다른 곳으로 이동할 충분한 시간적인 여유가 있다. 개인과 기업이 다른 곳으로 이동하는 것은 비용이 수반한다. 그러나 이 비용이 전례 없이 큰 것은 아니다. 인구는 다양한 이유로 인하여 끊임없이 이동한다. 기후가 그 이유 중 하나다. 중국에 새로운 현대적인 도시들이 급속하게 출현했다. 1850~1950년 미국에는 수천만 명의 새로운 사람들이 유입되었고, 시골 인구가 도시 인구로 급속히 이동하였다.

화석연료의 지속적인 사용에 따른 $CO_2$ 수준의 상승이 기후에 미치는 영향을 고려할 때, 현재 다양한 기후를 극복하는 인간의 강력한 능력과 기후가 다른 지역으로 이동하는 인간의 기후 이동 능력을 높이 평가해야 한다. 화석연료의 사용이 지속되면서 인간의 기후변화 극복 능력은 점점 강화될 것이다. 더 많은 사람들이 더 많은 시간과 기계노동을 사용하여 훨씬 발전된 형태의 기후위기 극복 능력과 지역이동 능력을 개발하기 때문이다.

기후 극복을 위한 잠재적인 기술의 한 예로, 지구 온난화에 대응하기 위한 지구 냉각 기술이 있다. 이는 지구공학의 한 분야다. 지구 냉각 기술의 하나로서 대기권의 상층부에 작은 입자를 뿌려서 태양 빛이 지구에 도착하는 양을 약간 감소시키는 것이 있다. 이 기술은 대규모 화산폭발의 냉각효과를 모방한 것이다. 1991년 필리핀의 피나투보 화산 폭발로 인하여 지표면에 도달하는 태양광의 양이 2.5% 감소했다. 이로 인해 18개월 동안 온도가 0.5℃ 하락했다. 0.5℃는 1850년부터 진행된 총 온난화 크기의 절반에 해당한다.

작은 입자를 대기권의 상층부에 뿌리는 것은 공기오염을 회피하면서 그 효과가 일시적이고 원상태로 회복 가능한 조치이다. 일정한 시간이 경과한 후에는 입자가 소멸되기 때문이다. 이 조치는 비용이 매우 저렴하고, 화석연료를 없애야 한다는 주장과 대비된다. 지구 온난화를 멈추기 위해서 화석연료를 완전히 없애는 정책을 시행한다면 가까운 미래에 지구 냉각의 희망은 없이 대규모 사망과 파괴만 초래할 것이다.

화석연료의 사용이 미래에 미치는 기후 영향을 고려할 때, 화석연료 기반의 기후위기 극복 능력이 점점 강력해지고 있는 것을 명심해야 한다. 전적으로 극복할 수 있는 기후 시나리오를 재앙적인 것으로 호도(糊塗)해서는 안 된다. 극복할 수 있는 가상적인 기후변화를 감당할 수 없는 재앙적인 현실로 조작해서는 안 된다. 멈출 줄 모르고 급격하게 상승하는 기온, 오늘날 보다 수십 배 강한 태풍, 10년마다 수십 피트씩 상승하는 해수면과 같은 완전히 전례 없는 기후위기가 아닌 것은 점점 강력해지는 화석연료 기반의 기후 재해 극복 능력이 능히 감당하고도 남는다.

# 참고
# 문헌

기후위기 시대 –
화석연료의 재조명

American Physical Society, APS Panel on Public Affairs, *Direct Air Capture of $CO_2$ with Chemicals*, American Physical Society, 2011.

Baldwin, David A., *Economic Statecraft*, Princeton, NJ: Princeton University Press, 1958.

Betts, Richard K., and Thomas J. Christensen, "China: Getting the Questions Right," *National Interest*, No. 62, 2000.

Caceres, Sigfrido Burgos, and Sophal Ear, "The Geopolitics of China's Global Resources Quest," *Geopolitics* Vol. 17, No. 1, 2012.

Campbell, Kurt, The Pivot: *The Future of American Statecraft in Asia*, New York: Twelve, 2016.

Casarini, Nicola, *Remaking Global Order: The Evolution of Europe-China Relations and Its Implications for East Asia and the United States*, New York: Oxford Unversity Press, 2009.

Deng, Yong, *China Rising: Power and Motivation in Chinese Foreign Policy*, Lanham, MD; Rowan and Littlefield, 2005.

Nordhaus, William, "Can We Control Carbon Dioxide?" *American Economic Review*, Vol. 109 No. 6, 2019.

Eisenman, Joshua, Eric Heginbotham, and Derek Mitchell, *China and the Developing World: Beijing's Strategy for the Twenty-First Century*, Armonk, NY: M. E. Sharpe, 2007.

Flyvbjerg, Bent, "Survival of the Unfittest: Why the Worst Infrastructure Gets Built and What We Can Do about It," *Oxford Review of Economic Policy*, Vol. 25, No. 3, 2009.

Fialka, John, "Why China is Dominating the Solar Industry," *Scientific American*, September 19, 2016.

Friedberg, Aaron L., *A Contest for Supremacy: China, America, and the Struggle for Mastery in Asia*, New York: W. W. Norton, 2011.

Fyfe, John C., Nathan P. Gillett, and Francis W. Zwiers, "Overestimated Global Warming over the Past 20 Years," *Nature Climate Change*, Vol. 3, September 2013.

Gautier, Catherine, *Oil, Water, and Climate: An Introduction*, New York: Cambridge University Press, 2008.

Giles, Chris, "Richest Nations Face $17 Trillion Government Debt," *Financial Times*, May 25, 2020.

Goldman, Joanne Abel, "The U.S. Rare Earth Industry: Its Growth and Decline," Journal of Policy History, Vol. 26, No. 2, 2014.

Golev, Artem, Margaretha Scott, Peter D. Erskine, Saleeman H. Ali, and Grant R. Ballantyne, "Rare Earths Supply Chains: Current Status, Constraints and Opportunities," *Resources Policy*, Vol. 41., 2014.

Greenfield, Aaron, and T. E. Graedel, "The Omnivorous Diet of Modern Technology," *Resources, Conservation and Recycling*, Vol. 74, May 2013.

Gupta, C. K., and N. Krishnamurthy, *Extractive Metallurgy of Rare Earths*, Boca Raton, FL; CRC Press, 2005.

Haglund, David G., "The New Geopolitics of Minerals: An Inquiry into the Changing International Significance of Strategic Minerals," *Political Geography Quarterly*, No. 5, 1986.

Handler, Philip, "Public Doubts about Science," *Science*, June 6, 1980.

Hausfather, Zeke, and Glen P. Peters, "Emissions-the 'business as usual' story is misleading," *Nature*, January 29, 2020.

Jones, A. P., F. Wall, and C. T. Williams, Rare Earth Minerals: *Chemistry, Origin and Ore Deposits*, The Mineralogical Society Series 7, London: Chapman and Hall, 1996.

Kahan, Ari, "EIA projects nearly 50% increase in world energy usage by 2050, led by growth in Asia," US Energy Information Administration(EIA): Today in Energy, September 24, 2019.

Keohane, Robert O., "International Institutions: Can Interdependence Work?" *International Politics, Enduring Concepts, and Contemporary Issues*, edited by Robert J. Aet and Robert Jervis, New York: Pearson/Longman, 2010.

Klare, Michael, *Resource Wars: The New Landscape of Global Conflict*, New York: Metropolitan, 2002.

Koonin, Steven, "A 'Red Team' Exercise Would Strengthen Climate Science," *Wall Street Journal*, April 20, 2017.

_____, "The Though Reality of the Paris Climate Talks," *New York Times*, November 4, 2015.

Li, Jun, and Xin Wang, "Energy and Climate Policy in China's Twelfth Five-Year Plan: A Paradigm Shift," *Energy Policy*, No. 42, 2012.

Lipschutz, Ronnie, *When Nations Clash: Raw Materials, Ideology, and Foreign Policy*, New York: Ballinger, 1989.

Mandel, Robert, *Conflict over the World's Resources: Background, Trends, Case Studies, and Considerations for the Future*, New York: Greenwood, 1988.

Massari, Stefania, and Marcello Ruberti, "Rare Earth Elements as Critical Raw Materials: Focus on International Markets and Future Strategies," *Resources Policy*, Vol. 38, No. 1, 2013.

McCormick, Ty, "Geoengineering: A Short History," *Foreign Policy*, September 3, 2013.

Mitchell, David, "Change is Coming," *New Orleans Advocate*, September 23, 2015.

Nickels, Liz, "The Growing Pull of Rare Earth Magnets," *Metal Powder Report*, Vol. 64 No. 2, 2010.

Owen, Edgar Wesley, *Trek of the Oil Finders: A History of Exploration for Petroleum*, Tulsa: American Association of Petroleum Geologists, 1975.

Pilke, Roger, "How Billionaires Tom Steyer and Michael Bloomberg Corrupted Climate Science," *Forbes*, January 2, 2020.

Princen, Thomas, *The Logic of Sufficiency*, Cambridge, MA: MIT Press, 2005.

Raimi, Danial, *The Fracking Debate: The Risks, Benefits and Uncertainties of the Shale Revolution*, New York: Columbia University Press, 2018.

Rajan, Raghuram, "The Great Game Again?" *Finance and Development*, Vol. 43 No. 4, 2006.

Ricketts, Glenn M., "The Roots of Sustainability," National Association of Scholars, January 19, 2010.

Smil, Vaclav, *Energy Transitions: Global and National Perspectives*, Santa Barbara: Praeger, 2017.

Smith, Richard, "Peer Review: a Flawed Process at the Heart of Science and Journals," *Journal of the Royal Society of Medicine*, Vol. 99, 2006.

Taylor, Ian, *China's New Role in Africa*, Boulder, CO: Lynne Rienner, 2010.

Tilton, John E., "Exhaustible Resources and Sustainable Development: Two Different Paradigms," *Resources Policy*, Vol. 22 No. 1-2. 1996.

Torco, R. P., O. B. Toon, T. P. Ackerman, J. B. Pollack, and Carl Sagan, "Nuclear Winter: Global Consequences of Multiple Nuclear Explosions," *Science*, Vol. 222, No. 4630, December 1983.

UNEP, Emission Gap Report 2019, *Executive Summary*, United Nations Environment Program, Nairobi, 2019.

Victor, David, "Deep Decarbonization: A Realistic Way Forward on Climate Change," *Yale Environment*, Vol. 360, January 28, 2020.

Voncken, J.H.L., *The Rare Earth Elements: An Introduction*, Delft NL: Springer, 2015.

Wang, Vincent Wei-cheng, "China's Economic Statecraft toward Southeast Asia: Free Trade Agreement and 'Peaceful Rise'," *American Journal of Chinese Studies*, Vol. 1 No. 1, April 2006.

Wilburn, D.R., "Wind Energy in the United States and Materials Required for the Land-Based Wind Turbine Industry from 2010 Through 2030," U.S. Geological Survey Scientific Investigations Report 2011-5036.

Yergin, Daniel, and Joseph Stanislaw, *The Commanding Heights: The Battle for the World Economy*, New York: Touchstone, 2002.

Zweig, David, and Bi Jianhai, "China's Global Hunt for Energy," *Foreign Affairs*, Vol. 84 No. 5, 2005.

기후위기 시대
## 화석연료의 재조명

| | |
|---|---|
| 1쇄 인쇄 | 2024년 4월 2일 |
| 1쇄 발행 | 2024년 4월 15일 |
| | |
| 지은이 | 이복재 |
| 펴낸곳 | 초이스북 |
| 출판등록 | 2009년 12월 9일 제307-2012-19호 |
| 주소 | 서울시 종로구 자하문로67 |
| 전화 | 02 · 720 · 7773 |
| 팩스 | 02 · 6499 · 7560 |
| 이메일 | choisbook@gmail.com |
| 편집디자인 | 이희철 |
| 인쇄 | 올인피앤비 |

저작권자 ⓒ2024 by 이복재
이 책의 내용은 저작권법에 따라 보호를 받는 저작물입니다.
내용의 일부를 사용하려면 반드시 출판사의 동의를 받아야 합니다.

ISBN 979-11-86204-40-5  03570

값 20,000원